《甲陽軍鑑》、《信玄全集》、《兵法記》、《兵法秘傳》等其主要思想都出自於《孫子兵法》。在歐洲，叱吒風雲的軍事家拿破崙，在戎馬倥傯的戰陣中，手不釋卷地批閱《孫子兵法》。德國著名軍事家克勞塞維茨的名著《戰爭論》繼承了《孫子兵法》的許多思想。英國托馬斯‧菲利普少校主編的《戰略基礎叢書》把《孫子兵法》排在第一位。

《孫子兵法》不但廣為中外軍事家學習和運用，更為有趣的是，它還深深地吸引了廣大政治家、哲學家、文學家、歷史學家的興趣。《孫子兵法》的思想已滲透到了人們的文化政治生活之中。「知己知彼，百戰不殆」成為人們的口頭格言。法國電影《蛇》的序言以《孫子兵法》中的話為導語。日本的體育運動直接引用《孫子兵法》裡的詞句作為口號。日本天皇帶頭學習《孫子兵法》，為此，海軍中將佐藤太郎專門編著了《孫子御進講錄》。中國古代兵書儼然成了取之不盡、用之不竭的百科性寶庫。軍事家評《孫子兵法》為「兵學聖典」；政治家評為「外交教科書」、「政治秘訣」；哲學家則評為「人生哲學」。《孫子兵法》以其博大精深的思想內容，成為人們日常生活的精神指導和成功指南。

更值得一提的是，世界經濟學界、企業家、商人等也爭相研讀《孫子兵法》。中國古老的兵書在現代企業管理中大放異彩。日本的幾家大公司、大企業規定下屬管理人員必須學習《孫子兵法》；一位叫大橋武夫的企業家編著了一本名為《用兵法經營》的書，宣揚如何用兵法經商。他的公司採用這種理論後，效率大大提升，

業務飛速發展。世界汽車工業的佼佼者——美國通用汽車公司的董事會總裁羅傑·史密斯運用《孫子兵法》的戰略思想管理公司，創造了輝煌的業績。美國學者喬治在《管理思想史》中推崇《孫子兵法》說：「今日，雖然戰車已經過時，武器已經改變，但是，運用《孫子兵法》思想，就不會戰敗。今日的軍事指揮者和現代經理們，仔細研究這本名著，仍將很有價值。」

然而，隨著時間的推移，《孫子兵法》原本精彩的語言在今天顯得古奧艱深，對讀者造成了一定的閱讀障礙，也影響人們對其精華的領會和吸收。

爲方便讀者領悟《孫子兵法》深邃的謀略思想，本書對原書進行了適當的改造，變更了體例。在每篇原作之後，增添了注釋、譯文、例解。「注釋」用以解釋《孫子兵法》中特定的軍事術語和消失變遷了的古代辭彙，以去除閱讀的障礙。「譯文」則由專家撰寫，對原文的深刻意蘊進行解讀，以求文氣貫通。「例解」則精選古代軍事家運用《孫子兵法》制勝或與《孫子兵法》智謀相契合的戰例，深度開掘《孫子兵法》中的必勝智慧。

本書精選數百張圖片，有反映戰爭發生地的遺址和當時的地形圖；有武器、軍需品等文物圖片；還有顯現將帥智慧的戰爭示意圖等。這些圖片再現了決定戰爭結果的物質條件及主觀因素，深刻揭示《孫子兵法》對戰爭藝術出神入化的運用，使讀者在充滿時空場景感的彩色畫廊中，領略《孫子兵法》的精要。

以文爲經，以圖爲緯，圖文並茂，爲讀者提供一個輕鬆直觀、便於深入閱讀的氛圍，是本書的追求，不足之處敬請批評指正。

Contents

孫子兵法 ▌▌▌▌▌▌▌▌▌▌▌

始計篇

原文

孫子曰：兵者，國之大事，死生之地，存亡之道，不可不察也。

故經之以五事，校之以計，而索其情：一曰道，二曰天，三曰地，四曰將，五曰法。

道者，令民與上同意也，故可以與之死，可以與之生，而不畏危。天者，陰陽 ❶、寒暑 ❷、時制 ❸ 也。

地者，遠近、險易、廣狹、死生也。將者，智、信、仁、勇、嚴 ❹ 也。法者，曲制 ❺、官道 ❻、主用 ❼ 也。凡此五者，將莫不聞。知之者勝，不知者不勝。故校之以計，而索其情，曰：主孰有道？將孰有能？天地孰得？法令孰行？兵眾孰強？士卒孰練？賞罰孰明？吾以此知勝負矣。

BOX

注釋

❶ 陰陽：指晝夜、晴雨等不同的氣象變化。

❷ 寒暑：指寒冷、炎熱等氣溫差異。

❸ 時制：指春、夏、秋、冬四季時令的更替。

❹ 智、信、仁、勇、嚴：智，智謀才能。信，賞罰有信。仁，愛撫士卒。勇，勇敢果斷。嚴，軍紀嚴明。此句是孫子所提出作為優秀將帥必須具備的五德。

❺ 曲制：有關軍隊的組織、編制、通訊聯絡等具體制度。

❻ 官道：指各級將吏的管理制度。

❼ 主用：指各類軍需物資的後勤保障制度。主，掌管。用，物資費用。

❽ 計利以聽：計利，計謀有利。聽，聽從、採納。

❾ 因利而制權也：因，根據、憑依。制，決定、採取之意。權，權變，靈活處置之意。意為根據利害關係採取靈活的對策。

❿ 廟算：古代興師作戰之前，通常要在廟堂裡商議謀劃，分析戰爭的利害得失，制定作戰方略。這一作戰準備方式，就叫做「廟算」。

⓫ 得算多也：意為取得勝利的條件充分、眾多。算，計數用的籌碼。此處引申為取得勝利的條件。

⓬ 多算勝，少算不勝，而況於無算乎：勝利條件具備多者可以獲勝，反之，則無法取勝，更何況未曾具備任何取勝條件。而況，何況。於，至於。

將聽吾計，用之必勝，留之。將不聽吾計，用之必敗，去之。計利以聽❽，乃爲之勢，以佐其外。勢者，因利而制權也❾。

兵者，詭道也。故能而示之不能，用而示之不用，近而示之遠，遠而示之近，利而誘之，亂而取之，實而備之，強而避之，怒而撓之，卑而驕之，佚而勞之，親而離之。攻其無備，出其不意。此兵家之勝，不可先傳也。

夫未戰而廟算❿勝者，得算多也⓫；未戰而廟算不勝者，得算少也。多算勝，少算不勝，而況於無算乎⓬？吾以此觀之，勝負見矣。

譯文

孫子說：戰爭是國家的大事，是軍民生死安危的主宰，是國家存亡的關鍵，是不可以不認眞考察研究的。

因此，必須審度敵我五個方面的情況，比較雙方的謀劃，來獲得對戰爭情勢的認識。（這五個方面）一是政治，二是天時，三是地利，四是將領，五是法制。

所謂政治，就是要讓民眾有認同、擁護君主的意願，使得他們能夠做到死爲君而死，生爲君而生，而不害怕危險。所謂天時，就是指晝夜晴雨、寒冷酷熱、四時節候的變化。所謂地利，就是指征戰路途的遠近、地勢的險峻或平坦、作戰區域的寬廣或狹窄、地形對於攻守的益處或弊端。將領，就是說將帥要足智多謀，賞罰有信，愛撫部屬，勇敢堅毅，軍紀嚴明。所謂法制，就是指軍隊組織體制的建設，各級將吏的管理，軍需物資

的掌管。以上五個方面，作爲將帥，都不能不充分瞭解。充分瞭解了這些情況，就能打勝仗；不瞭解這些情況，就不能打勝仗。所以要透過對雙方七種情況的比較，來求得對戰爭情勢的認識：哪一方君主政治清明？哪一方將帥更有才能？哪一方擁有天時地利？哪一方法令能夠貫徹執行？哪一方武器精良、士卒眾多？哪一方士卒訓練有素？哪一方賞罰公正嚴明？我們根據這一切，就可以判斷誰勝誰負。

若能聽從我的計謀，用兵打仗就一定勝利，我就留下。假如不能聽從我的計謀，用兵打仗就必敗無疑，我就離去。

籌劃的有利方略已被採納，於是就造成一種態勢，來輔助對外的軍事行動。所謂態勢，即依憑有利於自己的原則，靈活機變，掌握戰場的主動權。

用兵打仗是一種詭詐之術。能打，卻裝作不能打；要打，卻裝作不想打；明明要向近處進攻，卻裝作要打遠處；即將進攻遠處，卻裝作要攻近處；敵人貪利，就用利引誘他；敵人混亂，就乘機攻取他；敵人力量雄厚，就要注意防備他；敵人兵勢強

盛，就暫時避其鋒芒；敵人易怒暴躁，就要折損他的銳氣；敵人卑怯，就設法使之驕橫；敵人休整得好，就設法使之疲勞；敵人內部團結，就設法離間他。要在敵人沒有防備處發起進攻，在敵人意料不到時採取行動。所有這些，是軍事家指揮藝術的奧妙，是不能事先呆板規定的。

開戰之前就預計能夠取勝的，是因爲籌劃周密，獲得勝利的條件充分；開戰之前就預計不能取勝的，是因爲籌劃不周，缺乏獲得勝利的條件。籌劃周密、條件具備就能取勝，籌劃不周、條件缺乏就不能取勝，更何況不作籌劃、毫無條件呢？我們依據這些來觀察，那麼勝負的結果也就很明顯了。

例 解
越滅吳之戰

　　越滅吳之戰是中國古代史上弱國打敗強國的一個範例，從許多方面印證了《孫子兵法‧始計篇》的合理性與正確性。

　　吳國和越國是春秋後期在長江下游崛起的兩個諸侯國。在此之前，他們在很長一段時間裡共同依附於楚國，是楚國的盟國。春秋中期，吳國透過兼併戰爭取得了大量土地，疆域不斷擴大，實力不斷增強，在大國爭霸的局勢中逐漸嶄露頭角，並開始叛楚、攻楚，以求中原爭霸。

　　吳越兩國為爭奪霸權，在西元前506年至西元前473年的三十多年間發生過多次戰爭。越國由於力量較為弱小，在吳、楚戰事頻繁時常常策應楚國，牽制吳國，成為吳之大患。吳國為了在中原爭霸中除掉後患，在柏舉之戰中擊敗了楚國之後，開始發動對越戰爭。西元前497年，越王允常去世，其子句

踐繼位。吳王闔閭乘越國允常之喪，率軍攻越。吳、越二軍在李（今浙江嘉興西南）對陣時，越軍兩次用死士攻擊吳軍嚴整的陣勢，均未能奏效。最後越王句踐驅使犯了死罪的囚徒列為三行，一起在吳軍陣前自殺，使吳軍軍心渙散。越軍乘其不備，突然發起攻擊，大敗吳軍，闔閭受傷而死。

　　吳王闔閭死後，其子夫差即位。夫差按照其父「必毋忘越」的遺囑，在伍子胥、伯嚭的輔助下，日夜加緊練兵，準備出兵攻越。越王句踐也重用楚人文種、范蠡，改革政治，增加國力。越王句踐於西元前494年春得到夫差準備攻越的消息後，在準備還不充分、兵力還不夠充足的情況下，決定先發制人，出兵攻吳。吳王夫差盡發吳國精兵，迎戰越軍於夫椒（今江蘇蘇州西南）。由於吳軍實力較強，越軍戰敗。越軍損失

春秋‧吳王夫差矛

始
計
篇

巨大，最後只剩下五千人，退守會稽山（今浙江紹興東南）。吳軍乘勝追擊，把會稽包圍得水洩不通。在這生死存亡之關頭，句踐採納了范蠡的建議，決定以屈求生。句踐一面準備死戰，一面派文種去向吳王夫差求和，以美女、財寶疏通吳國太宰伯嚭，要他勸說夫差允許越國作爲吳的屬國存在下去，句踐願做吳王的臣僕，忠心侍奉吳王；不然，句踐將「盡殺其妻子，燔（燒）其寶器，悉五千人觸戰」。在伯嚭的勸說下，吳王夫差准許議和。吳軍撤軍回國。

越國戰敗後，越王句踐將治理國家的大權交給文種，自己和范蠡一道去吳國給夫差當奴僕，越國的王后也做了吳王夫差的女奴。句踐爲吳王駕車養馬，他的夫人爲吳國打掃宮室。他們住在囚室，穢衣惡食，受盡屈辱而從不反抗。由於句踐能卑事吳王，同時又賄賂伯嚭，最後，句踐終於取

得了吳王的信任，三年後被釋放回國。

越王句踐回國後，首先下了一道「罪己詔」，檢討自己與吳國結仇，使很多百姓在戰場上送命的失誤。他還親自去慰問受傷的平民，撫養陣亡者的遺族。他在坐臥的地方懸掛了苦膽，吃飯的時候也要先嘗嘗苦膽的滋味。他「身自耕作，夫人自織，食不加肉，衣不重采」。

句踐一面苦心勵志，一面致力於改革內政，減輕刑罰、賦稅，提倡開荒種地。越國在十年中沒有向人民徵收賦稅，百姓每家都有三年的糧食儲備。由於句踐實行了一系列「去民之所惡，補民之不足」的政策，得到越國百姓的衷心擁戴，越國從此中興。

吳國戰勝越國後，領土得到擴張，勢力日益強大。夫差也因勝而驕，過高地估計了自己的力量，看不到句踐決心滅吳的意圖。他奢侈淫

春秋·越王句踐劍

樂，窮兵黷武，急於以武力威脅齊、晉，稱霸中原。西元前484年，夫差聞齊景公已死，便決定出兵北上伐齊。吳軍擊敗齊軍於艾陵。西元前482年，夫差又約晉定公和各國諸侯於七月七日到黃池（今河南封丘西南）會盟。夫差為了炫耀武力，圓其稱霸中原之夢，帶去了吳國三萬精銳部隊，只留下一些老弱的軍士同太子一起留守國內。夫差的空國遠征，給了越國以可乘之機。越王句踐在吳軍剛離國北上時，就想出兵攻吳。范蠡認為時機未到，他分析說：「吳王北會諸侯於黃池，精兵從王，國中空虛，老弱在後，太子留守，兵始出境未遠，聞越擊其空虛，兵還不難也。」他勸句踐暫緩出兵。數月之後，范蠡估計吳軍已到黃池，便同意句踐出兵。句踐調集越軍四萬九千人，兵分兩路，一路由范蠡、后庸率領，由海道入淮河，切斷北去吳軍的歸路；一路由大夫疇無餘、謳陽為先鋒，句踐親率主力繼後，從吳國南面邊境入吳直逼姑蘇。

越國在攻打吳國之前，確實做了一番精心的準備。句踐不但在國內對內政進行全面改革，對吳國，他繼續實行以退為進的戰略，麻痺腐蝕夫

范蠡像
范蠡，字少伯，字號陶朱公。越國人，由於出色的軍政才能而官拜越國上大夫，與文種同朝。曾為越國宰相，輔佐越王句踐滅吳後退隱，因為經商有道，成為鉅富，民間尊為財神、商聖。

差，經常送給夫差優厚的禮物，表示忠心臣服，以消除他對越國的戒備，助其驕氣。同時又破壞吳國經濟，用高價收買吳國的糧食，造成吳國糧食困難。他運用離間之計使夫差對伯嚭偏聽偏信，對伍子胥更加疏遠，挑起其內部爭鬥。這些措施的實施，壯大了自己，削弱了敵人，為伺機滅吳奠定了基礎。

吳太子友得知越軍乘虛出擊吳國，急忙率兵到泓上（今江蘇蘇州近郊）阻止越軍的進攻。太子友根據國內精銳部隊全部北上黃池的現實，決定採取不與越軍交戰，堅守待援的策

略，同時派人請夫差盡快回軍。然而，當越軍先鋒軍到達時，吳將王孫彌庸一眼望見被越軍俘獲的他父親的「姑蔑旗」在空中招展，不由得怒火中燒，也就顧不得太子友堅守疲敵的主張了。他率領他的部屬五千人出擊，打敗了越軍的先鋒部隊，俘虜了越大夫疇無餘、謳陽。首戰小勝，使吳將更加驕傲輕敵。不久，句踐的主力到達，向吳軍發起了猛攻。越軍一舉擊敗吳軍，俘虜了太子友，進入吳國國都姑蘇。越軍繳獲了大批物資，取得了這場戰爭的勝利。

夫差正在黃池與晉定公爭當霸

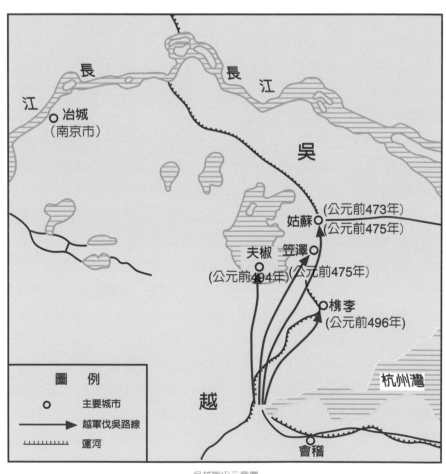

吳越戰爭示意圖

主，聽說越軍攻下姑蘇，太子被俘，恐怕影響霸業，就一連殺掉七個來報告情況的人，封鎖這一不利消息，並用武力威脅晉國讓步，勉強做了霸主。隨後，夫差急忙回軍。在回國的途中，吳軍接連聽到太子被殺、國都被圍等一系列失利的消息，軍士完全喪失了鬥志。夫差感到現在回國立即反擊越國沒有必勝的把握，就在途中派伯嚭向越求和。句踐和范蠡估計自己的力量還不能馬上把吳國消滅，於是同意議和，撤兵回國了。

夫差回到吳國，本想馬上報復越國，但是吳國由於連年戰爭，生產遭到破壞，財力消耗很大，國內又鬧災荒，因此，他感到一時還沒有實力對越實施報復。於是他宣佈「息民散兵」，企圖恢復力量，待機再舉。

文種見吳國開始致力於增強國內經濟實力，便覺得越國應抓住有利時機及時完成滅吳大業，如果等到吳國經濟實力得到恢復，那麼戰勝吳國將更加困難。於是文種向句踐建議，應抓緊目前吳軍疲憊，國內防務鬆弛的機會再次攻吳。句踐採納了他的建議，於西元前473年乘吳國大旱、倉廩空虛之時，準備大舉攻吳。

是年三月，越軍進軍到笠澤（蘇

春秋‧虎形灶
行軍作戰時使用的炊具

州南面，與吳淞江平行的一條江）。吳國發兵迎擊，兩軍夾江對峙。越國把軍隊分為左右兩翼，句踐親率六千精兵為中軍。黃昏時，句踐命左右二軍分別隱蔽在江中；半夜時，二軍鳴鼓吶喊，進行佯攻。夫差誤以為越軍兩路渡江進攻，連夜分兵兩翼迎戰。句踐率主力偃旗息鼓，潛行渡江，出其不意地從吳軍兩路中間的薄弱部位展開進攻。吳軍大敗。越軍乘勝猛追，再戰於沒（今蘇州南），三戰於郊（今蘇州郊區）。越軍三戰三捷，佔領了所到之地，使吳國軍事力量土崩瓦解，改變了吳強越弱的形勢。

春秋‧髹漆皮甲冑

戰勝實力強大的吳國，首先一個重要的原因是由於越國能從失敗中吸取教訓，改革政治，爭取了民眾的支援。句踐在會稽戰敗後，制定了一系列改革措施，「去民之所惡，補民之不足」，同時，句踐以復仇雪恥為號召，激發民眾積極參與滅吳戰爭，這正順應了越國人民要求擺脫處於吳國臣屬地位的願望，因而獲得了越國人民的支援。其次，在戰略上，面對強敵，越國能夠避其鋒芒，制定以退為進、休養生息的政策，以保存自己的實力，增強國力，為最終戰勝強敵做好充分的準備；同時，針對吳國君臣的弱點，採取「利而誘之」、「強而避之」、「親而離之」等策略，使吳王夫差妄自尊大，放鬆警惕，窮兵黷武，削弱了自己的實力。最後，越國在襲擊吳國條件成熟時，採取了乘虛搗襲的作戰方針，出其不意，攻其不備，給吳軍以致命的打擊，最終戰勝了吳軍，取得了滅吳之戰的勝利。

吳軍笠澤戰敗後，退而固守姑蘇。姑蘇城堅，越軍一時未能攻下。句踐採取長期圍困的戰略，使吳軍在兩年後終於勢窮力竭。這時，越軍再次發起強攻，打進姑蘇城。夫差率殘部逃到姑蘇臺上，又被越軍包圍。他派人向句踐求和，但越國君臣滅吳之心已定，夫差在無望之中自殺身亡。

越國作為一個較弱小的國家，能

從越國消滅吳國的全部過程中可見，越國用以戰勝敵國的許多策略都與《孫子兵法‧始計篇》所述的思想相符合，因此，我們說越滅吳之戰，正是孫子軍事思想合理性與正確性的極好佐證。

李淵定鼎關中

唐高祖李淵定鼎關中，在諸多戰事中運用了《孫子兵法·始計篇》的思想，並在這個基礎上開始了掃平群雄、統一全國的大業。李淵是西魏柱國大將軍李虎的孫子。李虎追隨宇文泰開創關中政權，因佐周代魏有功，位極榮貴，周受禪時他雖然已死，仍被追封爲唐國公。李淵父名昞，北周時襲爵唐國公，歷任刺史、總管、柱國大將軍。

李淵其實早就有了取代隋室之心。任山西、河東撫慰大使時，其副帥夏侯靖頗知玄象，曾勸其起兵反隋，說：「天下大亂，能安定天下的人，非您莫屬。」並曉以利害：「煬帝性多猜疑而又殘忍，特忌李姓，強者先誅，李渾已被殺死，您恐怕就是第二位了。如果定下大計，則上順天命，要不然的話，一定會被殺掉。」李淵點頭表示同意。李淵任太原留守

莊園生活圖　唐·敦煌石窟壁畫
圖中表現的是具有西北地方色彩的地主莊園。一座兩層門樓圍繞著迴廊的院落裡，殿閣內富者坐在胡床上，主婦在院中吩咐指點。侍僕們忙碌地出出進進。院外寬闊的馬圈裡栓著肥壯的馬匹，飼養者肩扛著掃帚，端著飼料走進牆邊，附近的田野裡雇農正緊張地犁地，生活氣息濃厚。

唐高祖李淵像
唐高祖李淵（西元566年—635年）出生於長安，是唐朝的開國皇帝。西元617年7月，李淵正式開始起兵反隋。他從太原出發進攻長安並很快（西元617年11月）就佔領了長安。他擁代王楊侑做皇帝，自封為大丞相和唐王，受九錫。西元618年隋煬帝被叛軍殺死後，李淵命令楊侑將帝位傳給他，建立唐朝。玄武門之變後李淵將皇帝位讓給李世民，自己退位為太上皇。李淵死後諡號太武皇帝，葬在獻陵。

後，晉陽令劉文靜看出他有四方之志。崔善為以隋政傾頹，秘密勸反。許世緒提出「首建義旗，為天下倡，先帝王業也」。唐憲、唐儉也勸李淵舉兵。武士暗勸他反隋，甚至進「兵書」、「符瑞」。對此，李淵心領神會，只叮囑他們嚴守機密，並許願將來大事成功，同享富貴。李淵成了河東地區反隋勢力的希望和領袖，晉陽長姜謨拜見他後對親近人說：「隋祚將亡，必有救世奇才，以應圖讖。唐

公有霸王風度，一定會成為撥亂反正的帝王。」這樣，李淵又有了一個得力助手。

孫子兵法云：「兵者，國之大事，死生之地，存亡之道，不可不察也。故經之以五事，校之以計而索其情：一曰道，二曰天，三曰地，四曰將，五曰法。」既要有民眾認同、擁護君主的意願，也要有天時、地利，還需要將帥足智多謀，賞罰有信，愛撫部屬。而李淵是深有體會的，他就有一批足智多謀的手下，李世民、劉文靜、裴寂等將領在太原醞釀起兵的過程中起了有力的促進作用。李世民聰明勇敢，遇事果斷，而且見識膽量過人。他隨父鎮守太原，也看出隋朝即將土崩瓦解，決心取而代之，因此傾身下士，散財結客，積極幫助父親集結力量，為奪取天下作準備。當時擔任晉陽令一職的劉文靜頗有才幹，倜儻多謀，與晉陽宮監裴寂是好朋友。一天晚上，兩個人睡在一起，望著城上烽火，聯想時局動盪，裴寂仰天歎道：「貧賤若此，又逢亂離，今後如何生存！」劉文靜笑道：「事到如今，時局可知。只要我們同心合作，愁什麼卑賤。」後來，劉文靜因與瓦崗軍李密是姻親，被隋

帝囚禁於獄中。李世民知道能與這個人圖謀大事，便前去探望。劉文靜非常高興，試探著說：「天下大亂，若無商湯、周武、漢高祖、光武帝那樣有蓋世奇才的人，是不能安邦定國的。」李世民答道：「你怎知沒有，只怕貪庸之輩不能識別。今入獄中看你，非因兒女俗情，是謀以大事的，你怎樣認為呢？」見此情景，劉文靜直截了當地說：「今煬帝南巡江淮，李密圍逼東都，群盜殆以萬計。當此之時，有真主驅駕用之，取天下易如反掌。太原百姓都避盜入城，我任縣令數年，知其中豪傑，一旦收集，可得十萬人。尊父所率將士有十萬之眾，一言出口，誰敢不從？以此乘機入關，號令天下，不超過半年的時間，必能奪取天下！」

李淵雖早有謀反之意，許多人勸他謀反起兵，但他依然不動聲色，把「詭道」用到極致。這完全符合孫子兵法「始計」的思想。

李淵一直按兵不動，李世民、劉文靜對此有些焦急。劉文靜知李淵和裴寂有舊交，提出可利用裴寂說項，因此介紹裴寂和李世民交往，世民為了拉攏裴寂，出私錢數百萬讓高斌廉和裴寂賭博而故意輸錢。裴寂大喜，

唐三彩騎馬擊鼓男俑

與李世民關係日漸親密。裴寂自然將李世民欲立即起兵的意圖轉告了李淵。河東重要人物紛紛表態，但李淵仍在等待著最好時機。煬帝藉口他不能抗禦突厥要執送江都治罪，逼得他不得不提前起兵。但是，正當李淵秘密部署將要起兵之際，煬帝又派使者到達太原，赦免李淵、王仁恭之罪，並官復原職。為此，雖然李淵起兵的時間又推遲了，但反隋的準備卻加速了。

李淵之所以在過去一段時間裡不起兵，除了因為李建成、李元吉及其家屬還在河東，沒集中到太原外，更重要的是隋朝還有相當的力量，能夠抽調大軍鎮壓反叛者。他知道自己名高位重，地處形勝，若提前行動，會

把隋軍吸引過來，勝負難卜。而大業十三年春夏間，隋政權已成檣櫓灰飛煙滅之勢，選擇這時起兵，危險性小多了。李淵讓劉文靜偽造煬帝的敕書，徵發太原、西河（今山西汾陽）、雁門（今山西代縣）、馬邑二十歲以上五十歲以下的男子全部當兵，並要在年底前集中於涿郡，再次東征高麗。這一謠言搞得人們驚恐萬分，以致越來越多的人想起兵反隋。李淵的「詭道」運用得恰到好處，收到了事半功倍的效果。

孫子兵法對「詭道」作了一番解釋，認為應當「能而示之不能，用而示之不用，近而示之遠，遠而示之近」，李淵將此發揮到極致。大業十三年七月，反隋的瓦崗軍首領李密遣使者送信，約李淵聯合滅隋，而且自恃兵強，要做盟主，並建議李淵帶步騎數千到河內（今河南沁陽）面結盟約。

李淵看過信後馬上就有了一個好主意，笑道：「李密狂妄自大，我現在的目標是攻佔關中，與其拒絕，給自己增加一個新的敵人，不如諛辭讚美以驕其志。他麻痺大意不西向爭奪，實際上替我堵塞了成皋（今河南氾水鎮）險道，使江都資訊不通；牽制東都的隋軍，使其不能策應長安。如果一切順利的話，我就能夠專心西征了。等關中平定，據險養威，可安然地看鷸蚌相爭，坐收漁翁之利。」

就這樣，李淵讓溫大雅回信說：「我雖庸劣，幸蒙朝廷重用，處隋室將傾之際而不扶，會遭賢士責備。所以大會義軍，和親突厥，志在救天下，尊隋室。天生眾民，必有首領；當今首領，捨您其誰？我年近花甲，無此大志，心甘情願擁戴您，無非是攀龍附鳳。只望閣下能早日登基，安定百姓。盼能以同姓之情，再封於唐，這我就心滿意足了。關於殺楊廣於江都，執楊侑於長安一事，實在不敢遵命。汾、晉一帶尚需安撫，河西會盟，難以定日。」李密得信大喜，對將領們說：「連唐公也擁戴我，奪天下易如反掌了。」就這樣，李密率領各路人馬浩浩蕩蕩地向東都進攻。

大業十三年八月三日李淵率軍向東南進發。李淵把「詭道」直接用於戰事上，他率軍沿著霍山腳下的山路向霍邑急速行進，以避免被敵人發覺。隋將宋老生怯懦不戰，閉門守城。李建成、李世民分析宋老生勇而無謀，用輕騎挑逗，定會出戰。萬一固守，就誣陷他叛變，使城中互相猜

唐・秦王破陣樂

兵，並命李建成、李世民率數十騎兵到城下，一邊叫士兵辱罵宋老生，一邊假裝指揮軍隊包圍霍邑。老生果然忍耐不住，點兵三萬，分兩路從東門、南門殺出。李淵命殷開山速召後軍參戰。後軍一到，李淵和李建成列陣城東，李世民列陣城南。隋軍先衝擊城東陣，李淵、李建成迎戰，漸漸不支。李世民見狀，與軍頭段志玄引精騎從城南高地奔馳而下，向隋陣衝殺。李世民手舞雙刀，殺人無數，以致刀刃缺口，鮮血滿身。李淵

忌，宋老生懼怕左右奏報，怎敢不出城迎戰。李淵認為這一做法有道理，並說：「在我軍屯於此地時，我就知道宋老生不會有什麼作為，不會乘機進攻。」

宋老生死死守住城池，李淵率數百騎兵先到霍邑東五六里處等待步

軍隊士氣大振，大聲傳呼「已活抓了宋老生」。隋軍大亂，丟盔棄甲逃向城中，但李淵軍已搶先到達城下，城中隋軍不得不閉門而將宋老生關在城外。宋老生自知無望，翻身下馬要投城濠自殺，劉弘基等趕到將他斬首。

李淵在與隋將屈突通的戰事中也

善於利用「詭道」。當時，屈突通據守河東。臨行時，李淵囑王長諧說：「屈突通精兵不少，距我僅五十餘里不敢來戰，說明人心不為他所用。但他又怕擔怯敵罪名，不敢不戰。若渡河時襲擊你們，我就進攻河東，乘虛破城；如果他全力守城，你們就拆了蒲津橋，在前面阻擋住他的鋒銳，在後面攻擊他們，如不逃跑，我軍定能捉住他。」

果然如李淵所料，孫華引導王長諧等渡河的消息一傳出去，屈突通就在夜裡命桑顯和率精兵數千偷襲王長諧的軍營。正當王長諧難以抵擋時，孫華、史大奈率遊騎從隋軍背後突襲，桑顯和大敗，狼狽逃回城中，並拆毀了黃河上的蒲津橋。馮翊太守蕭造在八月丙辰日向李淵投降。

唐·鐵矛及鐵鏃

十月戊午日，李淵命各路軍隊合圍河東，但一時難以攻克，屈突通又出城迎戰，雙方相持不下。這時，京畿一帶的「豪傑」前來歸附的日以千數。見此情景，李淵想放棄河東引兵西向速擊長安，但猶疑不決。

裴寂說：「屈突通擁重兵，據堅城，我們捨之而去，如攻長安不克，前有京城之守，後有河東之援，易陷入腹背受敵的險境。不如先克河東，然後西進。長安仰仗屈突通的支援，通敗，京城援絕，可不攻自破。」李世民不同意裴寂的說法，他認為：「兵貴神速，我積累勝之威，撫歸順之眾，鼓行而西，長安城人必聞風喪膽，取之如摧枯拉朽。如滯留在河東堅城之下，會給敵人以從容謀劃、精心準備的時間，而我方則失去戰機，眾心離散。況且關中蜂起的群雄沒有主帥，不可不早日招撫為我所用。屈突通只是龜縮城中的一個匹夫，不值得擔心。」李淵對雙方的意見採取兩從的態度：留偏師圍河東，自己率主力軍西進。這時，朝邑法曹靳孝謨以蒲津、中潬二城投降（兩城全在今陝西大荔東），華陰令李孝常以永豐倉投降。李淵還收降了京兆府所轄的許多縣城。

屈突通和劉文靜相持了一個多月，無法取勝，就派桑顯和趁夜偷襲，結果被劉文靜和段志玄擊敗，全軍覆沒，這樣，他的力量就更弱了。有人勸說其投降，但他堅決不從。屈突通聽到長安失守，家屬全部被俘的消息後，便留桑顯和守潼關，自己引兵殺出，投奔洛陽。可他剛離開，桑顯和就向劉文靜投降了。

劉文靜派竇琮率輕騎帶著桑顯和追趕，兩軍在稠桑（今河南靈寶北）相遇，屈突通結陣頑抗。竇琮召通子屈突壽到陣前勸降，屈突通不聽，並叫左右放箭。竇琮命軍士行使「詭道」，對隋軍將士喊道：「今京城已經陷落，你們都是關中人，背井離鄉想去哪裡？」隋軍紛紛放下武器。屈突通知道不能倖免，下馬向東南江都方向叩頭，痛哭道：「臣力屈至此，非敢負國，天地可知。」劉文靜派人把他押送到長安。李淵很讚賞他，讓他擔任兵部尚書和李世民元帥府的長史，然後又命他到河東城招降堯居素。

李淵反隋的藉口是隋煬帝的昏聵無道和橫徵暴斂。那麼，在起兵時，李淵又是如何籠絡民心的呢？大業十三年七月五日，李淵率領三萬大軍在軍門宣誓。誓詞中痛斥煬帝「飾非好佞，拒諫信讒」、「巡幸無度，窮兵黷武」、「苛稅重斂，殫竭民眾人力」，以致造成「十分天下九分『盜賊』」的惡果，表達了自己當仁不讓，要「舉勤王之師，廢昏立明，擁立代王，安定隋室」的決心，號召軍隊、百姓與自己同心同德。並下令把誓詞作為檄文遍傳所屬州縣。然後，李淵父子率大軍浩浩蕩蕩出發了。居仕在樓煩的突厥將領史大奈，這時也率部前來，與李淵大軍一起南下。

當天傍晚，兩路大軍駐紮在清源（今山西清徐）地區。六日（甲寅）

隋・五牙戰船模型

行軍時，派張綸分兵西向，經略離石（今屬山西）、龍泉（今屬山西）、文城（今山西吉縣）等郡，居住在汾西到離石一帶的稽胡部落歸降李淵。八日（丙辰），李淵到西河，慰勞吏民，賑濟窮乏。七十歲以上的百姓，都被授予「散官」榮譽銜，而其他豪傑，則根據各自的才能委以重任。

李淵起兵反隋一開始，就把賞罰將士、嚴肅紀律當作頭等大事。同年六月五日，李淵大軍南下來到必經的離太原很近的西河郡（今山西汾陽），但該郡守官不肯聽命。六月五日（甲申），李淵派李建成、李世民前往進攻，令溫大有同行參謀軍事。當時軍隊召集起來不久，未經操練。李建成、李世民與戰士同甘共苦，遇敵則身先士卒。路旁菜果，非買不食，軍中有人偷吃，就賠償失主，也不追責盜竊的人，百姓和士兵都很受感動。兄弟二人很快就攻下了該城，只將靠向煬帝獻媚得官的郡丞高德儒斬首，其他的人一個不殺。軍紀嚴明，秋毫不犯，並撫慰百姓，使之復

唐・銅軍用水注

業，從而深得人心。這一戰役，從發兵到軍回太原僅用九天，李淵大喜道：「用此兵，即使橫行天下也足夠了！」十三日（壬辰）這一天，李淵終於下定決心，舉兵太原，直搗關中。

為壯大勢力，李淵曾不斷開倉賑濟貧民，招募新兵，應募從軍的人越來越多。他建三軍，分左右，通稱「義士」，在霍邑大捷後，李淵大行封賞有功將士。有關官員請示李淵，對原刑徒、奴隸出身應募從軍有功的是否和「良人」同樣對待。李淵答道：「激戰之時，不分貴賤；封賞之際，就有差別。若這樣做，怎能鼓勵奮戰！」並規定部曲、刑徒、奴隸出身征戰有功的，和良人同樣授勳。四日（壬午），像在河西一樣，李淵也接見了霍邑吏民，並對他們慰勞賞賜一番，還選擇其中青壯男子從軍。同時，原隋駐守霍邑的關中軍士想回故鄉的一律放歸，還授五品散官銜。這樣既順其歸志，又透過他們動搖、收買關中

軍民的心。此後，凡沒歸附的，不論鄉村城堡，都寫信招撫；凡來投順的，都授朝散大夫以上官銜。有人提出賞官太高，李淵說：「煬帝吝惜勳賞，在雁門被突厥圍困時許授高位，免禍後只給小官，因此將領不聽調遣，士兵毫無鬥志，我們怎能效仿他，況且以加官撫慰收買眾心，不是比用兵殺戮要強得多嗎？」

李淵作為唐朝開國皇帝，是一位傑出的軍事家。他興唐定鼎關中所採取的策略，皆符合《孫子兵法・始計篇》的意旨。

在煬帝疑忌猜測、大殺李姓時，李淵以韜晦存身之計保存了自己。任太原留守時暗中積聚力量，坐觀群雄爭鬥，窺伺起兵良機，可謂老謀深算。大業十三年春夏間，隋已接近土崩瓦解，他看準時機，殺王威、高君雅，舉兵太原。南下途中廢隋苛政，開倉濟貧，注意收攏人心，軍紀嚴明，受到各階層人士的擁戴。他論功行賞，不問出身貴賤，激勵了士卒的鬥志。偏師圍河東，主力軍則搶先入關中，最後合擊長安，軍事戰略正確。至於以擁戴楊侑為旗號，可以拉攏舊隋官僚勢力。暫時忍辱向突厥稱臣，減少後顧之憂，手段也算高明。

隋煬帝像
隋煬帝楊廣（西元569年—618年）是隋朝的第二個皇帝，楊堅的次子，有才華、頭腦精明且積極進取。對於國政，他也有恢宏的抱負，並戮力付諸實現。主政後，他巡視邊塞、開通西域、推動大建設。然而最終因人民負荷不了他一而再、再而三的窮兵黷武，遂以殘暴留名於世。有人拿商紂王、秦始皇等與他相比，並稱暴君。

總而言之，他的指揮是正確而得當的，所以在整個事件中佔據了主導地位。王夫之評論說：「人謂唐之有天下也，秦王之勇略志大而功成，不知高祖慎重之心，持之固，養之深，為能順天之理，契人之情……非秦王之所可及也。」當然，李世民年輕有為，膽略過人，善於結交豪傑，特別是果斷糾正李淵指揮中的失誤，戰功顯赫，在建唐中起了僅次於其父的作用。李建成在起兵後也顯示了一定的軍事才能，取得了一些戰果，對李淵的勝利也起了不容忽視的作用。

作戰篇

原文

　　孫子曰：凡用兵之法，馳車千駟，革車千乘，帶甲十萬，千里饋糧，則內外之費，賓客之用，膠漆之材❷，車甲之奉❸，日費千金，然後十萬之師舉矣。

　　其用戰也勝，久則鈍兵挫銳❹，攻城則力屈，久暴師則國用不足❺。夫鈍兵挫銳，屈力殫貨，則諸侯乘其

注釋

❶ 帶甲：穿戴盔甲的士兵，此處泛指軍隊。

❷ 膠漆之材：通指製作和維修弓矢等軍用器械的物資材料。

❸ 車甲之奉：泛指武器裝備的保養、補充開銷。車甲，車輛、盔甲。奉，同「俸」，指費用。

❹ 久則鈍兵挫銳：言用兵曠日持久就會造成軍隊疲憊，銳氣挫傷。鈍，疲憊、困乏的意思。挫，挫傷。銳，銳氣。

❺ 久暴師則國用不足：長久陳師於外，就會為國家的經濟造成困難。暴，同「曝」，露在日光下，文中指在外作戰。國用，國家的開支。

❻ 兵聞拙速，未睹巧之久也：拙，笨拙、不巧。速，迅速取勝。巧，工巧、巧妙。此句言用兵打仗寧肯指揮笨拙而求速勝，而沒見過為求指揮巧妙而使戰爭長期拖延的。

❼ 役不再籍：役，兵役。籍，本義為名冊，此處用作動詞，即登記、徵集。再，二次。此句意即不二次從國內徵集兵員。

❽ 急於丘役：急，在這裡有加重之意。丘役，軍賦，古代按丘為單位徵集軍賦，一丘為一百二十八家。

❾ 中原內虛於家：中原，此處指國中。此句意為國內百姓之家因遠道運輸而變得貧困、空虛。

❿ 戟楯矛櫓：戟，古代戈、矛功能合一的兵器。楯，同「盾」，盾牌，用於作戰時防身。矛櫓，用於攻城的大盾牌。甲冑矢弩、戟楯矛櫓，是對當時攻防兵器與裝備的泛指。

⓫ 生民之司命：生民，泛指一般民眾。司命，星名，傳說主宰生死，此處引申為命運的主宰。

⓬ 國家安危之主：國家安危存亡的主宰者。主，主宰之意。

BOX

弊而起，雖有智者，不能善其後矣。故兵聞拙速，未睹巧之久也 ❻。夫兵久而國利者，未之有也。故不盡知用兵之害者，則不能盡知用兵之利也。

善用兵者，役不再籍 ❼，糧不三載；取用於國，因糧於敵，故軍食可足也。

國之貧師者遠輸，遠輸則百姓貧。近於師者貴賣，貴賣則百姓財竭，財竭則急於丘役 ❽。力屈、財殫，中原內虛於家 ❾。百姓之費，十去其七；公家之費，破車罷馬，甲胄矢弩，戟楯矛櫓 ❿，丘牛大車，十去其六。

故智將務食於敵。食敵一鍾，當吾二十鍾；萁稈一石，當吾二十石。

故殺敵者，怒也；取敵之利者，貨也。故車戰，得車十乘以上，賞其先得者，而更其旌旗，車雜而乘之，卒善而養之，是謂勝敵而益強。

故兵貴勝，不貴久。

故知兵之將，生民之司命 ⓫，國家安危之主 ⓬ 也。

孫子說：凡興師打仗的通常規律是，要動用輕型戰車千輛，重型戰車千輛，軍隊十萬，同時還要越境千里運送軍糧。前方後方的經費，款待列國使節的費用，維修器材的消耗，車輛兵甲的開銷，每天都耗資巨大，然後十萬大軍才能出動。

用這樣大規模的軍隊作戰，就要求速勝。曠日持久就會使軍隊疲憊，銳氣受挫。攻打城池，會使得兵力耗竭；軍隊長期在外作戰，會使國家財力不繼。如果軍隊疲憊、銳氣挫傷、兵力耗盡、國家經濟枯竭，那麼諸侯列國就會乘此危機發兵進攻，那時候即使有足智多謀的人，也無法挽回危局了。所以，在軍事上，只聽說過指揮雖拙但求速勝的情況，而沒有見過為講究指揮工巧而追求曠日持久的現象。戰事久拖不決而對國家有利的情形，從來不曾有過。所以不完全瞭解用兵弊端的人，也就無法真正理解用兵的益處。

善於用兵打仗的人，兵員不再次徵集，糧草不多次運送。武器裝備由國內提供，糧食給養在敵國補充，這樣，軍隊的糧草供給就充足了。

國家之所以因用兵而導致貧困，

作戰篇

027

就是由於遠道運輸。遠道運輸，會使百姓陷於貧困，臨近駐軍的地區的物價必定飛漲，物價飛漲，就會使得百姓之家資財枯竭。財產枯竭就必然導致加重賦役。力量耗盡，財富枯竭，國內便家家空虛。百姓的財產將會耗去十分之七，國家的財產也會由於車輛的損壞，馬匹的疲敝，盔甲、箭弩、戟盾、大櫓的製作和補充以及丘牛大車的徵調，而消耗掉十分之六。

所以，明智的將帥總是務求在敵國解決糧草的供給問題。消耗敵國的一鍾糧食，等於從本國運送二十鍾。耗費敵國的一石草料，相當於從本國運送二十石。

要使軍隊英勇殺敵，就應激發士兵同仇敵愾的士氣；要想奪取敵人的軍需物資，就必須借助於物質獎勵。所以，在車戰中，凡是繳獲戰車十輛以上的，就獎賞最先奪得戰車的人，並且（在繳獲的戰車上）換上我軍的旗幟，混合編入自己的戰車行列。對於戰俘，要優待和保證供給。這就是說愈是戰勝敵人，自己也就愈是強大。

因此，用兵打仗貴在速戰速決，而不宜曠日持久。

懂得用兵之道的將帥，是民眾生死的掌握者，是國家安危存亡的主宰。

襄陽之戰．順昌之戰．郾城之戰

隨著滅遼戰爭的節節勝利，金朝掠奪土地和財富的欲望日益增長，準備南下對宋朝發動進攻。

靖康二年（西元1127年）正月上旬，金促令宋欽宗再次到金營，將他扣押，在經過一個多月的訛詐和掠奪後，看到他沒有什麼利用價值，於是於二月六日下令將欽宗廢爲庶人。三月初七，又立通金的張邦昌爲大楚皇帝。四月一日，金軍帶著被俘的宋徽宗、欽宗和趙氏宗室、大臣三千多人，以及掠奪來的大量金銀財寶撤回本土。北宋王朝至此不復存在。

同年五月初一，趙構在南京應天府（今河南商丘）正式即位，重建宋王朝，史稱南宋，改元建炎，是爲高宗。但高宗既對人們心存忌憚，又怕將領掌握重兵，更怕抗金勝利後徽宗、欽宗回來自己皇帝地位不保，因此不願依靠軍民力量堅持抗金，對金的態度仍然是力求議和，打算以黃河爲界，分河而治。

九月，高宗聽說金兵入侵河陽，不管消息是否眞實，立即準備南逃，並下令對「有敢妄議惑眾者」進行處治。十月初從南京出發，月底抵達揚州，十一月初又派王倫同金朝進行談判，請求議和。

宋高宗南逃的消息傳到金朝後，金太宗立即以傀儡張邦昌被廢爲藉口，於十二月下詔南侵，兵分三路，從陝西、河南、山東向黃河一線發動全面進攻。由於南宋朝廷只顧著逃跑，既沒有防守黃河一線的打算和決

宋高宗像
宋高宗（西元1107年─1187年）名趙構，南宋開國皇帝，北宋皇帝宋徽宗第九子，宋欽宗之弟。曾被封爲「康王」。宋南渡後，即位建康，遷都臨安，保有南方之地。後以秦檜爲相，殺岳飛，與金媾和，奉表稱臣，遂成偏安之局。在位三十六年。

心，又缺乏統一指揮和部署，不少守將只求保全自身，或遇敵即逃，或稍戰即降。因此金軍三路南下，在不到三個月的時間內，迅速將西自秦州，東至青州一線的許多要點佔領。只有宗澤在開封堅持抗擊，使得金軍勢頭稍為受阻。金軍轉戰半年，儘管取得了一些戰役上的勝利，但並未實現追擊高宗、滅亡南宋的戰略目標。

經建康逃至杭州後，高宗升杭州為臨安府，決定放棄淮河一線，退守長江，同金議和，偏安江南一隅。

金朝東路軍主力在兀朮帶領下，渡淮河南下，在馬家渡渡江後，經廣德、湖州直赴臨安。高宗在越州（今紹興市）聞金軍渡江，準備下海逃跑，從越州逃到明州（今寧波）。十二月，金軍攻臨安，高宗從明州逃到定海。金軍攻佔臨安後跟蹤而至，迫使高宗逃往海上，漂泊於溫州、台州（今浙江臨海）瀕陸海域達三四個月之久。金軍找不到高宗，只好宣佈「搜山檢海已畢」，退回明州以自守。

金軍主力撤回北方以後，建康成

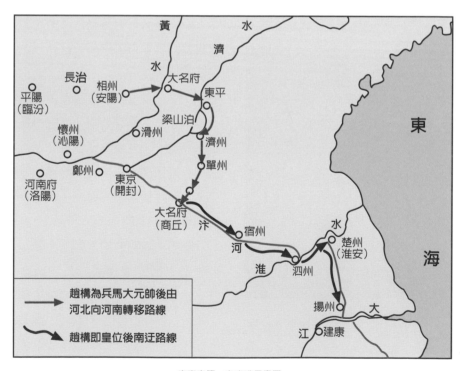

宋高宗第一次南逃示意圖

了金在江南僅存的據點。金軍在鍾山、雨花臺構築大寨，開鑿兩道護城河，並製造戰船，企圖長久駐紮下來，以作爲將來渡江的橋頭陣地。浮海歸來暫住越州的高宗，將盤踞在建康的金軍視爲莫大的威脅。爲此，他調動兵力，命令張俊負責收復建康。可是張俊對建康望而卻步。淮南宣撫司右軍統制岳飛在四月由宜興向建康尾擊金軍，從四月到五月間，同金軍交戰幾十次，最後收復建康，殲敵三千多人，擒敵三百多人，大獲全勝。

在多次全面進攻受挫後，金看到南宋抗戰力量不斷增長，覺得短期內難以滅亡南宋，於是採取「以和議佐決戰，以僭逆誘叛黨」的策略。建炎四年（西元 1130 年）九月，封劉豫爲大齊傀儡皇帝，定都大名府，其統治地區包括今山東、河南和陝西地區，一方面作爲宋、金緩衝地帶，另一方面可以鞏固北方的統治。爲了從內部破壞南宋的抗戰力量，又於同年十月，把秦檜遣回南宋作內應。爲了配合這一政治策略，在軍事上將全面進攻改爲東守西攻的戰略部署，命右副元帥宗輔經洛陽治兵，將兀朮率領的十餘萬主力西調，企圖全力進攻四川，控制長江上游，爲從江南迂迴攻

岳飛像

岳飛（西元 1103 年－1142 年），字鵬舉，相州湯陰人，爲宋朝名將。事母至孝，家貧力學。其母在他背上刺「精忠報國」四字，岳飛以此爲一生處世的準則。西元 1129 年，金兀朮渡江南進，攻陷建康，岳飛堅持抵抗，於次年收復建康大破金兵「拐子兵」於鄞城，收復鄭州、洛陽等地，兩河（淮河、黃河）義軍紛起響應，復欲進軍朱仙鎮，惜審相秦檜力主議和，乃一日降十二金牌召還，被誣以「莫須有」的罪名而死於獄。岳飛率領的軍隊被稱爲「岳家軍」，金兵非常害怕「岳家軍」，流傳著「撼山易，撼岳家軍難」。西元 1162 年，宋孝宗時詔復官，諡武穆，寧宗時追封爲鄂王，改諡忠武，有《岳武穆集》。

打南宋打下基礎。從建炎四年九月到紹興四年四月，金軍在這一戰略指導下，在陝西發動了數次大規模的進攻。經富平之戰、尚原之戰和饒風關之戰後，金軍損失慘重，被迫還據鳳翔，授甲士田，「爲久留計，自是不復輕動矣」，宋的接連勝利，使川陝的防務不斷得到鞏固。金軍重點進攻川陝的失敗，說明宋、金強弱的對

作戰篇

比，正在向有利於南宋的方向轉化。岳飛等人率領的軍隊轉移戰場，取得節節勝利。

南宋名將岳飛，是深諳孫子兵法的。他指揮作戰亦是遵循孫子所說的「兵貴勝，不貴久」的原則。我們從岳飛抗金的歷史中也可明白「知兵之將，生民之司命，國家安危之主」的道理。岳飛、韓世忠、劉錡等名將抗金的著名戰役有襄陽之戰、順昌之戰、郾城之戰等，這些戰役大大打擊了金兵的囂張氣焰。建炎四年三月，金兀朮（宗弼）會合僞齊李成軍二萬擊敗李橫、牛臯軍。十月，進軍鄧州（今河南鄧縣）、隨州、襄陽。這些地區對南宋來說，地理位置十分重要，進可擊中原，退可掩護長江中游地

宋代用以毀壞城防設施的橦車

區。如果襄陽落入金、僞齊之手，宋東南和四川就可能被分割開，彼此孤立無援。紹興四年（西元1134年），南宋朝廷爲收復襄陽進行了多次討論，最後決定由岳飛率軍收復襄陽，韓世忠屯兵泗上爲疑兵進行牽制，劉光世派兵增援陳、蔡，幾路兵馬相互配合，優劣互補。南宋朝廷爲此下令：任命岳飛兼湖北路、荊、襄、潭州制置使，原湖北安撫使司統制顏孝恭和崔邦弼的部隊，以及荊南鎭撫使司的部隊，都受岳飛的調遣；命岳飛指揮所部在麥熟前克復京西路的襄陽、唐、鄧、郢（今湖北鍾祥）四州和信陽軍；這次反攻，只能以此六郡爲限，如敵人逃出此界限，不能遠追，也不許提出北伐或揚言收復汴京，以免擴大事態；收復襄陽六郡後，由岳飛派部下防守，大軍仍屯駐長江沿岸。由此可見，宋高宗反擊襄陽的戰略企圖是收復戰略要地襄陽，改善秦嶺、淮水防線中央部分的態勢，同時又害怕激怒金朝，極力避免金軍再次對江淮方向發動進攻。

由岳飛帶領的軍隊共有二萬八千餘人，加上臨時撥歸節制的軍隊共有三萬五千人。岳飛軍從江州移兵到鄂州，又從鄂州陸續北上。紹興四年

（西元1134年）五月初，岳家軍向郢州城進發，殲滅偽齊七千人，將郢州收復。然後兵分兩路，張憲和徐慶向東北方向攻隨州，岳飛親率主力往西北方向攻襄陽。張憲和徐慶攻隨州城受挫，在得到牛臯和董先支援後，攻下隨州城，殲敵五千人。襄陽偽齊守將李成棄城逃跑，岳家軍輕而易舉就進入襄陽。偽齊政權得到岳家軍已攻佔郢州、襄陽、隨州的消息後，急忙將部隊集結在襄陽東北的新野、胡陽、棗陽以及唐州、鄧州等地，號稱三十萬。李成於是自新野向岳家軍發動反攻。岳飛命王萬率部屯清水河，誘敵深入。六月，岳飛擊敗李成軍。李成軍再次集結兵力反撲，仍以失敗而告終。李成戰敗的消息傳到開封，劉豫連忙向金求援，金派劉合孛堇率領數萬人支援李成，在鄧州西北紮下三十多個營寨，企圖阻止岳家軍向北

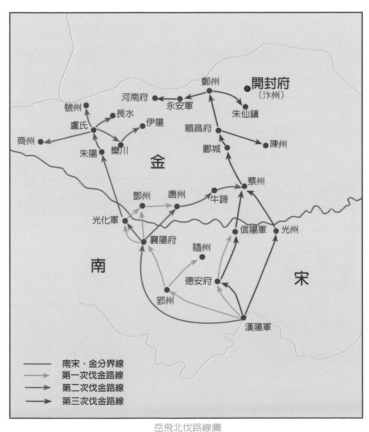

岳飛北伐路線圖

進攻。岳飛派王貴和張憲兵分兩路向鄧州快速進發。七月十五日，王貴與張憲軍在鄧州城外與數萬金、偽齊聯軍交鋒，董先、王萬部以騎兵伺隙突擊，一舉擊破金、偽齊聯軍，金將劉合孛堇孤身一人逃脫，偽齊將高仲率殘兵退守鄧州城。岳家軍乘勝追擊，一舉攻破鄧州。接著又收復唐州、信陽軍。收復襄陽六郡，是南宋重建以來進行局部反擊作戰的第一次勝利，也是南宋第一次收復大片失地。從此，鄂州成為岳家軍的大本營，襄陽六郡成了岳飛反攻中原的前進基地。襄陽一戰的勝利，也是孫子兵法兵貴神速的勝利。

襄陽一戰後，劉豫心中不甘，向金請兵再戰。九月，金派宗輔、兀朮

南宋・三弓床弩
宋代防守時常用此器，殺傷力很大。三弓床弩的出現表示著古代冷兵器發展的較高水準。

和劉豫聯軍向淮河以南地區進攻。金、偽齊聯軍分兩路，騎兵自泗州向滁州（今安徽滁縣）進發，步兵自楚州向承州（今江蘇高郵）進發。宋以淮東宣撫使韓世忠率軍自鎮江進駐揚州、江東，淮西宣撫使劉光世率軍屯馬家渡，浙西、江東宣撫使張俊屯采石。九月上旬，東路金、齊軍渡過淮河攻佔了楚州。韓世忠揮軍北進，在揚州西北大儀鎮附近，設伏二十餘處。金軍行至大儀鎮進入伏擊區後，埋伏的宋軍向金軍發動突然攻擊，金軍損失慘重。韓世忠又命解元等部在承州設伏，再次大敗金兵。韓世忠率軍追擊金軍到達淮河，金軍驚潰，互相踐踏，溺水死者無數。十月間，金西路軍攻破濠州（今安徽鳳陽東北）、滁州，前鋒進至六合。南宋朝廷再次調整戰略部署，決定由韓世忠退守鎮江，張俊移守常州，劉光世退守建康，打算憑藉長江天塹，阻止金軍渡江。同時調岳飛軍出援淮西，以牽制金軍。金、偽齊軍自順昌下壽春，進圍廬州，形勢緊急。岳飛接到救援淮西的命令後，即派徐慶、牛臯率兩千多騎兵為前鋒，帶領八千人向淮西進發。徐慶、牛臯率部隊趕到廬州後，留一部守城，其餘迎擊敵軍，

同金、偽齊軍展開激烈交鋒。金、偽齊軍抵擋不住岳家軍騎兵的衝擊，狼狽潰退，牛臯率兵追擊三十多里。金軍退駐泗州、濠州一線。當時恰好碰上歲末嚴寒，糧道不通，又傳來金太宗病危的消息，於是金軍慌忙撤軍北退，偽齊軍也跟著逃走。部分宋軍向北追擊，收復淮南大片土地。

對於金、偽齊聯軍的南犯，宋軍已經能夠進行局部反擊，內部鎮壓人民的反抗也取得了成功。紹興五年（西元1135年）以後，南宋政權已較穩固，具備了對金發動反攻的條件。這時，主戰派張浚當了宰相，紹興六年（西元1136年）二月初，張浚部署反攻中原：韓世忠由承州、楚州出兵，奪取淮陽軍（今江蘇邳縣）；劉光世駐廬州，牽制偽齊軍；張浚進駐盱眙，準備策應韓、劉兩軍；楊沂中領兵爲後繼，隨時準備支援各軍；岳飛軍進駐襄陽，以收復中原。張浚的戰略意圖是：以劉光世依託淮河沿線有利地形，牽制金與劉豫偽齊軍，屛障建康，主力由兩翼向北實施夾擊，從而一舉收復中原失地。

命令下達後，韓世忠立即展開行動，二月中旬率軍渡淮，經符離進圍金重兵防守的淮陽軍，猛攻六天，金

金山
位於今江蘇鎮江市西北長江南岸。宋將韓世忠與金軍戰於長江，其妻梁紅玉在金山妙高台擂鼓助威。

兀朮與僞齊劉猊率軍來援，反擊韓世忠。韓世忠率軍退回楚州自守。

岳飛軍於七月開始北進，以牛皋為前鋒，迅速攻佔鎮汝軍（今河南魯山），並對開封發起進攻，以吸引僞齊的注意力。牛皋攻佔鎮汝軍後，向東橫掃穎昌府，直下蔡州，燒毀劉豫軍的糧草。岳飛在牛皋軍的掩護下，親率主力向豫西的虢州（今河南靈寶）方向進擊。八月初，王貴、董先等部攻佔虢州及其附近地區。王貴繼續向西，攻下商州（今陝西商縣），王貴的副將楊再興收復長水（今河南洛寧西南）、伊陽。虢、商二州是中原的要衝，北可控黃河，東可入洛陽，西可攻關中。岳飛軍佔領兩地，將河南與陝西的僞齊統治區一分為二。長驅豫西，是南宋立國後宋軍首次攻達黃河之濱。岳飛已逼近洛陽，但因高宗下詔班師，加上岳飛軍孤軍深入，糧草無以為繼，又沒有援兵，被迫撤退。孫子兵法云：「智將務食於敵。」岳飛在這一點上做得十分明智。

南宋的反攻使僞齊軍驚恐萬分，急忙向金廷求援。此時，金太宗已死，金熙宗繼位，金拒絕出兵，只派兀朮屯兵黎陽以為聲援。九月，劉豫拼湊三十萬軍隊，打著金軍的旗號，號稱七十萬，分三路南下。南宋朝廷以為是金軍再次南下，急忙下令岳飛軍火速對淮西進行增援。當岳飛率部到達江州時，僞齊軍已被打退，南宋朝廷令岳飛班師回朝。由於岳飛被抽調增援淮西，致使襄陽等地前線兵力不足，僞齊乘機於十月底向岳家軍防區發動進攻，企圖直搗岳家軍大本營鄂州。岳家軍各部英勇抵抗，僞齊的進攻失敗。岳飛回師鄂州後，立即部署反擊，命令王貴部進軍蔡州。因蔡州城池堅固，僞齊軍主力設下埋伏，岳飛下令部隊退回。僞齊李成、孔彥舟率軍追趕，被岳飛擊敗，岳家軍主力沒有受到什麼損失。

紹興七年（西元1137年）十一月，金廢黜劉豫，取消僞齊政權。完顏昌認為應該把原僞齊統治的河南、陝西地區交還南宋，要宋向金稱臣，貢納歲幣，實質上是要使南宋成為像僞齊一樣的屬邦。高宗得知這一消息，高興萬分，不顧張浚、岳飛、韓世忠等人的反對，堅持對金朝妥協投降。宋、金在紹興九年（西元1139年）正月初一，達成和議。兀朮一派掌握了大權後，反對將河南、陝西等地歸宋，主張撕毀和約，向宋朝發動進攻。在金軍的大舉進攻下，高宗只

好發表聲討檄文，懸賞捉拿兀朮，並命令各地大軍準備應戰。

當時劉錡新任東京副留守，他率領侍衛馬軍司一萬八千人，由臨安沿水路赴東京開封上任。行至渦口時，得到金軍背約南下的消息後，即捨舟登陸，兼程前進。五月十五日抵達順昌，得知金軍已進佔距順昌三百里的陳州（今河南淮陽），於是決定和順昌知府陳規一起，堅守順昌，阻止金軍南下。順昌之戰就此打響。

順昌東接濠州、壽州，西接蔡州、陳州，南有淮河，北瀕潁水，是防守淮河的要地，也是通往開封的要衝。在敵軍大舉進攻的情況下，劉錡為表固守決心，下令鑿沉船隻，準備決一死戰。他察看順昌周圍地形後，作出如下部署：將城外五千戶居民遷入城內，將城外民房全部焚毀，以免金軍使用；命部將分守四門；派出偵探瞭解金軍動向；整修壁壘，在城上設置便於觀察、射箭的望孔，又以廢車輪轅埋於城上加固城牆；在城牆外築羊馬牆，並設兵埋伏。同時，又發動當地民眾協力抗金，一時出現「男子備戰守，婦人礪刀劍」的景象。經過六晝夜努力，順昌城的防禦準備基

南宋兵器

本就緒。五月二十五日，金軍遊騎數千渡過潁河，進逼順昌城郊。劉錡從捉到的俘虜口中得知金軍韓將軍部在距城三十里的白沙渦駐紮，便趁其初至，派兵千餘夜襲金營，首戰告捷。二十九日，金軍三路都統完顏褒及龍虎大王突合速率三萬餘人對順昌進行強攻。宋軍用強弩勁弓還擊，金軍被迫撤退。劉抓住戰機，乘勢以步兵出擊，金軍大敗，渡河溺死者不計其數。宋軍速戰速決，並兩次趁雷雨夜襲，經過四天苦戰，金軍的第一次圍攻失敗了。

兀朮得知順昌失利的消息後，率兵十餘萬，晝夜兼程趕往順昌。劉錡獲悉兀朮重兵趕來的情報後，召集部下商討計策，最後決定同他決一死

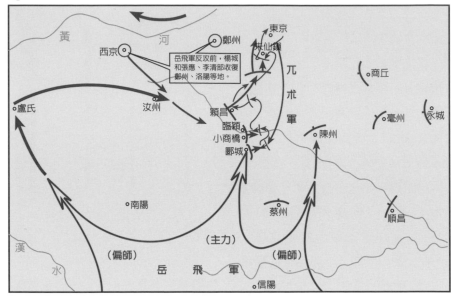

岳飛反攻中原之戰要圖

戰。同時派出間諜，故意讓金軍俘虜向金軍散佈劉錡喜好聲色、貪圖安樂、無所作爲等假情報，以麻痺金軍，誘敵出戰。兀朮聽後信以爲眞，率兵急進，而未帶任何攻城器具。六月九日，兀朮抵達順昌城下，見城垣簡陋，狂妄地說：「彼可以靴尖踢倒耳！」當即下令於次日早晨攻城。六月十日天明，金軍十餘萬人通過穎河浮橋，對順昌進行圍攻。

金軍主力猛攻東、西城門，兀朮親自帶領重甲親兵三千騎往來督戰。順昌守軍不滿二萬，能出戰的不超過五千人，但軍民同心協力，將金軍擊退。當時諸將認爲金韓常部最弱，應當首先對他發動進攻。劉錡認爲即使擊敗韓常部仍不能阻擋兀朮精兵的進攻，不如先打敗兀朮軍，金軍必會因震動而崩潰。

當時正值酷暑，金軍人不解甲、馬不卸鞍，遠道而來，沒有休息即投入戰鬥，疲憊不堪，幾乎沒有什麼戰鬥力，只好休兵立營，準備再攻。宋軍則以逸待勞，主動出擊，攻破兀朮營壘，打敗其三千親兵。金軍以鐵騎「拐子馬」對宋軍進行左右夾擊，由於宋軍英勇作戰，金軍未能得逞。劉錡又在穎水上流及草木中投放毒藥，金軍士馬饑渴，飲食水草者均中毒病倒。劉乘機於中午從西、南兩門出兵

襲擊金營，金軍大敗，共損失五千餘人。

兀朮見順昌城屢攻不下，士卒又多疾病，不得不改變策略，企圖長期圍困順昌，於是在城西紮營，掘壕列陣。當日天下大雨，宋軍利用大雨而金軍移營未穩，大舉夜襲，重創金軍。十二日，兀朮被迫率全部金軍撤離順昌回開封，順昌保衛戰以宋軍的勝利而告終。

此次戰爭的勝利，有力地打擊了金軍主力的進攻，策應了宋軍在東、西兩翼及京西地區的作戰，從而使金軍的猛烈攻勢暫時受挫，為南宋軍民的大舉反攻創造了條件。

在金軍主力圍攻順昌之際，高宗急令岳飛救援順昌。岳飛接到命令後，按照其以襄陽為基礎，連結河朔，直搗中原，恢復故疆的既定方針，派前軍統制張憲、遊奕馬軍統制姚政率軍救順昌；派李寶、梁興等率部北上深入金軍後方，聯絡兩河義軍，抗擊金軍；一部分宋軍由虢州、商州出發，切斷兀朮和完顏杲的聯繫，對主力側翼進行掩護；岳飛親率主力向京西路進發。六月初，岳飛大軍由襄陽、鄂州出發。

在順昌之戰勝利後，高宗竟作出了極其荒謬的決定，下令「兵不可輕動，宜班師」，要求各路軍隊停止北進。但岳飛沒有遵從高宗的旨意，而是繼續北進中原。金兀朮在順昌戰敗後，退回開封，命大將韓常守穎昌，翟將軍守淮寧，三路都統阿魯補守應天府（商丘），以此三地作為防止宋軍進軍開封的據點，兀朮和龍虎人王

塞門刀車模型
在車的前端擋板上裝數枝槍刀，如敵人破壞城門，可用此車直接將城門堵住。

金代銅虎符

軍駐守開封作為預備隊，以阻止宋軍。

閏六月，岳飛軍開始對駐守開封周邊的金軍發動進攻。在一個多月的時間裡，岳家軍席捲京西，兵臨大河，順利地完成了掃蕩開封周邊的作戰任務。但在順昌之戰後，張浚奉命從亳州後撤，劉錡在順昌也不敢違詔北進，岳家軍孤軍深入，又由於收復地區的日益擴大，兵力日益分散，岳飛不得不收縮戰線，將兵力集結於郾城、穎昌地區。中原是宋、金必爭之地，誰控制中原，就可以從中央突破對方的防線，對敵人形成分割之勢。因此，岳飛挺進中原，使駐紮在開封的兀朮萬分恐慌。他急忙召集諸將，商議對策。兀朮認為，南宋其他諸軍都易於對付，惟獨岳家軍「將勇而兵

猛火油櫃模型
此為噴火兵器

精，且有河北忠義回應之援，其鋒不可當」，因而決定集中兵力對岳家軍發動進攻，企圖將岳家軍一舉殲滅。

於是，兀朮率龍虎大王突合速、蓋天大王完顏賢及韓常等軍於七月初八直趨郾城，企圖一舉摧毀岳家軍指揮中樞。金將鐵騎「拐子馬」一萬五千人布列兩翼。岳飛以步兵與金軍精騎對抗，命令士兵手持馬紮刀、大斧等銳利武器，上劈敵人，下砍馬足；同時令其子岳雲率騎兵精銳直衝金陣中央，楊再興等率騎繼之，向兀朮的指揮部發起攻擊。兀朮見精銳被殲，萬分悲痛，又於初十增兵郾城。兀朮不甘心郾城之敗，又集中兵力，號稱十二萬，進逼臨穎。七月十三日，楊再興等率騎兵數百，與金軍一部在小商橋遭遇，楊再興率軍奮勇作戰，殲滅金軍二千多人，楊再興亦戰死。張憲率援兵及時趕到，殲滅敵軍八千多人，兀朮連夜逃跑。

據岳飛估計，金軍雖屢戰失利，必回軍攻穎昌，便令岳雲急速增援駐於穎昌的王貴。七月十四日，兀朮果然率兵十萬向穎昌進攻。王貴、岳雲率精騎在城西與金軍展開激戰。金軍「橫亙十餘里」，聲勢頗壯。岳家軍以騎兵八百正面衝鋒，而將步兵布列左

右兩翼，對付金軍的騎兵。雙方展開激戰，岳家軍人人奮勇殺敵，無一人回顧。接著董先率部繼至，投入戰鬥。遂大敗金軍，殲敵五千多人，俘敵二千多人。兀朮被迫向開封撤退。十八日，張憲部又在臨穎東北擊敗金軍六千多人。岳飛率軍乘勝追到距開封僅四十五里的朱仙鎮。兀朮集結開封兵十萬，同宋軍對峙。岳飛一面同金軍對陣，一面派兵向黃河渡口進逼，側擊金軍。金軍大敗班師。

金軍統帥兀朮哀嘆：「自我起北方以來，未有如今日之挫衄。」金軍士氣沮喪，發出「撼山易，撼岳家軍難」的慨嘆。金兀朮放棄輜重，準備向北撤退。在這樣有利的形勢下，恢復中原指日可待。岳飛根據孫子兵法作戰篇的思想，決定採取速戰速決的戰術，直搗金國老巢——黃龍府，收復宋朝大好河山。

岳飛隨即向高宗報告了金兀朮已令其老小渡河的消息，說這是「陛下中興之機」，「金賊必亡之日」，請求趕快命令各路兵馬火急並進，發動總攻。岳飛自郾城向朱仙鎮進發，距東京開封只有四十五里了。岳飛全軍將士急切地等待著渡河進軍的命令。高宗、秦檜卻在勝利面前，再一次停戰求和，從而坐失挽救國家命運之良機。

高宗、秦檜一面急令張浚、楊沂中等從宿州和泗州撤軍，使岳飛軍陷於孤立；一面又以「孤軍不可久留」為理由，強令岳飛退兵。岳飛上書力爭，說：「金賊銳氣沮喪，內外震駭，欲棄其輜重，疾走渡河。況今豪傑向風，士卒用命，天時人事，強弱已見，功及垂成，時不再來，機難輕失。」這種思想亦符合孫子兵法的作戰思想。可是高宗一天之內，連下十二道金牌（朱漆木牌上寫金字，有緊急軍機，由皇帝直接發出），強迫岳飛退兵。岳飛悲憤交集，慨嘆道：「十年之功，廢於一旦！」無奈之下只得揚言要渡河進攻，以迷惑金軍，然後下令從郾城悄悄撤退。至七月，岳飛軍退守鄂州，已收復的鄭州、穎昌、蔡州、淮寧等大片土地，又落入金軍手中。

「撼山易，撼岳家軍難！」這是金軍悚於岳家軍的速如閃電、疾如風雷的戰略戰術而發出的慨嘆。但由於朝政昏庸，岳飛的「速戰速決」戰略理念未被實施，反而引來殺身之禍，歷史上也留下了永遠的遺憾。

例 解
萬曆「三大征」之出兵朝鮮

萬曆三大征在決策總體上是沒有利用好孫子兵法的作戰理念的。它們是明朝統治者吞下的三個苦果,最後成了導致明朝滅亡的主要原因。

萬曆三大征指萬曆年間明朝出兵平定哱拜叛亂、播州楊應龍叛亂及援朝抗倭。這三大戰役每次用兵數十萬,費銀近千萬兩,「幾舉海內之全力」。由於張居正在萬曆初年推行富國強民政策,使明中葉以來愈演愈烈的財政危機得到一些緩和,經過三大征,明廷財政赤字不斷膨脹,社會各種矛盾重又加劇,加速了明王朝的滅亡。

從萬曆二十年到萬曆二十六年,明政府進行了援朝抗倭的戰役。

十六世紀末,日本戰國群雄經過百餘年的戰爭,逐步統一,豐臣秀吉最後完成了全日本的統一大業。在完成了國內的整頓之後,他便積極向外擴張,首先將矛頭對準朝鮮。

日本對於朝鮮的疆土早已垂涎三尺。豐臣秀吉為發動侵略戰爭進行了充分的準備,在日本動員了三十餘萬兵力,建造了千餘艘戰艦,並在名古屋囤積了大量糧草。朝鮮國王李昖,沉緬於酒色,內政敗壞,使得民怨沸騰,而他對於敵情也是一無所知。對於日本的侵略意圖,明朝廷早已有所察覺,但他們將此訊息轉告給朝鮮時,朝鮮卻置若罔聞,不加理會。

明代萬曆二十年（西元1592年）,日本豐臣秀吉下令出兵朝鮮。僅兩個月零兩天,朝鮮三都道全部陷落,王子被俘,國王逃到義州,急忙

豐臣秀吉塑像

豐臣秀吉（西元1536年－1598年）是繼室町幕府之後,完成近代首次統一日本的日本戰國時代大名。他統治的時期以他的城堡命名為桃山時代。這時期從西元1582年延續到1598年他死亡為止,或根據某些學者延續到1603年德川家康接任征夷大將軍,建立江戶幕府為止。

明駕火戰車模型

這是一種裝載火箭的獨輪戰車，前有綿簾，需要時可放下擋鉛彈，車兩側設有六筒火箭，計一百六十支，火銃兩支，長槍兩支，此車由兩人操作。

向明朝告急。明廷對戰況估計不足，派出了一支三千人的部隊，結果於平壤城內全軍覆沒。聽到朝鮮戰況，明廷於十二月派軍進入朝鮮，率領入朝明軍的是經略宋應昌、提督李如松。

萬曆二十一年（西元1593年）五月六日，大軍進抵平壤城下。李如松觀察地形，見平壤東南臨江，西臨山，惟北郊牡丹臺高聳，最爲險要，日軍設砲臺及鳥銃等新式武器防守。五月六日夜，日軍首先攻擊駐紮在南郊的朝鮮軍，在北郊牡丹臺，吳惟忠部明軍亦與日軍發生小規模戰鬥。七月，吳惟忠部先攻牡丹臺，試敵火力，佯退。是日夜，日軍偷襲李如松

營，被李擊退。八月，決戰全面展開，李如松部明軍全力攻城東南，日軍彈矢如雨，士兵稍卻，李如松爲激勵士卒，手斬先退者，並選取死士，親自架梯登城。南城主攻明軍由祖承訓率領，著朝軍服裝。日軍連勝，心輕朝軍，祖承訓進至城下，始露明甲，日軍不支，從西城抽出兵力對付南面明軍。明軍預先在城外設虎蹲砲、大將軍砲、佛郎機等，火力集中於主攻方面的西門一帶高地及城北隅的日軍根據地。煙塵蔽空，砲聲震天，李如松督楊元等先登入小西門，李如柏亦從大西門衝殺進去。牡丹臺方面，日軍極力抵禦吳惟忠部的猛

攻。吳惟忠胸中砲彈，血流如注，仍奮臂高呼督戰。砲火中，李如松戰馬被炸，自己也身負重傷，但仍換馬再戰。在明軍的猛攻之下，日軍終於不支，退保城北隅風月樓。入夜，日將小西行長率兵渡大同江，向漢城方面退卻，途中又遇明軍伏兵李寧、查大受追擊，狼狽退去。經平壤一役，倭寇損失慘重，死傷一千二百八十五名，死於火及從城東跳水而死者無數。李寧、查大受亦殺敵三百六十二人。十九日，李如松乘勝進軍，收復舊都開城，殺敵一百六十五名。朝鮮三都十八道，已收復二都及黃海、平安、京畿、江源、鹹境五道。

李如松軍運用孫子兵法速戰策略取得連勝，產生輕敵之心，想一舉收復漢城。二十七日，進軍碧蹄館，距漢城僅三十里。在經過大石橋時，李如松及部下萬餘將士被日軍圍困，李如松幾乎被擒，裨將李有升以身護

之，被敵肢解。明軍戰至中午，矢盡，楊元率援兵至，殺入重圍。日軍乃退去。此戰明軍精銳盡失，過橋者皆被殺死，天大雨，路泥濘，漢城附近盡為稻畦，明軍騎兵不得施展，城中日軍借地利之便以火砲轟擊明軍，明軍無法攻城，只好撤退。

三月，劉、陳水路援兵至，李如松命李益駐開城，楊元駐平壤，接大同道守明軍餉道，李如柏駐寶山，互為聲援。查大受駐臨津，統銳卒東西策應。明軍偷襲龍山日軍，焚燒其全部糧草，導致日軍乏糧而戰，士氣迅速低落。朝軍李舜臣率龜船（一種戰船）二十餘艘往來海岸，干擾日軍海上補給線。四月十八日，日軍退出漢城，龜縮在釜山一帶。

但由於內部戰和意見不一，明廷錯過了有利戰機。經略宋應昌認為敵意「實在中國」，如敵見我罷兵，突入再犯，朝鮮不支，前功盡棄，不願

明‧一窩蜂模型
這是一種明代的筒形火箭架。它把幾十支火箭放在一個大木筒裡，引線連在一起，用時點總線，幾十支箭齊發，宛如群蜂螫人，故稱「一窩蜂」。

明‧水底龍王砲模型
此砲用牛脬做砲殼，內裝黑火藥，用香
點火作引信，憑藉香的燃燒時間來定時
引爆。

退兵。兵部尚書石星在戰爭一開始便
一意主和，平壤之役前已派沈惟敬數
通日本議和，明神宗也不願再戰，決
心撤兵。只留劉綎率川兵防守，其餘明
軍盡數撤回，令朝鮮國王回王京漢城
自守，中日和談。

　　明廷違背孫子兵法的速戰要決撤
兵回國，給日方提供了可乘之機，終
於招致戰場上的屢屢敗績。

　　日方僅僅是利用和談爭取時間，
重整軍備，釜山日軍始終未撤回日
本。萬曆二十五年（西元1597年）
正月，豐臣秀吉再次發動侵朝戰爭。
兵部尚書石星被迫承擔議和誤事的責
任，使者沈惟敬向日本人獻媚的罪行
也被揭發出來，二人下獄。明廷派兵
部尚書邢玠為總督，僉都御史楊鎬為
經略，麻貴為提督，率十萬大軍，第
二次赴朝抗日。

　　日軍出動十四萬兵力，企圖進佔

慶州、全羅、忠清三道。六月，日船
數千艘先後渡海登陸。七月，入慶
州，奪閑山要塞。全羅外藩閑山島在
朝鮮西海口，右障南原，一失守則沿
海無備，天津、登萊便門戶大開。

　　八月，日軍圍南原，夜裡突然發
起攻擊，明軍猝不及防，守將楊元跣
足而逃。駐全州的陳愚衷距南原百
里，懼敵不敢出兵救援，聞南原失
守，也棄城而逃。遊擊牛伯英在麻貴
的指揮下赴援全州。日軍直逼至王京
城。漢城東隘為島嶺、忠州，西隘為
南原、全州。南原、全州既失，王京
失去屏障，守將麻貴幾欲棄城而走，
海防使蕭應宮自平壤趕來阻止，邢玠
也來王京坐鎮指揮，人心始定。朝鮮
調李元翼由島嶺出忠清道擊敵，麻貴
則發兵守稷山。

　　十一月，總督邢徵兵陸續到達，
乃分四萬人為二路，副將高策統中

軍，李如梅統左軍，李芳春、解生統右軍。經略楊鎬同麻貴率左右軍，自忠州鳥嶺向東安趨慶州，專攻加藤清正。遣中軍屯宜城，東援慶州，西扼全羅。明軍與朝鮮兵在其他方面佈置好後由天安、全州、南原而下，浩浩蕩蕩，詐攻順天，以牽制行長東援清正。

十二月，雙方爆發了蔚山會戰。中、朝軍隊計五萬餘人，日本加藤清正率部於蔚山府之南島山紮營，兵力一萬六千餘人。

中、朝聯軍於十二月二十三日發起總攻。黎明前由遊擊擺寨為先鋒，率親兵一千人，參將楊登山為後援，率精騎三千，突襲蔚山城。城內日軍大半被殲，島山屯軍援至，擺寨佯退，誘敵入伏，殺敵四百人。日軍只得堅守島山，等待援軍。翌日聯軍圍攻島山周邊城廓，遊擊茅國器統兵先登，破敵新築三寨，殺敵六百多人，日軍堅壁不敢復出。十一時許，明軍攻抵島山寨下，禆將陳寅身先士卒，冒彈雨奮勇登先，連破敵柵二重。加藤清正身著白袍，躍馬指揮日軍拒守。楊鎬在明軍即將攻破第三柵時，忽傳令茅國器割倭首級，明軍陣腳稍亂，攻擊不力。茅國器復因主將李如梅未至，自己不便先立功，遂鳴金收兵。第二天早上，李如梅至，再攻，敵守益堅，不能攻拔。島山比蔚山城高，日軍在此新築石城，明軍仰戰不利，死傷很多，於是改強攻為圍困。楊鎬令分兵圍困島山十日，城中饑，

明·龜船模型
朝鮮名將李舜臣改，可四面發射火砲，防護力、機動性較強，中朝聯軍在露梁海戰中，曾以這種船參戰，打敗了日軍。

坐待小西行長之援軍，而明軍由於受制於城中火砲，死傷也很慘重，於是總攻前，已由中軍高重、吳惟忠等扼梁山，左軍董正誼等赴南源，布下疑兵。又遣右軍盧繼忠兵二千屯西江口以防水路援兵。小西行長亦慮明軍攻其釜山寨，僅選派精銳三千，虛張聲勢，往來江上，不敢輕出救援。朝軍將領李德馨誤報海上大批倭船揚帆而來，楊鎬不及下令，策馬先奔，諸軍大亂，皆奔潰。清正乘機出兵追擊，明軍陣亡兩萬餘人。楊鎬、麻貴奔回星州，撤兵回京。戰敗的消息傳至明廷，楊鎬被罷免，天津巡撫方世德被任命為經略。

萬曆二十六年（西元1598年），總督邢玠於前一階段戰役中缺乏水師的情況，招募江南水兵，以增強對敵作戰能力。

明軍於九月分道進軍，劉綎攻小

釜山城戰鬥圖

西行長，殺敵九十二人。陳璘水師擊毀倭船百餘。小西行長反擊，劉、陳敗走。董一元攻晉州，乘勝攻下敵老營泗州。日軍退保新寨，董一元令茅國器等力攻，被敵強大的火力擊潰，還晉州。

十月，豐臣秀吉的死訊傳至明軍中，明軍利用此時機加緊進攻日軍。十一月十七日夜，加藤清正乘船離開島山，麻貴乘虛而入，劉綎攻奪曳橋。陳璘水師一萬三千餘人，戰艦數百艘，分佈忠清、全羅、慶尚諸海口。劉綎進攻小西行長順天大城時，陳璘以水師夾擊，焚其舟百餘。陳璘半路伏擊了準備援助小西行長的石曼子，日軍大隊從海上逃走，副總兵鄧子龍和朝鮮統制使李舜臣統水軍擊敵於釜山南海，大敗日軍。鄧子龍年逾七十，驍勇善戰，殺傷日軍無數，戰死在沙場上。在多年的抗倭戰爭中，

李舜臣率鐵甲龜船，多次打敗日軍，牽制了日軍的行動，但在激戰中也不幸戰死。日軍在這次激戰中，死傷萬餘人，殘部退出朝鮮半島。七年的抗倭援朝終以中、朝的勝利而告終。

但由於明朝出兵朝鮮，為異地作戰，軍糧、軍費開支十分巨大，極大地消耗了國力。孫子兵法云：「凡用兵之法，馳車千駟，革車千乘，帶甲十萬。」這是戰國出兵規模，此數僅是明代出兵的九牛一毛。

孫子說：「千里饋糧，則內外之費，賓客之用，膠漆之材，車甲之奉，日費千金，然後十萬之師舉矣。」這是強調作戰要考慮軍費開支。「用戰也勝，久則鈍兵挫銳，攻城則力屈，久暴師則國用不足」，「雖有智者，不能善其後也」。孫子說：「善用兵，役不再籍，糧不三載，取用於國，因糧於敵，故軍食可

明‧鐵佛郎機子銃
明代中期火砲，類似小火銃，戰鬥時預先裝填彈藥備用，輪流裝入母銃發射。因是由葡萄牙傳入中國，故按其國名稱為「佛郎機」。

明・石像生中的武將

足也。」、「國之貧於師者遠輸，遠輸則百姓貧。」可惜明廷沒有考慮清楚這個問題，就出兵朝鮮，在剛獲勝果時，又不速戰速決，遽然退兵回國，讓日軍捲土重來，終使明軍在戰場上連吃敗仗，傷亡慘重。雖然明軍堅持到勝利，但兵力疲乏，糧草接濟困難。雖然取得勝利，卻連戰七年，國力枯竭，財政頹敗，儘管在小戰中取勝，但在國家大計中，已經輸了大半。在沒有兵力和糧草準備的情況下，打持久戰是要付出巨大代價的。

謀攻篇

原文

孫子曰：凡用兵之法，全國為上，破國次之；全軍為上，破軍次之；全旅為上，破旅次之；全卒為上，破卒次之；全伍為上，破伍次之。百戰百勝，非善之善者也；不戰而屈人之兵，善之善者也。

故上兵伐謀 ❶，其次伐交 ❷，其次伐兵，其下攻城。攻城之法，為不得已。修櫓轒輼 ❸，具器械，三月而後成，距闉 ❹，又三月而後已。將不勝其忿而蟻附之，殺士卒三分之一而城不拔者，此攻之災也。

BOX

注釋

❶ 上兵伐謀：上兵，上乘用兵之法。伐，進攻、攻打。謀，謀略。伐謀，以謀略攻敵贏得勝利。此句意為用兵的最高境界是用謀略戰勝敵人。

❷ 其次伐交：交，交合，此處指外交。伐交，即進行外交鬥爭以爭取主動。當時的外交鬥爭，主要表現為運用外交手段瓦解敵國的聯盟，擴大、鞏固自己的盟國，孤立敵人，迫使其屈服。

❸ 修櫓轒輼：製造大盾和攻城的四輪大車。修，製作、建造。櫓，藤革等材料製成的大盾牌。轒輼，攻城用的四輪大車，用桃木製成，外蒙生牛皮，可以容納兵士十餘人。

❹ 距闉：距，通「具」，準備。闉（ㄅ），通「堙」，土山，為攻城做準備而堆積的土山。

❺ 故兵不頓而利可全：頓，同「鈍」，指疲憊、挫折。利，利益。全，保全、萬全。

❻ 國之輔也：國，指國君。輔，原意為輔木，這裡引申為輔助、助手。

❼ 謂之進：謂，使的意思，即「使（命令）之進」。

❽ 是謂縻軍：這叫做束縛軍隊。縻，束縛、羈縻。

❾ 以虞待不虞者勝：自己有準備，去對付沒有準備之敵則能得勝。虞，有準備。

❿ 將能而君不御者勝：將帥有才能而國君不加掣肘的能夠獲勝。能，有才能。御，原意為駕御，這裡指牽制、制約。

故善用兵者，屈人之兵而非戰也，拔人之城而非攻也，毀人之國而非久也，必以全爭於天下，故兵不頓而利可全❺，此謀攻之法也。

故用兵之法，十則圍之，五則攻之，倍則分之，敵則能戰之，少則能逃之，不若則能避之。故小敵之堅，大敵之擒也。

夫將者，國之輔也❻，輔周則國必強，輔隙則國必弱。

故君之所以患於軍者三：不知軍之不可以進而謂之進❼，不知軍之不可以退而謂之退，是謂縻軍❽。不知三軍之事，而同三軍之政者，則軍士惑矣。不知三軍之權，而同三軍之任，則軍士疑矣。三軍既惑且疑，則諸侯之難至矣，是謂亂軍引勝。

故知勝有五：知可以戰與不可以戰者勝；識眾寡之用者勝；上下同欲者勝；以虞待不虞者勝❾；將能而君不御者勝❿。此五者，知勝之道也。

故曰：知彼知己者，百戰不殆；不知彼而知己，一勝一負；不知彼，不知己，每戰必殆。

孫子說，一般的戰爭指導原則是：使敵人舉國降服為上策，而擊破敵國就略遜一籌；使敵人全軍完整地降服為上策，而擊潰敵人之軍隊就略遜一籌；使敵人全旅完整地降服為上策，而打垮敵人之旅就略遜一籌；使敵人全部士卒降服是上策，而用武力打垮就次一等；使敵人全軍降服是上策，用武力擊潰就次一等。因此，百戰百勝，並不就是高明中最高明的；不經交戰而能使敵人屈服，這才算是最高明的。

所以，用兵的上策是用謀略戰勝敵人；其次是挫敗敵人的外交聯盟；再次就是直接與敵人交戰，擊敗敵人的軍隊；下策就是攻打敵人的城池。選擇攻城的做法實出於不得已。製造攻城的大盾和四輪大車，準備攻城的器械，費時數個月才能完成；而構築用於攻城的土山，又要花費幾個月才能完工。如果主將難以克制憤怒與焦躁的情緒而強迫驅使士卒像螞蟻一樣去爬梯攻城，結果士卒損失了三分之一，而城池卻未能攻克，這就是攻城帶來的災難。

所以，善於用兵的人，使敵人屈服而不靠交戰，攻佔敵人的城池而不

靠強攻，毀滅敵人的國家而不靠久戰。一定要用全勝的戰略爭勝於天下，這樣既不使自己的軍隊疲憊受挫，又能取得圓滿的、全面的勝利。這就是以謀略勝敵的標準。

因此，用兵的原則是，擁有十倍於敵的兵力就包圍敵人，擁有五倍於敵的兵力就進攻敵人，擁有兩倍於敵的兵力就設法分散敵人，兵力與敵相等就要努力抗擊敵人，兵力少於敵人就要退卻，兵力弱於敵人就要避免決戰。所以，弱小的軍隊如果一直堅守硬拚，就勢必成為強大敵人的俘虜。

將帥是國君的助手，輔助周密，國家就一定強盛；輔助有問題，國家就一定衰弱。

國君危害軍事行動的情況有三種：不了解軍隊不能前進而命令軍隊前進，不了解軍隊不能後退而命令軍隊後退，這叫做束縛軍隊；不了解軍隊的內部事務，而去干預軍隊的行政，就會使將士迷惑；不懂得軍事上的權宜機變，而去干涉軍隊的指揮，就會使將士產生疑慮。軍隊既迷惑又心存疑慮，那麼諸侯列國乘機進犯的災難也就隨之降臨了。這叫做自亂其軍，自取覆亡。

預知勝利的情況有五種：知道可以打或不可以打的，能夠勝利；了解多兵和少兵的不同用法的，能夠勝利；全軍上下意願一致的，能夠勝利；以自己有準備對付沒準備之敵的，能夠得勝；將帥有才能而國君不加掣肘的，能夠勝利。凡此五條，就是預知勝利的方法。

所以說：既了解敵人，又了解自己，百戰都不會有危險；雖不了解敵人，但是了解自己，那麼有時能勝利，有時會失敗；既不了解敵人，又不了解自己，那麼每次用兵都會有危險。

例 解
晉楚城濮之戰

西元前632年的晉楚城濮之戰，是春秋時期晉、楚兩個諸侯國爭霸中原的一次戰爭。在這場戰爭之初，楚國的實力強於晉國，而且楚國有許多盟國，聲勢浩大。城濮之戰以楚國出兵攻宋、宋成公派人來晉求救為引子展開。晉軍制定了正確的戰略戰術，運用謀略爭取了齊、秦兩個大國的援助，取得了「伐交」、「伐謀」兩方面的優勢，最終擊敗了楚軍，奪得了中原霸主的地位。城濮之戰中晉軍能勝利，是《孫子兵法・謀攻篇》中「戰勝策」的印證，晉軍的取勝，不是勝在實力，而勝在謀略。

春秋時期，地處江漢之間的楚國日益強盛，它控制了西南和東面的許多小國和部落。在楚文王時期，楚國開始北上向黃河流域發展，攻佔了申（今

春秋・玉戈
此為晉國儀仗用器

河南南陽北）、息（今河南息縣西南）、鄧（今河南漯河市東南）等地，並使蔡國屈服。楚成王時期，齊國崛起，齊桓公稱霸中原，楚國難以再向北擴張。齊桓公死後，齊國內亂，霸業衰落，楚國乘勢向黃河流域擴張，控制了魯、宋、鄭、陳、蔡、許、曹、衛等小國。西元前638年，楚軍在泓水之戰中打敗了宋襄公，開始向中原發展，期望成就霸業。

正當楚國圖謀中原稱霸之時，在今天山西西南的晉國也逐漸強盛起來。西元前636年，流亡在外十九年的晉公子重耳在秦國的幫助下回國即位，稱晉文公。晉文公即位後，實施了一些改革措施，進行了一些外交活動，具備了爭奪中原霸主地位的強大實力。

早在晉文公即位的那年，周襄王遭到他兄弟叔帶勾結狄人的攻擊，王位被奪。晉文公及時抓住了這個尊王的好機會，平定了周室的內亂，護送周襄王回到洛邑。襄王以文公勤王有功，便賜以陽樊、溫（今河南溫縣西）、原（今河南濟源西北）等地。晉文公遂命趙衰爲原大夫，狐溱爲溫大夫，經營這一對爭霸中原有戰略意義的地區。

由於晉文公抓住了「尊王」這塊招牌，在諸侯中的地位大爲提高。其勢力的迅速發展，引起了楚國的不安。楚國急於想阻止晉國進一步向南發展，而晉國要想奪取中原霸權，就非同楚國較量不可。因此，晉、楚之間的矛盾日益尖銳起來。

西元前634年，魯國因和莒、衛兩國結盟，幾次遭到齊國的進攻，便向楚國請求援助。而宋國因在泓水之戰中被楚國擊敗，襄公受傷而死，不甘心對楚國屈服，看到晉文公即位後晉國實力日增，也就轉而投靠晉國。楚國爲了保持其在中原的優勢地位，便出兵攻打齊、宋，並借此阻止晉國向南發展。晉國也正好利用這一機會，以救宋爲名，出兵中原。這樣，晉楚兩國的軍事交鋒便不可避免地發生了。

西元前633年冬，楚成王率領楚、鄭、陳、蔡等多國軍隊進攻宋國，圍困宋都商丘。宋國的司馬公孫固到晉國告急求援。於是晉文公和群臣商量是否出兵及如何救宋。大夫先軫力勸晉文公出兵救宋，他認爲，救宋既能夠「取威定霸」，又能報答以前晉文公流亡到宋國時，宋君贈送車馬的恩惠。但是宋國不靠近晉國，勞師遠征救宋，必須經過楚國的盟國曹、衛；而且楚軍實力強大，正面交鋒也恐怕難以取勝。

大臣狐偃針對這一情況，建議晉文公先攻曹、衛兩國，那時楚國必定移兵相救，那樣宋之圍便可解除。晉文公採納了這一建議。儘管如此，晉國感到眞正的敵人是楚國，要對付如此強大的敵人，必須進行較充分的準備。晉國按照大國的標準，擴充了軍隊，任命了一批比較優秀的貴族官吏出任軍隊的將領。

經過一段時間的準備，晉文公於西元前632年初，將軍隊集中到晉國和衛國的邊境上，藉口當年曹共公侮辱過他，要求借道衛國進攻曹國，遭到衛國拒絕。晉文公迅速把軍隊調回，繞道從現河南汲縣南的黃河渡口

晉文公復國圖局部　南宋‧李唐

渡河，出其不意地直搗衛境，先後攻佔了五鹿及衛都楚丘，佔領了整個衛地。晉軍接著又向曹國發起了攻擊，三月間，攻克了曹國都城陶丘（今山東定陶），俘虜了曹國國君曹共公。

晉軍攻佔了曹、衛兩國，但楚軍卻依然用全力圍攻宋都商丘，宋國又派門尹般向晉告急求救。晉文公開始感到左右為難了。不出兵救宋吧，宋國國力不支，一定會降楚絕晉；出兵吧，自己兵力單薄，沒有必勝的把握，何況直接與楚發生衝突，會背忘恩負義之名（文公當初流亡路過楚國時，楚成王招待他非常周到，不僅留他住了幾個月，最後還派人護送他到秦國）。

這時，先軫分析了楚與秦、齊兩國的矛盾，建議讓宋國表面上同晉國疏遠，然後由宋國出面，送一份厚禮給齊、秦兩國，由他們去請求楚國撤兵，晉國則把曹共公扣押起來，把曹、衛的土地贈送給宋國一部分。楚國同曹、衛本是結盟的，看到曹、衛的土地為宋所佔，必定會拒絕齊、秦的勸解。這樣楚國就將觸怒齊、秦，他們就會站在晉國一邊，出兵與楚作戰。晉文公對此計十分讚賞，於是馬上施行。楚國果然中計，拒絕了秦、齊的調停，而齊、秦見楚國不聽勸解，大為惱怒，便出兵助晉。齊、秦的加盟，使晉、楚雙方的力量對比發生了根本性的變化。

楚成王看到齊、秦與晉聯合，形勢不利，就令楚軍從前線撤退到楚地申，以防秦軍出武關襲擊他的後方。同時命令戍守谷邑的大夫申叔迅速撤離齊國，命令尹子玉將楚軍主力撤出宋國。子玉對楚成王回避晉軍很不滿意，他對成王說：「你過去對晉侯那麼好，他明明知道曹、衛是楚的盟

國，與楚的關係密切，而故意去攻打它，這是看不起你。」楚成王說：「晉侯在外流亡了十九年，遇到很多困難，而最後終於能夠回國取得君位，他嘗盡艱難，充分了解民情，這是上天給他的機會，我們是打不贏他的。」

但是子玉卻驕傲自負，聽不進楚成王的勸告，仍要求楚王允許他與晉軍決戰，並請求增加兵力。楚成王勉強同意了他的請求，但不肯給他多增加兵力，只派了少量兵力去增援他。於是，子玉以元帥身分向陳、蔡、許、鄭四路諸侯發出命令，相約共同起兵。他的兒子也帶了六百家兵相隨。子玉自率中軍，以陳、蔡二路兵

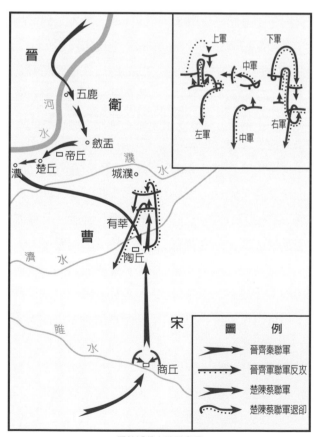

晉楚城濮之戰示意圖

將爲右軍，許、鄭二路兵將爲左軍，風馳電掣，直向晉軍撲去。

子玉逼近晉軍後，爲了尋求決戰的藉口，派使者宛春故意向晉軍提出了一個「休戰」的條件：晉軍必須撤出曹、衛，讓曹、衛復國，楚軍則解除對宋都的圍困，從宋國撤軍。中軍元帥先軫提出一個將計就計的對策，以曹、衛與楚國絕交爲前提，私下答應讓曹、衛復國；同時，扣押楚國的使者，以激怒子玉來戰。晉文公採納了他的計策。子玉得知曹、衛叛己，使者又被扣，便惱羞成怒，倚仗著楚國的優勢兵力，貿然帶兵撲向晉軍，以求決戰。

晉文公見楚軍來勢兇猛，就命令晉軍後撤，以避開它的鋒芒。有些將領不理解文公的意圖，問文公：「沒有交手，爲什麼就後退呢？」文公說：「我以前在楚的時候曾對楚王說過，如果晉楚萬一發生了戰爭，我一定退避三舍（九十里）。我是遵守諾言的。」實際上，晉軍的「避退三舍」，是晉文公圖謀戰勝楚軍的重要方略。晉軍「退避三舍」後，退到了衛國的城濮，這裡距離晉國比較近，後勤補給很方便，又便於齊、秦、宋各國軍隊會合；在客觀上，「退避三舍」也能起到麻痺楚軍、爭取輿論同情、誘敵深入、激發晉軍士氣等多重作用，將晉軍的不利因素變爲了有利因素，爲奪取決戰勝利奠定了基礎。

晉軍退到城濮停了下來。這時，齊、秦、宋各國的軍隊陸續到達城濮和晉軍會師。晉文公檢閱了軍隊，認爲可以與楚軍決戰。這時，楚軍追了九十里也到達城濮，選擇了有利的地形紮下營，隨後就派使者向晉文公挑戰。晉文公很有禮貌地派了晉使回復子玉說：「晉侯只因不敢忘記楚王的

春秋‧山羊裝飾戰斧

恩惠，所以退避到這裡。既然這樣仍得不到大夫（指子玉）的諒解，那也只好決戰一場了。」於是雙方約定了開戰的時間。

西元前632年，陰曆四月四日，晉楚兩軍決戰開始。晉軍針對楚軍中軍強大、左右翼軍薄弱的部署特點，和楚軍統帥子玉驕傲輕敵、不諳虛實的弱點，發起了有針對性的攻擊。晉下軍佐將胥臣把駕車的馬蒙上虎皮，出其不意地首先向楚軍中戰鬥力最差的右軍——陳、蔡軍進攻。陳、蔡軍遭到這一突然而奇異的進攻，驚慌失措，棄陣逃跑，楚右翼就這樣迅速地崩潰了。

晉軍同時也把進攻的矛頭指向楚左軍。晉上軍主將狐毛在指揮車上故意豎起兩面鑲有彩帶的大旗，非常醒目，遠遠就可望見。狐毛和許、鄭聯軍一接觸，就故意敗下陣來。逃跑時，在車的後面拖了很多樹枝，樹枝刮起的塵土，遮天蔽日，給在高處觀戰的子玉造成了錯覺，以為晉軍潰不成軍了，於是急令左翼部隊奮勇追殺。晉中軍元帥先軫等見楚軍已被誘至，便指揮中軍橫擊楚軍，晉上軍主將狐毛回軍夾擊楚左軍。楚左軍退路被切斷，陷入重圍，基本被殲。子玉

春秋·金柄鐵劍
春秋時期鐵兵器比青銅器更加名貴，在上層社會中非常流行。此劍劍柄鑲嵌金銀，顯示出主人的特殊身分。

見左右兩翼軍都已失敗，急忙下令收兵，才保住中軍，退出戰場。城濮之戰最終以晉勝楚敗而告終。

晉在城濮之戰中的勝利，首先在於晉國君、臣能夠準確分析交戰之初的客觀形勢及利弊，制定出了先勝弱敵，避免過早與楚正面交鋒，爭取齊、秦二國支援的謀略。隨後，在決戰之時，晉軍敢於先退一步，避開楚軍的鋒芒，以爭取政治、軍事上的主動。此外，晉軍「知己知彼」，能根據敵人的作戰部署，靈活地選擇主攻方向，先攻敵人的薄弱環節，各個擊破，因而獲得了這場戰爭的勝利。縱觀城濮之戰的整個過程，我們不能不得出這樣的結論：克敵制勝的上策在於以謀略戰勝敵人。

燭之武退秦師

西元前630年，晉國晉文公在城濮之戰中戰勝楚國之後，已在諸侯中贏得了霸主地位。這一年，晉文公因鄭國在城濮之戰中曾加盟楚國、出兵參戰與他為敵，加之他在流亡時期經過鄭國而沒受到鄭君的禮遇，於是極為惱怒，聯合了秦穆公進攻鄭國。

鄭國是一個小國，在秦、晉兩個大國的軍隊兵臨城下的危急時刻，鄭國國君鄭文公連夜召集文武百官商量對策。文官武將們一致認為，以鄭國的實力，是不足以抵抗秦、晉兩國軍隊的聯合進攻的，最好的辦法是派出使者，從秦、晉二國的關係上做文章，曉之以利弊，說服秦國退兵。這

春秋・管銎鉞
通長14.6公分，鉞刃寬11.6公分，銎長12公分，管狀圓銎稍長，鉞刃圓弧，中間有圓形穿孔，銎下端有兩個釘孔。

樣，晉國便孤掌難鳴，極有可能會停止對鄭國的進攻。

鄭文公採納了這一退兵方略，決定派富有外交經驗、善於辭令的大臣燭之武前去說服秦國退兵。

當時，秦國軍隊駐紮在城東，晉軍駐紮在城西。當夜，鄭國守城官兵用繩子繫在燭之武的腰上，將他送下城。燭之武出城後，直奔秦軍營前，要求見秦穆公。穆公手下的人將他帶到秦穆公跟前。燭之武見到秦穆公，便開門見山地對秦穆公說：「秦、晉二國的軍隊包圍了鄭國，鄭國即將滅亡了，如果鄭國滅亡對秦國有好處的話，我就不用來見您了。」接著，燭之武從晉、秦、鄭三國的地理位置入手，分析滅鄭對秦、晉之利弊。他說：「您知道，我們鄭國在東，秦國在西，中間隔著晉國。鄭國滅亡以後，秦國能越過晉國的國土來佔領鄭國嗎？我們的疆土將只能被晉國佔領。秦晉兩國本來力量相當、勢均力敵。如果晉國得到了鄭國的土地，它的實力就會比現在更強大，而貴國的

春秋・鑄有動物裝飾的戰斧

勢力也將相應地減弱。您現在幫助晉國強大起來，對貴國只有百害而無一利，將來只會反受其害。況且，晉國的言而無信您難道忘了嗎？當年晉惠公逃到梁國，請求您的幫助，答應在事成之後以黃河以外的五座城作為酬謝。於是您幫助他回國做了國君，晉惠公回國後不僅賴掉了這些許諾，而且修築城牆準備與秦對抗。現在晉國天天擴軍備戰，其野心根本不會有滿足的時候。他們今天滅了鄭國，往東面擴大了自己的疆土，難保明天不會向西邊的秦國擴張。您如果肯解除對鄭國的包圍，我們鄭國將與秦國交好。今後，貴國使者經過鄭國的時候，我們一定盡主人之道，好好招待貴賓。這對你們有何危害呢？」

燭之武的一番話，講得有理有據，利害分明，使秦穆公意識到滅鄭確實是於己無利的。於是秦穆公答應

立即撤兵，並且和鄭國訂立了盟約。秦國軍隊悄悄地班師回國了，還留下了杞子等三位將軍帶領兩千秦兵，幫助鄭國守城。

晉文公見秦穆公不辭而別，非常氣憤，怎奈孤掌難鳴，於是也偃旗息鼓、撤軍回國了。

在《孫子兵法・謀攻篇》中，孫子提出奪取勝利的兩種策略，一種是不戰而勝的策略，即「不戰而屈人之兵」；另一種是獲勝的戰略，即通過交戰奪取勝利。「燭之武退秦師」即不戰而勝的戰例。燭之武之所以能順利說服秦穆公退兵，關鍵在於抓住了滅鄭對秦、晉的利害關係。燭之武透過分析，讓秦國看到了滅鄭於秦不僅

春秋・人面紋護胸牌飾

060

無利，而且有害；同時，燭之武在秦、晉關係上做文章，指出晉國言而無信、謀求霸權、貪得無厭，是不可與之共事的，從而破壞了秦、晉的聯盟。燭之武在論說滅鄭之害時，始終從秦國立場出發，處處為秦設想，以事實為依據，把秦、晉聯合滅鄭的害處分析得十分透徹，終於使秦穆公撤兵回國。由於鄭國在生死存亡的關鍵時刻成功地實施了「伐交」策略，因而取得了使秦、晉兩國不戰自退的效果，解除了滅國之危。

秦穆公像

秦穆公是春秋時代秦國國君。嬴姓，名任好。在位三十九年（西元前659年至前621年）。諡號穆。在部分史料中被認定為春秋五霸之一。秦穆公非常重視人才，其任內獲得了百里奚、蹇叔、丕豹、公孫支等賢臣的輔佐，曾協助晉文公回到晉國奪取王位。周襄王時出兵攻打蜀國和其他位於函谷關以西的國家，開地千里，因而周襄王任命他為西方諸侯之伯，遂稱霸西戎。

鄭國故城遺址
位於今河南省新鄭縣城關附近

孫子云：「善用兵者，屈人之兵而非戰也……必以全爭天下，故兵不頓而利可全，此謀攻之法也。」兵不血刃而退人之兵，乃是最上策。「白登之圍」就是不戰而屈人之兵的一例。

「白登之圍」是北方匈奴與中原漢朝之間的第一次大交鋒，匈奴的實力也由此得到展示。

西元前三世紀，冒頓單于統帥下的北方匈奴汗國勢力空前強大，而此時在中原地區，楚王項羽和漢王劉邦爭奪天下的苦戰正難解難分。匈奴趁機越過長城，向南侵擾。楚漢戰爭結束後，得勝者劉邦建立起西漢王朝，國力還不強，社會秩序還有待重建。西元前201年秋，匈奴騎兵南下侵入今山西境內，前鋒直抵太原。

西元前200年冬，漢高祖劉邦親自率領大軍北上抗擊匈奴。在今山西一帶，漢軍一次次發動攻擊，匈奴騎兵一次次佯敗後退，引誘漢軍向北頻頻深入。漢軍窮追不捨，戰線迅速向北推進。劉邦決定發動一次大規模攻

勢，一勞永逸地解決北方邊患。為了有必勝的把握，劉邦先後幾次派出使節到匈奴去打探它的實力。冒頓單于得知後，就把精銳部隊以及肥壯的牛

冒頓單于像

冒頓單于（？－西元前174年），姓攣鞮，於西元前209年（秦二世元年），殺父頭曼單于而自立。冒頓單于在奪取單于之位後，先滅了東胡，統一了現在的蒙古草原，建立了強大的匈奴帝國。並對當時的秦產生了極大的威脅。冒頓單于為當時匈奴帝國的最高統帥，總攬軍政及一切內外大權，為匈奴的崛起貢獻良多。

馬，全部隱藏起來，漢朝使節看到的都是一些衰老的牲畜和老弱殘兵，所有的漢朝使節都中了計，以爲匈奴不堪一擊。

劉邦認爲良機就在眼前，立即出動，率三十二萬大軍前往北方征伐匈奴。當劉邦率先頭部隊到達平城（今山西省大同市）附近的白登山一帶時，漢軍步兵主力還在後面。當劉邦意氣風發地登上白登山的白登臺進行巡視時，他發現自己已經處在匈奴騎兵的四面包圍之中，頓時大吃一驚。

原來，冒頓單于已率領四十萬騎兵埋伏在此，把劉邦先頭部隊圍困在白登山上。這些匈奴騎兵根本不是什麼老弱殘兵，相反卻是冒頓單于最得力的精銳部隊。那些戰馬又哪裡是什麼衰老的馬匹，從山上望去，毛色統一，膘肥體壯，陣勢十分壯觀。劉邦看得直冒冷汗，這時才完全明白了匈奴的實力。想他劉邦初建西漢，做了皇帝，要找幾匹毛色相同的拉他乘坐的御車的馬都相當困難。而匈奴這個善於騎射的馬背民族，卻有此能力列成這種壯觀的陣勢。看匈奴軍隊這陣勢，冒頓單于勝券在握。

這就是歷史上著名的「白登之圍」。整整七天七夜，漢軍被匈奴鐵

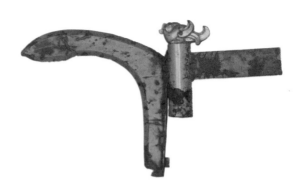

西漢・鍍金鸞鴛戈

騎圍得滴水不漏、完全孤立，內外不能相救。劉邦無奈之中，只好採取身邊謀臣陳平的計策，派出秘密使節，偷偷地晉見單于閼氏，借助夫人外交，終於使冒頓單于同意網開一面，打開一個缺口。那天正好天降大霧，陳平命令衛士使用強弓面向匈奴鐵騎，保護劉邦從解圍的城角悄悄溜出，和平城的漢軍主力會合後，打道回府。

由此，劉邦大傷元氣，再也不敢想什麼抗擊匈奴。漢朝改變了外交政策，在此後的半個多世紀裡，西漢對匈奴採取和親的方式交好，每年奉送布帛糧食，還將公主嫁給匈奴單于，以求邊境安寧，休養生息。漸漸地，漢朝的國力開始增強。

匈奴冒頓單于起初以老弱殘兵和

病衰的牲畜隱藏實力，致使劉邦深受迷惑，判斷錯誤，而率兵直驅而入。當劉邦進入白登山後，冒頓命令展示精銳兵力，立即將劉邦的銳氣壓制了下去，使他心裡疑懼，此戰術用得高明。孫子云：「用兵之法，十則圍之，五則攻之，倍則分之，敵則能戰之，少則能逃之，不若則能避之，故小敵之堅，大敵之擒也。」冒頓之「圍」，劉邦之「逃」「避」，皆是遵循孫子兵法謀攻的明智之舉。孫子云：知彼知己，百戰不殆。劉邦軍的受挫，在於「不知彼而知己」，故「一勝一負」。

匈奴武士像

例解
靖難之役

靖難之役是明建文元年（西元1399年）至四年，燕王朱棣戰勝建文帝朱允、奪得帝位的戰爭。

洪武三十一年（西元1398年），明太祖朱元璋病逝。太孫朱允繼帝位，年號建文。建文帝接受齊泰、黃子澄的建議，先後削除周、湘、代、

朱棣像
明成祖朱棣（西元1360年—1424年），明朝第三代皇帝。明太祖朱元璋第四子，生於應天（今江蘇南京）。西元1402至1424年在位，年號「永樂」。他是明太祖朱元璋的第四子，原來被封為燕王，後通過「靖難之役」從兒姪建文帝手中奪取了皇位。明成祖的壯舉包括五次親征漠北、鄭和下西洋、完成永樂大典、八十萬大軍下安南，浚通大運河，大規模營建北京。明成祖的精明能幹是歷代帝王所罕見。但是，他的名字也和「誅十族」、「瓜蔓抄」之類的殘暴行為聯繫在一起，因而使得他的一世英名形象受損。

齊、岷五王。燕王朱棣的王位在此時也受到威脅。建文元年七月，朱棣在北平（今北京）援引「祖訓」，以討伐「奸惡」為名舉兵，自稱「靖難」之師，先後攻下居庸關、懷來、遵化等地。北平基地得到鞏固。

建文帝在京師（今南京）聞訊，急命長興侯耿炳文為征虜大將軍，率軍三十萬北征。耿軍主力進抵真定（今河北正定），前鋒據雄縣（今屬河北）。朱棣借耿軍立足未穩之機，於八月十五夜襲雄縣城，殺耿軍九千人，大獲全勝。繼而伏擊耿軍援兵，俘都指揮潘忠、楊松，而後率師至真定，又殲耿軍三萬餘人。

八月底，曹國公李景隆被建文帝封為大將軍，取代耿炳文，領兵五十萬進駐河間（今屬河北），再次北征。朱棣為引誘李軍倉促來攻，只留少部兵力守北平，自率主力繞道襲耿大寧（在今內蒙古寧城縣境）。為擴充實力，合併了寧王朱權所屬的三衛兵馬。李景隆聞朱棣北去，果引軍圍攻北平，朱棣回師北平東二十里鄭村

壩，與守城兵馬配合作戰，大敗李軍。二年四月，朱棣軍十萬與李景隆軍六十萬戰於白溝河（在今河北雄縣境）。李軍藏火器於地中，朱棣軍死傷慘重。後大風起，朱棣率師乘風縱火，前後夾擊，李軍大潰，損兵十餘萬，李景隆逃到山東濟南。朱棣乘勝追擊，圍攻濟南，遭山東參政鐵鉉與都督盛庸等全力抵禦，久攻不克，撤圍還師北平。

九月，建文帝又組織了第三次北征，封盛庸爲大將軍，領兵進駐德州（今屬山東）、滄州（今屬河北）等地。十月，朱棣佯稱攻遼東，兵至通州（今北京通縣），突然轉兵南攻滄州，生擒守將徐凱，乘勝南下，連續擊敗盛軍。朱棣軍屢勝輕敵，十二日盛軍在東昌以火器勁弩突襲朱棣軍。朱棣軍主將張玉戰死，死傷數萬人，被迫還師北平。

三年春，朱棣再次率師南下，在夾河、滹沱河（在今河北省境）兩次

箭樓
此箭樓位於天安門廣場南端，建於明正統四年（西元1439年）。開箭窗八十二個，有門通向城臺。

明火龍出水模型
中國古代水陸兩用的火箭，也是二級火箭的始祖，可在水面上飛行數公里遠。

作戰中，均乘大風衝擊，共殲滅盛軍十六萬。建文帝為誘燕王懈怠，詔赦燕王罪；同時發兵斷其糧道，以迫其北師乘機殲滅。朱棣識破此計，於六月遣部將李遠率六千騎兵南下，襲濟寧（今屬山東）、緯縣（今屬江蘇），焚盛軍糧船數百艘，京師大震。朱棣率軍疾速南進，想趁京師空虛之機奪取政權。四年春，繞過徐州（今屬江蘇），在淝河（在今安徽省境）設伏，擊敗跟蹤而至的盛軍四萬騎。四月，建文帝遣軍北援盛庸，兩軍戰於齊眉山（在今安徽靈壁縣境），朱棣督軍苦戰，斬殺盛軍護糧兵二萬餘，乘勝攻克靈壁，俘副總兵平安、陳暉等將士十餘萬。至此，朱棣殲滅了建文帝在淮河以北的主力部隊。

朱棣認為奪取京師的時機已到，五月乘勝揮師南渡淮河，攻克盱眙（今屬江蘇），避開鳳陽（今屬安徽）、淮安（今屬江蘇）兩座堅城，直抵揚州準備渡江。建文帝為保住皇位，提出割地議和，遭到了朱棣的斷然拒絕。朱棣於六月初率軍渡江，直逼京師。十三日，合王朱穗及守將李景隆開門獻城。宮中火起，建文帝朱允不知所終（一說被燒死，一說出走）。朱棣登基稱帝，並於次年改年號為永樂。

此役持續三年，建文帝缺乏制勝計謀，任用軍事統帥不當，指揮不力，諸路軍被各個擊破。孫子云：「夫將也，國之輔也，輔周則國必強，輔隙則國必弱。」這個道理建文帝可能是知之甚少的。而朱棣以北平為基地，適時主動出擊，善於連續作戰，逐步消滅對方主力，最後乘勝進軍，直取京師。在這一點上，朱棣是深得《孫子兵法·謀攻篇》的智慧和精髓的。

軍形篇

原文

孫子曰：昔之善戰者，先為不可勝，以待敵之可勝。不可勝在己，可勝在敵。故善戰者，能為不可勝，不能使敵之可勝。故曰：勝可知而不可為。

不可勝者，守也；可勝者，攻也。守則不足，攻則有餘。善守者，藏於九地之下；善攻者，動於九天之上❶。故能自保而全勝也。

見勝不過眾人之所知，非善之善者也；戰勝而天下曰善，非善之善者也。故舉秋毫不為多力❷，見日月不為明目，聞雷霆不為聰耳。古之所謂善戰者，勝於易勝者也。故善戰者之勝也，無智名，無勇功。故其戰勝不忒。不忒者，其所措必勝，勝已敗者也。故善戰者，立於不敗之地，而不失敵之敗也。是故勝兵先勝而後求

BOX

注釋

❶ 善守者，藏於九地之下；善攻者，動於九天之上：九，虛數，泛指多，古人常把「九」用來表示數的極點。九地，形容地深不可知。九天，形容天高不可測。此句意為善於防守的人，能夠隱蔽軍隊的活動，如藏物於極深之地下，令敵方莫測虛實；善於進攻的人，進攻時能做到行動神速、突然，如同從九霄飛降，出其不意，迅猛異常。

❷ 舉秋毫不為多力：秋毫，獸類在秋天新長的毫毛，比喻極輕微的東西。多力，力量大。

❸ 修道而保法：道，政治、政治條件。法，法度、法制。此句意為修明政治，確保各項法制的貫徹落實。

❹ 故能為勝敗之政：政，同「正」，引申為主宰的意思。為勝敗之政，即成為勝敗上的主宰。

❺ 以鎰稱銖：鎰、銖，皆古代的重量單位。一鎰等於二十四兩，一兩等於二十四銖，銖輕鎰重，相差懸殊。此句比喻力量相差懸殊，勝兵對敗兵擁有實力上的絕對優勢。

❻ 若決積水於千仞之谿者，形也：仞，古代的長度單位，七尺（也有說八尺）為一仞。千仞，比喻極高。谿，山澗。形：指軍事實力。

戰，敗兵先戰而後求勝。善用兵者，修道而保法❸，故能爲勝敗之政❹。

兵法：一曰度，二曰量，三曰數，四曰稱，五曰勝。地生度，度生量，量生數，數生稱，稱生勝。故勝兵若以鎰稱銖❺，敗兵若以銖稱鎰。勝者之戰民也，若決積水於千仞之溪者，形也❻。

譯文

孫子說：從前善於用兵打仗的人，先要做到不被敵方戰勝，然後捕捉時機戰勝敵人。不被敵人戰勝的主動權操在自己手中，能否戰勝敵人則取決於敵人是否有隙可乘。所以，善於打仗的人，能創造不被敵人戰勝的條件，但卻不可能做到使敵人一定被我戰勝。所以說，勝利可以預知，但是不可強求。

想要不被敵人戰勝，在於防守嚴密；想要戰勝敵人，在於進攻得當。實行防禦，是由於兵力不足；實施進攻，是因爲兵力有餘。善於防守的人，隱蔽自己的兵力如同深藏於地下；善於進攻的人，展開自己的兵力就像自九霄而降（令敵人猝不及防）。所以，既能保全自己，又能奪

取勝利。

預見勝利不超越一般人的見識，這算不得是高明中最高明的。通過激戰而取勝，即使是普天下人都說好，也不算是高明中最高明的。這就像能舉起秋毫稱不上力大、能看見日月算不得眼明、能聽到雷霆算不上耳聰一樣。古時候所說的善於打仗的人，總是戰勝那些容易戰勝的敵人。因此善於打仗的人打了勝仗，既不顯露出智慧的名聲，也不表現爲顯赫的戰功。他們取得勝利，是不會有差錯的。其所以不會有差錯，是由於他們的作戰措施建立在必勝之基礎上，能戰勝那些已經處於失敗境地的敵人。善於打仗的人，總是確保自己立於不敗之地，同時不放過任何擊敗敵人的機會。所以，勝利的軍隊總是先創造獲勝的條件，而後才尋求同敵決戰；而失敗的軍隊，卻總是先同敵人交戰，而後企求僥倖取勝。善於指導戰爭的人，必會修明政治，確保法制，從而能掌握戰爭勝負的決定權。

兵法的基本原則有五條：一是「度」，二是「量」，三是「數」，四是「稱」，五是「勝」。敵我所處地域的不同，產生雙方土地幅員大小不同的「度」；敵我「度」的不同，產生了

▼軍形篇

雙方物質資源豐瘠不同的「量」；敵我「量」的不同，產生了雙方兵力多寡不同的「數」；敵我「數」的不同，產生軍事實力強弱不同的「稱」；「稱」的不同，最終決定了戰爭由何方取勝。勝利的軍隊較之於失敗的軍隊，有如以「鎰」比「銖」那樣，佔有絕對的優勢。而失敗的軍隊較之勝利的軍隊，就好像用「銖」比「鎰」那樣，處於絕對的劣勢。勝利者指揮軍隊與敵作戰，就像在萬丈高的山澗決開積水一樣，這就是「形」──軍事實力。

例解
田單復齊

春秋五霸之一的齊桓公頗具雄才大略，但其後繼者多平庸之輩，加之荒於軍政，於是齊國逐漸衰落了。燕國乘機發兵，攻破齊國都城臨淄。齊國貴族田單逃到即墨後，面對強敵，想設法復國，做了許多準備工作。

為了加強自身力量，田單同士兵同甘共苦，鞏固防務，還把本族人和妻子也編入軍中。除此之外，為了給復國創造有利的客觀條件，田單還採取了一系列的措施。

田單採取的第一項行動是，利用燕國更換國君之際，暗中派人潛入燕

田單像
田單，臨淄人，戰國時齊國田氏遠房的親屬，任齊都臨淄的市掾。西元前284年，燕國大將樂毅出兵攻佔臨淄，接連攻下齊國七十餘城池。最後只剩了莒城和即墨，田單率族人以鐵皮護車軸逃至即墨。田單以火牛陣攻燕軍，攻克七十餘城，迎齊襄王入都臨淄，因功被封任為相國，為安平君，又益封夜邑萬戶，死後葬於安平城內。

春秋方阵示意图
（前列）

春秋圆阵示意图

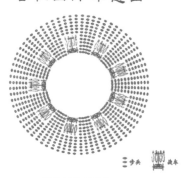

春秋兵陣示意圖

地散佈謠言。燕惠王中計，另派一名叫騎劫的將軍代替了很有本領的樂毅指揮攻齊。騎劫志大才疏，田單心中大喜。田單又利用當時盛行的迷信思想對士兵們說：「老天爺在夢裡和我說了，齊國還能夠強大起來，燕國準會敗落。再過幾天，老天爺還要給我們派個軍師來，我們不久就能取得勝利。」眾人聽了，心裡樂呵呵的。田單在軍隊裡挑選了一個十分機靈的小兵，讓他裝作「老天爺派來的軍師」，穿上特製的衣裳，朝南高坐。田單以後每次下命令的時候，都要先向「軍師」稟告，而得到「軍師」同意後的命令，也就顯得更有號召力。

不久，田單又對城裡的老百姓說：「軍師吩咐大家，每天早晚兩餐前，家家戶戶都要祭祖，這樣才能得到祖宗神靈的庇護。」只要在自家房檐上擱一點點飯食，就算是祭祖了，這種方法簡單易行，百姓也都樂於實施。城外的燕軍聽說城內降下一位老天爺派來的軍師，心裡不免有些害怕，後來又瞧見好些鳥兒天天早晚兩趟飛到城裡，就更加害怕起來。

即便是這樣，田單仍不滿足，又派了一批心腹溜到城外大造聲勢。他們說：「從前昌國君太好了，抓了俘虜還要好好地待他們，城裡人自然不會害怕有什麼危險。要是燕國嚴厲起來，把俘虜的鼻子削去，齊國人還敢

春秋·彩漆木雕箭箙

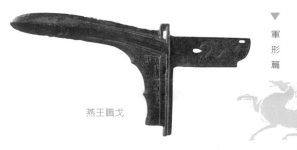

燕王職戈

軍
形
篇

頑抗嗎？」有的人還造謠說：「我們祖宗的墳墓都在城外，燕國的軍隊眞要刨起來，我們怎麼對得住列祖列宗啊？」這些話傳到騎劫的耳朵裡，他果眞下令把齊國俘虜的鼻子都削去，把齊人的祖墳都刨開，還用火把挖出來的死人骨頭燒掉了。城裡的齊人聽說燕軍如此虐待俘虜，又在城頭上看見燕兵刨他們的祖墳，都哭了。他們下決心要報仇雪恨，全城人因對敵人咬牙切齒的痛恨而團結起來了。

這時，田單看到時機已成熟，便用訓練好的一千頭犍牛擺開火牛陣，又挑選了五千名身強力壯的士兵爲先鋒。半夜時分，他們在全城男女老少的吶喊助威聲中，衝入敵營，一舉打敗了敵人。田單下令乘勝進攻，這樣齊國土地全都被收復了。

孫子云：善用兵者，修道而保法。意思就是要先修明政治，行使法度。這是決定勝敗的關鍵因素。田單行使孫子兵法的「詭詐之術」，使敵人聞風喪膽。這種策略也等同於孫子兵法中的「昔之善戰者，先爲不可勝，以待敵之可勝」。他也明白「不可

勝在己，可勝在敵……能爲不可勝，不能使敵之可勝」的道理。因此，田單的戰術屢試不爽。

孫子說：「善守者，藏於九地之下；善攻者，動於九天之上。」他看到時機成熟時，以火牛陣出戰，眞可謂是攻其不備，出奇制勝，簡直把孫子兵法用到了極致。

春秋‧齊國殉馬坑

齊國殉馬坑位於齊國故都城郭北部淄河東岸。據探測，殉馬坑環繞了一座「甲」字形石槨大墓周圍。東、西、北三面相連，東西各長70公尺，全長210公尺，先後挖掘84公尺，清理殉馬二百二十八匹，分兩行排列，馬頭向外，昂首側臥，做奔跑狀，氣勢雄偉壯觀。按殉馬坑長度計算，全部殉馬在六百匹以上，數量之眾，規模之大，前所未見。考古工作者認爲這些殉馬均爲戰馬，且爲公馬。經鑑定，殉馬坑的墓主爲齊景公。

秦趙邯鄲之戰

秦趙邯鄲之戰，是趙國以弱勝強的一個戰例。趙國的勝利，關鍵在於它制定了能使自己立於不敗之地的策略。如緩和國內矛盾，爭取人民的支援，即孫子所說的「修道而保法」；同時制定了以守為主，攻守結合的戰略。在敵軍出現了師老兵疲的情形下，趙國又能及時抓住這一有利時機，配合援軍的進攻，一舉擊敗秦軍，贏得勝利。而秦軍的失敗，則是秦昭王不了解兵法原則，在不具備有利的客觀條件的情況下，貿然發動戰爭而造成的惡果。孫子曰：勝可知而不可為。邯鄲之戰的勝敗得失，足以啓迪後世的軍事家們。

西元前 262 年，韓國遭到了秦國的進攻，秦攻佔了韓國的陘（今河南濟源西北）、高平（今河南濟源西南）、少曲（今河南濟源西）、野王（今河南沁陽）地區。韓王非常恐

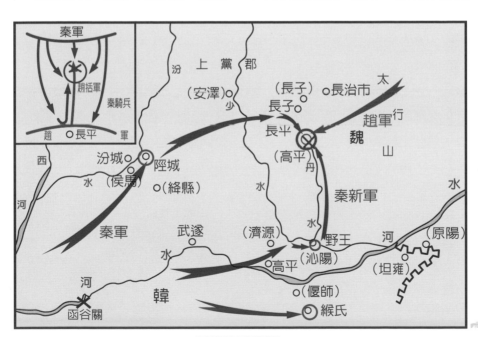

秦趙長平之戰示意圖

懼，忙派使者入秦，表示願獻出上黨郡求和。但上黨郡太守馮亭不願獻地入秦，他為了轉移矛盾，減輕秦國對韓國施加的壓力，就將上黨郡獻給了趙國。趙王貪利受地，引起了秦國的不滿，於是出兵攻趙，引發了長平之戰。趙國的軍隊由趙括統率。趙括是大將趙奢的兒子，自幼熟讀兵書，談起兵法來頭頭是道，連他父親也辯不過他。但趙奢深知兒子只會紙上談兵，生前曾說：「趙括不領兵打仗則已，如果讓他領兵，使趙國滅亡的一定是他。」

趙括到長平上任以後，反廉頗之道而行之，改防禦為進攻，率軍大舉出擊。秦軍統帥白起求之不得，立即假裝敗退。趙括不知是計，乘勝追擊，一直攻到秦軍的壁壘之下。這時，秦軍的兩支騎兵折回到趙軍的後面，截斷了趙軍的糧道與退路，包圍了趙軍。趙括分兵四路，輪番衝擊，企圖突圍，沒有成功。最後，趙括親自率精兵搏戰，被秦軍射死。趙軍被圍四十六天，失去主將，糧盡援絕，軍心大亂，全軍投降。白起害怕投降的趙兵尋機造反，竟把四十萬戰俘全部活埋。

長平之戰斷送了趙國四十五萬大軍，使趙國的實力大大削弱。至此，東方六國中再也沒有哪一個國家可以同強大的秦國爭雄鬥勝了。白起取得勝利後，還想一鼓作氣，滅掉趙國。他將秦軍分為三部分，一部分攻佔邯鄲以西的要衝武安（今河北武安西）等地，一部分北上奪取太原郡（今山西中部地區），白起親自率領一部分兵力留駐上黨，準備進攻邯鄲。

秦軍的進攻勢頭，引起了趙國及周圍諸侯國的恐懼。趙國為了免於滅亡，便與韓國合謀，派蘇代攜帶重寶赴秦遊說秦相范雎。蘇代從范雎的個人利益及秦國的得失兩方面來動搖其滅趙的決心，同時提出割地求和的請求。范雎為蘇代的分析所打動，便向秦王建議准許趙國割地議和。秦王考慮長平之戰相持三年，秦軍雖然戰勝，但士卒死者過半，國虛民饑，於是同意韓割垣雍、趙割六城給秦國，達成和議。秦王於西元前259年農曆

戰國·虎符

正月撤兵。

　　秦國撤兵後，趙國國王準備按照和約割讓六城給秦。趙相虞卿不同意割城。他分析說，秦國撤兵是由於師老兵疲，力量不足，如果現在用其沒能攻取的土地送給秦國，這與鼓勵秦國攻打趙國無異。如果每年割六城給秦，那麼趙國地有盡而秦國貪婪之心無盡，那樣的話趙國必亡。他向趙王建議以六城賄賂齊國，因齊與秦結怨較深，齊得到趙國的六城後，必願與趙合力攻秦，這樣，趙國雖失地于齊，然而可取秦地以補損失。那時秦必反向趙求和，韓、魏也會尊重趙國，從而使得趙、齊、韓、魏結成聯盟。趙王採納了虞卿的建議，同時料定秦國不會善罷甘休，便積極進行抗秦準備。

　　趙國吸取了長平之戰的教訓，制定了一系列內政外交策略。對內，趙國君臣努力緩和內部矛盾，同心協力，治理國家。他們努力發展農業生產以增強國力，撫養孤幼以增加人口，整頓兵甲以增強戰鬥力；同時，還利用人民對秦軍在長平坑殺趙軍降卒暴行的憤恨來激勵全國軍民同仇敵愾，這樣便造就了全國上下奮起抗秦的有利態勢。

趙國長城遺址

對外，趙國積極開展合縱活動。趙王派虞卿拜見齊王，商議合縱抗秦的計畫；利用魏國使者來趙謀議合縱的機會，同魏國簽訂了合縱的盟約；同時以靈邱（今山西靈丘）作為楚相春申君的封地，結好楚國；此外，還對韓、燕兩國極力拉攏。所有這些活動，促成了反秦聯合力量的形成，使得反秦統一戰線建立起來。

秦昭王果然因趙國沒有如約割地，反而聯合各諸侯國與之為敵而憤恨不平，遂於西元前259年九月發兵攻趙。秦王派五大夫王陵率兵攻趙，軍隊很快打到了趙國國都邯鄲。趙國鑑於敵強己弱的客觀態勢，採取了堅守疲敵、持久防禦、避免決戰、以待外援的方針。

趙國人民對秦軍的殘暴記憶猶新，秦軍的入侵，激起了趙國軍民堅持抵抗、為保衛國家誓死抗秦的決心，他們堅守邯鄲，英勇作戰。在堅守防禦的過程中，還經常派出精銳部隊伺機襲擊秦軍，給秦軍以沉痛的打擊。秦國軍隊進攻邯鄲的行動遭到挫敗，秦王又增兵換將，繼續對邯鄲發動攻勢。經過八九個月的作戰，秦軍傷亡慘重，仍然攻克不下邯鄲。

秦王對此十分惱怒，親自出面請

戰國‧長桿三戈戟頭部

白起出來帶兵攻趙。當初，在秦王與輔臣商討出兵攻趙之時，白起便反對在這個時候出兵攻趙，他對秦王說，趙國自長平戰敗後，秦未能乘勝滅趙，給了趙國以喘息的時間，趙國得以努力耕種以積蓄力量，整頓兵甲以加強戰鬥力，修補城池以鞏固守備。目前，趙國在內政方面，全國上下同仇敵愾，正努力增強國力，加強戰備；在對外方面，趙國積極聯絡諸侯各國共同對付秦國。在這種形勢下，是難以戰勝趙國的。現在白起的預言得到了印證，秦王又出面請白起為將去邯鄲指揮作戰，白起拒不從命，表

示「寧伏受重誅而死，不忍爲辱軍之將」。秦王聽了勃然大怒，最後賜以利劍，逼他自殺了。

秦國軍隊久攻邯鄲不下，處於師老兵疲、進退兩難的尷尬境地。這時，趙國在固守邯鄲的同時，積極從事合縱活動。平原君趙勝率毛遂等人赴楚求援，毛遂以秦軍曾經攻破郢都、焚燒夷陵、迫楚遷都的舊怨來激怒楚王，使楚王答應出兵北上救趙。魏王也隨即答應救趙，並派出軍隊十萬向邯鄲進發。秦王聽到這個消息後，派使者威脅魏王說，誰要是出兵救趙，等我攻下邯鄲後就調兵攻打誰。魏王懼怕秦國日後報復，就命令主將晉鄙將十萬大軍屯駐在鄴（今河北臨漳），觀望不前。

平原君趙勝見魏軍停止前進，就派人去魏國，讓自己的內弟即魏公子信陵君想辦法說服魏王讓軍隊赴邯鄲。信陵君多次勸說魏王，魏王仍然不肯下令進軍，信陵君沒有辦法，又不能眼看著趙國滅亡，便決定帶著自己僅有的一班人馬去和秦軍決一死戰。臨出發前，他遇到了他的朋友侯嬴，侯嬴勸他不要去硬拚。他說，如果那樣做，就好像把一塊肉投入餓虎之口，又能取得什麼效果呢？他爲信

平原君趙勝像
平原君，名趙勝（？—西元前253年），趙惠文王的弟弟，是戰國時期趙國宗室大臣，著名的政治家之一。他和孟嘗君田文、信陵君魏無忌、春申君黃歇合稱「戰國四公子」。

陵君出了一計，要他去求助於魏王的愛妾如姬，讓她趁出入魏王寢宮之便，偷取魏王調兵易將的虎符，然後奪取魏將晉鄙的兵權，帶領軍隊去救趙。因爲信陵君曾爲如姬報殺父之仇，這次信陵君請如姬竊虎符的計劃進行得十分順利。信陵君竊得虎符，趕到鄴地，憑著虎符，假託魏王之命要取代晉鄙的職務。晉鄙對此表示懷疑，不肯交出兵權，信陵君不得已殺了晉鄙，奪得兵權，率領軍隊直赴邯鄲。

在趙國邯鄲，秦軍又一次發起了猛烈的進攻，邯鄲危如累卵。這時，平原君讓自己的妻妾婢奴也參加到守

▼

軍形篇

城的勞役中，把家中的資財全部拿出來饋贈給士兵，鼓勵士兵拚死作戰。平原君還招募到三千名奮不顧身的戰士，向秦軍發起反擊。秦軍一時招架不住，向後退卻了三十里。正在這時，信陵君率領的魏軍救兵和春申君率領的楚國援軍先後趕到，秦軍在內外夾攻的形勢下戰敗了，秦將王齡率殘部逃回汾城，另一部分秦軍被聯軍包圍，最後投降趙國。

魏、楚、趙三國聯軍乘勝進至河東（今山西西南），秦軍退回河西（今山西、陝西間黃河南段之西），放棄了以前所侵佔的魏地河東、趙地太原和韓地上黨，邯鄲之戰到此以趙勝秦敗落下帷幕。

邯鄲之戰中，趙國吸取了長平之戰失敗的教訓，改變了軍事戰略，在強敵面前，力求做到「先爲不可勝」。他們制定了堅守邯鄲、持久防禦、避敵疲敵的作戰方針，使秦軍處於勞師遠襲、頓兵攻堅的困難境地。最後，各諸侯國援趙的救兵到達，在「趙應其內，諸侯攻其外」的有利形勢下，秦軍兵敗邯鄲，趙國取得了邯鄲之戰的勝利。

秦‧鞍馬騎兵俑
馬身長約兩公尺，高172公分，騎兵俑高180公分，立於馬前，一手牽拉馬韁，一手作提弓狀。

例解
淝水之戰

東晉太元八年（前秦建元十九年），發生了中國歷史上著名的淝水之戰。它是東晉在淝水（今安徽瓦埠湖一帶）擊敗前秦進攻的戰爭，也是東晉十六國時南北之間又一次大規模的戰爭。

在統一北方後，前秦不斷向南進逼，先後攻佔了東晉的梁、益兩州及襄陽（今屬湖北）、彭城（今江蘇徐州）等地。前秦主苻堅為了滅亡東晉、統一全國，於建元十九年七月調集九十多萬兵馬對晉發動了大規模的進攻。八月，秦冠軍將軍慕容垂、征南大將軍苻融等帶領步、騎兵二十五萬為前鋒先行出發。九月，苻堅率領中路主力進至項縣（今河南沈丘）時，後續的涼州兵剛到咸陽（今屬陝西），西路蜀漢兵才順江而下，東路幽冀兵抵彭城，苻融軍已至潁口（今安徽正陽關）。面對著前秦軍隊的步步進逼，東晉朝野內外一致主張抵抗。執掌朝政的宰相謝安命荊州刺史桓沖加強長江上游的防禦，令征討大都督謝石、前鋒都督謝玄等率水、陸軍八萬前往淮水一線阻擊前秦軍隊，派龍驤將軍胡彬率五千水軍火速支援壽陽（今安徽壽縣）。

十月，前秦苻融軍攻克壽陽，慕容垂率部下佔鄖城（今湖北安陸），衛將軍梁成領兵五萬進抵洛澗（即洛河，今安徽淮南市東），在淮水一帶設置木柵迎擊從東來的東晉軍隊。謝石等見秦軍勢大，畏而不進，屯兵於

謝安像
謝安（西元320年—385年），字安石，號東山，東晉政治家、軍事家，祖籍陳郡陽夏（今河南太康）。世稱謝太傅、謝安石、謝相、謝公。他與權臣周旋時，從不卑躬屈膝，不違背自己的準則卻能拒權臣而扶社稷；他自己當政的時候，又處處以大局為重，不結黨營私，不僅調和了東晉內部矛盾，還於淝水之戰擊敗前秦並北伐奪回了大片領土；而到他北伐勝利、正是功成名就之時，還能激流勇退，不戀權位；因此被後世人視為良相的代表，「高潔」的典範。

東晉・騎射圖

洛澗東二十五里處。胡彬部在途中聞壽陽已失，退保硤石（山名，今安徽鳳台西南），後為苻融軍所困，糧盡，派人下書向謝石求援，被秦軍截獲。

苻融隨後便派人向苻堅報告：晉兵少而易擒，請令後續部隊加速進軍。苻堅大喜，恐謝石等逃去，不等大軍到齊，即從項縣引輕騎八千趕往壽陽，親自到前線去督戰。隨後，派在襄陽俘獲的晉將朱序前往晉營勸降。豈料朱序心向晉室，藉機將秦軍情況密告謝石等，並建議趁秦軍尚未集中，迅速擊敗其前鋒。謝石本來是想靠堅守城池來使前秦軍隊疲乏，以逸待勞，經輔國將軍謝琰相勸，決定採納朱序建議，轉而採取主動進攻之策。

十一月，謝玄派遣部將劉牢之率五千精兵夜渡洛澗，襲擊梁成大營，又分出一部分兵力，從後包抄，切斷前秦軍後路，使梁成部腹背受敵，全面崩潰，梁成等十名將領戰死，前秦兵損失一萬五千人。兵力處於劣勢的晉軍首戰告捷，人心振奮，於是水陸兼程，直逼淝水東岸。苻堅登壽陽城，見對岸晉軍佈陣嚴整，又望見八公山（今壽縣城東北五里處）上草木，誤把它們都當成是東晉的軍隊，始有懼色。

謝玄針對前秦軍上下離心、將士厭戰的情況，以及苻堅恃眾輕晉又急於決戰的心理，派人前往秦營，要求前秦軍由淝水西岸略向後撤，從而使東晉的軍隊可以渡過河，決一死戰。前秦軍將領認為不應後撤，苻堅則主

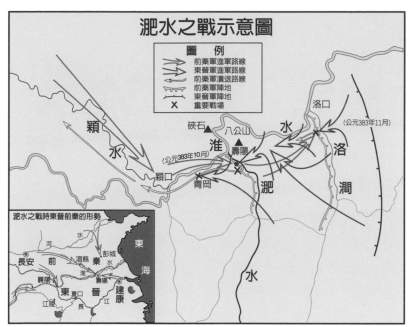

淝水之戰示意圖

張將計就計，待晉軍半渡時以鐵騎突襲取勝，於是下令稍向後撤退，但秦軍一後退就停不下來了，非常混亂。朱序趁機在陣後大喊前陣敗了。後面部眾以為前陣真敗了，被迫從軍的各族士兵紛紛逃散，前秦的軍隊頓時潰不成軍。晉軍乘勝一直追擊到青岡（今壽縣西三十里外），前秦軍大敗，潰兵聽到風聲鶴唳，以為是晉兵追來，因而晝夜奔跑，死的人有百分之七、八十，及至洛陽，只剩下十餘萬人。苻堅中箭後單騎逃往淮北。

《孫子兵法‧軍形篇》指出：「不可勝者，守也；可勝者，攻也。守則不足，攻則有餘。善守者，藏於九地之下；善攻者，動於九天之上。

故能自保而全勝也。」處於守勢的晉軍，與處於攻勢的前秦軍隊對戰，何以能一舉扭轉戰局呢？孫子分析說：「古之所謂善戰者，勝於易勝者也……故其戰勝不忒。不忒者，其所措必勝，勝已敗者也。」具體地說，就是因為苻堅無視內部不穩、民心背離、士卒厭戰的情況，恃眾輕敵，單路突進，急於決戰，結果招致大敗。孫子說：「善用兵者，修道而保法，故能為勝敗之政。」說的也是這個道理。東晉面臨強敵進攻，一致抵抗，並能抓住時機，根據秦軍的情況及時改變對敵策略，在秦軍後續兵力未抵淝水前，抓住時機，與之決戰，終獲全勝。

▼軍形篇

例解
蒙古窩闊臺侵金三峰山之戰

圖解孫子兵法

西元1229年農曆八月，蒙古在克魯倫河邊舉行貴族大會（庫里爾台），成吉思汗第三子窩闊臺（蒙古太宗）繼承了汗位。即位後，窩闊臺率領蒙古軍親征，大舉侵犯金朝。金朝抗蒙救亡的鬥爭，進入了更加艱苦的階段。

西元1231年農曆五月，窩闊臺在官山九十九泉召開會議，請蒙古各路王公將帥討論應怎樣攻打金國。蒙古軍兵分三路，中軍由窩闊臺率領，

攻河中府，轉向洛陽；斡陳那麼率領蒙古左路軍，從濟南方向進攻；右軍由拖雷率領，自鳳翔過寶雞，入小潼關，經過宋境沿漢水而下，自唐、鄧攻汴京。窩闊臺打算在隔年春季從三路包圍汴京，攻滅金國。

九月，蒙古軍三路齊發，窩闊臺兵臨河中府，拖雷軍過鳳翔南下。面對蒙古軍的猛烈攻打，金國面臨著亡國的危險。金國各將領紛紛商量應怎樣救國。樞密判官白華主張調陝西兵

元代皮胄

守河中，他說：「與其到漢水去防禦，不如直往河中，黃河一日可渡，倘作戰順利，蒙古去襄漢的軍馬必當遲疑不進。利用北方作戰機會，使南方掣肘。」完顏合達自陝州上奏也贊同此議。哀宗召移剌蒲阿到汴京商議，移剌蒲阿以爲，如果金軍往北邊進軍，蒙古軍一定會在平陽北面屯駐，放我師渡河，然後斷我歸路，與我決戰，如此我軍恐怕要失利。蒲阿請召合達來一同商議。合達對哀宗說，河中時勢已經不同以前，所以也不敢自信能敵。於是，合達、蒲阿仍然去駐守陝西，只是派一支軍隊出冷

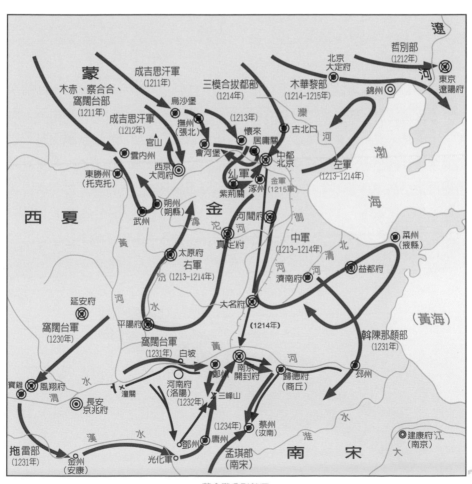

蒙金戰爭形勢圖

軍形篇

水谷，支援河中府的金軍。

十月，窩闊臺猛攻河中，合達、蒲阿派遣元帥王敢率領步兵一萬救援。十一月，王敢救兵趕到，金軍拚死守城，日夜不休。城西北被蒙古軍攻破後，金軍又與蒙古軍苦戰半個多月。十二月初，力盡，城陷。守將完顏訛可被俘遇害。

拖雷率領的右軍四萬，攻破金雞。九月，破大散關，侵入宋境，屠洋州，攻興元。王敢所率軍隊不再守饒峰關。蒙古兵攻入饒峰關，由金州東下，直指汴京。鄧州告急。

十一月，哀宗急召完顏合達、移刺蒲阿移兵鄧州，完顏陳和尚隨行。但楊沃衍仍然領軍駐守閿鄉。兩省軍入鄧，約同禦蒙古，被宋朝拒絕，十二月初，武仙自胡陵關領兵萬人來鄧

元太宗窩闊臺像
元太宗窩闊臺（西元1186年－1241年）是成吉思汗的第三子。在西元1229年的庫里爾台大會中被推舉爲繼任人，管理整個蒙古帝國。他在任內繼續父親的遺志擴張領土，主要是繼續西征和南下中原。他在位期間成功完全征服中亞和華北。

州與楊沃衍會合，駐紮在順陽。

拖雷軍渡漢江。金提控步軍、臨淄郡王張惠獻策，乘蒙軍還在江中時發動進攻。移刺蒲阿不聽。蒙古兵約四萬人渡江至禹山。金軍在順陽已駐

元·銅火銃

歐洲中世紀攻城圖
此圖描繪蒙古軍隊遠征歐洲的情景。畫面中蒙古軍正利用配重式拋石機攻城。

縶了二十天。完顏合達在鄧州兩山隘間設伏兵二十餘萬。合達、蒲阿立軍高山，分據地勢。金軍步兵在山前擺開陣勢，把騎兵事先駐縶在山後，打算從兩面夾攻蒙古軍。

蒙古軍只有四萬。拖雷得到諜報後，留大軍輜重，只派少數輕騎前進。蒙將速不台說：「金軍不耐勞苦，不利野戰，多次挑戰使他們勞乏，戰可勝。」蒙古軍的輕騎兵洶湧而來。合達發現形勢對金軍不利，忙擺開陣勢。蒙古兵突擊攻陣，都尉高英督軍力戰，蒙兵稍退。而後，蒙兵又突擊都尉樊澤（即夾穀澤）軍，合達斬一千夫長，金軍殊死搏戰，蒙軍又退。

釣州三峰山之戰是蒙古軍攻金的一次重大戰役。蒙古輕騎自禹山退走後，兩省快馬紛紛向金王報告得勝消息。拖雷留下一支蒙古軍牽制金軍，其他蒙古軍分散行進，分道直接攻向汴京。完顏合達、移剌蒲阿害怕蒙軍趁京中兵力空虛而攻入汴京，自鄧州發大軍趕赴汴京。

正大九年（西元 1232 年）正月初二，完顏合達、移剌蒲阿率騎兵二萬、步兵十三萬，從鄧州出發。騎兵統帥蒲察定仕、郎將按得木、忠孝軍

總領夾穀愛答、提控步軍張惠、殄寇都尉高英、樊澤，及中軍陳和尚等一起隨軍出征。

到了五朵山，他們與楊沃衍、武仙軍會合。楊沃衍問：「戰事如何？」合達說：「我軍雖勝，而蒙古大兵已散漫趨京師了。」楊沃衍憤慨地說：「平章（合達）、參政（蒲阿）蒙國厚恩，掌握兵權，失去時機，不能戰禦，竟然縱敵兵深入，還有什麼話可說！」

金軍繼續向北進軍，途中不斷遭到蒙古兵的偷襲。十二日，金軍渡沙河，去鈞州。蒙古兵渡河襲擊，金軍不得紮營休息，軍中糧草又不夠。行至黃榆店，遇雪不能前進，只能就地紮營休息。十四日，合達在軍中接到哀宗的旨令，令兩省軍全部赴京師，然後出戰。又有密旨，說蒙古騎兵漸漸逼近，已攻下衛、孟二州。

合達、蒲阿立即啟程。蒙古軍聚在一起，擋住道路。楊沃衍奪得一條去路，陳和尚佔據山上。金兵急進，距鈞州只有十餘里。蒙古軍退至三峰山的東北和西南。武仙和高英領兵襲擊西南，楊沃衍、樊澤襲擊東北，蒙古軍退到三峰山東。張惠、按得木率領騎兵萬餘，自上而下衝擊，蒙古兵只能再次退兵。金軍沿途作戰，將士都極為疲勞，士氣低沉。軍士甚至三日未食。至三峰山，天又降大雪，士兵披著甲冑在大雪中站立，槍槊結冰凍如椽。而蒙古軍與河北降兵聚集在四周，燒火取暖，煮肉充饑，輪番休息。

蒙古軍乘金軍疲困，有意讓開去鈞州的一條路，放金軍北走，然後派出伏兵前後夾攻，金軍大敗，楊沃衍、樊澤、張惠三軍爭路，張惠持槍奮戰而死。蒙古軍圍攻楊、樊及高英兵，戰於柿林村南。樊澤、高英也都戰死，只有武仙率領三十騎躲入竹林才得以逃命。移剌蒲阿領兵北走，蒙古軍追到，被擒。金軍一敗塗地。

鈞州三峰山之戰，是一次決定性的戰役。完顏合達和移剌蒲阿是金朝兩名主要的統帥，抗蒙作戰的主要將領也都是他們的部下。金宣宗以來，河北、山東地區主要依靠當地地主武裝抵抗蒙古軍進攻。金兵主力二、三十萬由合達和蒲阿指揮。金朝統治集團內意見不一，沒有一致的作戰部署，四處抵擋蒙軍進攻，疲於奔命。鈞州三峰山一戰，金朝的主要將領大都戰死，金兵主力全部潰敗，這注定了金國的滅亡。

縱觀蒙古軍與金軍鈞州三峰山之戰，勝負的關鍵在於對戰機的把握。金軍一直陷於被動。在蒙古軍強勁的攻勢之下，失去了反敗為勝的各種機會。「平章、參政蒙國厚恩，掌握兵權，失去時機，不能戰禦，竟然縱敵兵深入」，是不可避免的後果，即使是堅守三峰山的金軍，也疲憊不堪，不堪一擊。由此可見，蒙古軍大獲全勝，也是必然的結果。

　　就像《孫子兵法》談到的「先為不可勝，以待敵之可勝。不可勝在己，可勝在敵」，這是一個被事實所證實的真理。我們可以從蒙古侵金三峰山之戰中得到許多有益的啟示。

元‧蒙古武士像

兵勢篇

原文

孫子曰：凡治眾如治寡，分數是也；鬥眾如鬥寡，形名是也❶；三軍之眾，可使必受敵而無敗者，奇正是也❷；兵之所加，如以碬投卵者，虛實是也。

凡戰者，以正合，以奇勝。故善出奇者，無窮如天地，不竭如江河。終而復始，日月是也；死而復生，四也。聲不過五❸，五聲之變，不可勝聽也。色不過五，五色之變，不可勝觀也。味不過五，五味之變，不可勝嘗也。戰勢不過奇正，奇正之變，不可勝窮也。奇正相生，如循環之無端，孰能窮之？

激水之疾，至於漂石者，勢❹也；鷙鳥之疾，至於毀折者，節❺

注釋

❶ 形名是也：形，指旌旗。名，指金鼓。古戰場上，投入兵力眾多，分佈面積也很寬廣，臨陣對敵，無從知道主帥的指揮意圖和資訊，所以設置旗幟，高舉於手中，讓將士知道前進或後退等，用金鼓來提示將士或進行戰鬥或終止戰鬥。

❷ 奇正是也：奇正，古兵法常用術語，指軍隊作戰的特殊戰法和常用戰法。就兵力部署而言，以正面受敵者為正，以機動突擊為奇；就作戰方式言，正面進攻為正，側翼包抄偷襲為奇；以實力圍殲為正，以誘騙欺詐為奇等。

❸ 聲不過五：聲，即音樂之最基本的音階。古代的基本音階為宮、商、角、徵、羽五音。故此言聲不過五。

❹ 勢：這裡指事物本身態勢所形成的內在力量。

❺ 節：節奏。指動作爆發得既迅捷、猛烈，又恰到好處。

❻ 彍弩：彍，弩弓張滿的意思。弩，即張滿待發之弩。

❼ 發機：機，即弩牙。發機即引發弩機的機紐，將弩箭突然射出。

❽ 形之：形，用作動詞，即示形。示敵以形。指用假相迷惑、欺騙敵人，使其判斷失誤。

❾ 求之於勢，不責於人：責，求、苛求。應追求有利的作戰態勢，而不是苛求下屬。

也。是故善戰者，其勢險，其節短。勢如彍弩❻，節如發機❼。

　　紛紛紜紜，鬥亂而不可亂也；渾渾沌沌，形圓而不可敗也。亂生於治，怯生於勇，弱生於強。治亂，數也；勇怯，勢也；強弱，形也。故善動敵者，形之❽，敵必從之；予之，敵必取之。以利動之，以卒待之。

　　故善戰者，求之於勢，不責於人❾，故能擇人而任勢。任勢者，其戰人也，如轉木石。木石之性，安則靜，危則動，方則止，圓則行。故善戰人之勢，如轉圓石於千仞之山者，勢也。

譯文

　　孫子說：通常而言，管理大部隊如同管理小部隊一樣，這屬於軍隊的組織編制問題；指揮大部隊作戰如同指揮小部隊作戰一樣，這屬於指揮號令的問題；整個部隊遭到敵人的進攻而沒有潰敗，這屬於「奇正」的戰術變化問題；對敵軍所實施的打擊，如同以石擊卵一樣，這屬於「避實就虛」原則的正確運用問題。

　　一般的作戰，總是以「正兵」合戰，用「奇兵」取勝。所以，善於出奇制勝的人，其戰法的變化如天地運行那樣變化無窮，像江河那樣奔流不息。終而復始，就像日月的運行；去而復來，如同四季的更替。樂音的基本音階不過五個，然而五個音階的變化，卻是不可盡聽；顏色，不過五種色素，然而五色的變化，卻是不可盡觀；滋味不過五樣，然而五味的變化，卻是不可盡嘗。作戰的方式方法不過「奇」、「正」兩種，可是「奇」、「正」的變化，卻永遠未可窮盡。「奇」、「正」之間的相互轉化，就像順著圓環旋繞似的，無始無終，又有誰能夠使它窮盡呢？

　　湍急的流水迅猛地奔流，以致能夠把巨石沖走，這是因為它的流速飛快形成的「勢」；鷙鳥高飛迅疾，以致能捕殺鳥雀，這就是短促迅猛的「節」。因此，善於指揮作戰的人，他所造成的態勢險峻逼人，他進攻的節奏短促有力。險峻的態勢就像張滿的弓弩，迅疾的節奏猶似擊發弩機把箭突然射出。

　　戰旗紛亂，人馬混雜，在混亂之中作戰要使軍隊整齊不亂。在兵如潮湧、混沌不清的情況下戰鬥，要佈陣周密，保持態勢而不致失敗。向敵詐示混亂，是由於己方組織編制的嚴整。向敵詐示怯懦，是由於己方具備

了勇敢的素質。向敵詐示弱小，是由於己方擁有強大的兵力。嚴整或者混亂，是由組織編制的好壞所決定的。勇敢或怯懦，是由作戰態勢的優劣所造成的。強大或者弱小，是由雙方實力大小的對比所顯現的。所以善於調動敵人、偽裝假相迷惑敵人，敵人便會聽從調動；用好處引誘敵人，敵人就會前來爭奪。總之，是用利益引誘敵人上當，再預備重兵伺機打擊他。

善於用兵打仗的人，總是努力創造有利的態勢，而不對部屬求全責備，所以他能夠選擇人才去利用和創造有利的態勢。善於利用態勢的人指揮軍隊作戰，就如同滾動木頭、石頭一般。木頭和石頭的特性是，置放在平坦安穩之處就穩住，置放在險峻陡峭之處就滾動。方的容易停止，圓的滾動靈活。所以，善於指揮作戰的人所造成的有利態勢，就像將圓石從萬丈高山上推滾下來那樣，這就是所謂的「勢」。

例 解
官渡之戰

官渡之戰發生在東漢末年三國鼎立局面形成之前。當時，東漢王朝已經名存實亡，各地、州豪強官吏以鎮壓黃巾起義為名佔據地盤，擴大、發展各自的勢力範圍，形成了許多大大小小的割據勢力。這些割據勢力之間連年爭戰、互相兼併，全國上下出現了軍閥混戰的局面。

曹操像
曹操（西元155年—220年），字孟德，小字阿瞞，沛國譙郡（今安徽省亳州市）人。東漢末年著名的軍事家、政治家及詩人。死後長子曹丕以魏篡漢，追尊曹操為太祖武皇帝。曹操是魏國的奠基人。著有《孫子略解》、《兵書接要》等軍事著作和《蒿裏行》、《觀滄海》、《龜雖壽》等詩篇。後人並且輯有《曹操集》。

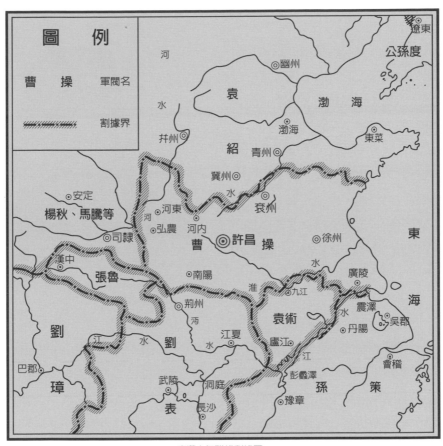

東漢末年群雄割據圖

當時的割據武裝集團主要有：河北的袁紹，兗、豫的曹操，徐州的呂布，揚州的袁術，江東的孫策，荊州的劉表，幽州的公孫瓚，南陽的張繡等等。在這些割據武裝勢力中，袁紹與曹操的勢力較強。袁紹出身於世代官僚地主家庭，人稱「袁氏四世三公」（三公是指當時掌握最高軍政大權的三個官——太尉、司徒、司空，袁氏四代都做這三個官，故稱四世三

公）。他是東漢末年官僚大地主的代表人物，西元195年，袁紹經過幾番征戰，已經佔據了冀州、青州、並州、幽州，成為一支地廣兵多、勢力很強的割據力量。

曹操出身於官僚地主家庭。西元184年，他參加了鎮壓黃巾起義的戰爭，後升為西園新軍的典軍校尉。他曾經參加反對董卓之戰，並投靠袁紹。在鎮壓黃巾起義的過程中，曹操

組成並發展了自己的武裝力量，與袁紹勢力分離。至西元196年，曹操已佔據了兗州、豫州地區，成為黃河以南的一股較強的割據勢力。

到西元199年夏，曹操與袁紹兩大割據集團，大致形成了沿黃河下游南北對立的局面。袁紹在擊敗了河北的公孫瓚後，已將整個河北地區都控制在自己的手中。為了進一步稱霸中原，袁紹準備南下與曹操決戰。當時，袁紹擁軍十萬，具有較強的實力，而曹操不僅兵力不如袁紹多，且南面有荊州的劉表、江東的孫策與他為敵，處於不利的地位。但是曹操客觀地分析了袁兵雖多但內部不團結，而且袁紹性善猜忌，又驕傲輕敵，常常貽誤有利戰機的情況，決定以自己所能集中的近萬兵力抗擊袁紹的進攻。

西元199年，袁紹謀劃南下進攻曹操的統治中心許昌。袁紹手下的謀士沮授、田豐認為，袁軍與公孫瓚戰鬥了三年，軍隊已相當疲勞，應先「務農逸民」、休養生息，以增強經濟與軍事力量。他們主張暫時不急於攻打曹操。但是，袁紹的另外兩個謀士審配、郭圖則力主馬上出兵攻曹。袁紹採納了審配、郭圖的意見，挑選精

袁紹像

袁紹（西元154年—202年），字本初，豫州汝南汝陽人，東漢末年政治家、軍閥。控有幽、并、冀、青河北四州，在官渡之戰中慘敗給曹操，實力大損，而後為曹操所滅。

兵十萬，戰馬萬匹，陳兵黃河北岸，準備伺機渡河，同曹操決戰。

袁紹舉兵南下的消息傳到許昌，曹操手下的一些部將被袁紹表面的優勢所嚇倒，認為袁軍強不可敵。但曹操很了解袁紹，他對將士們說：「袁紹野心雖大，但缺少智謀，表面上氣勢洶洶，而實際上膽略不足。加之他疑心重且忌人之能，兵雖多但組織、指揮不明，而且將帥驕傲、政令不一。因此，戰勝他是有把握的。」

曹操的謀士荀彧也分析了袁紹軍隊的情況，認為袁軍內部不團結，將帥、謀士之間矛盾重重，並非堅不可摧。曹操與荀彧的分析，增強了曹軍戰勝袁軍的信心。曹操經過對敵我雙

方兵勢情況的分析，決定採取以逸待勞、後發制人的戰略方針。他將主力調到黃河南岸的官渡（官渡是奪取許昌的必經之地），以阻擋袁軍的正面進攻，同時派衛覬鎮守關中地區，以魏種守河內，防止袁紹從西路進犯；又派臧霸等率兵從徐州入青州，從東路鉗制袁紹軍隊；派于禁屯守黃河南岸的重要渡口延津（今河南延津北），協助扼守白馬（今河南滑縣東，在黃河南岸）的東郡太守劉延，阻止袁紹的軍隊渡河和長驅南下進攻。

西元199年十二月，正當曹操佈置對袁紹的作戰計劃時，劉備起兵，佔領了曹操征服呂布後佔據的徐州及下邳等地，並派關羽駐守。東海及附近郡縣亦多歸附劉備。劉軍增至數萬人，並與袁紹聯繫打算合力進攻曹操。

曹操為了避免兩面作戰，打算首先擊破劉備。西元200年正月，曹操親率精兵東擊劉備，將劉備擊敗。當劉、曹作戰時，袁紹的謀士田豐建議袁紹襲擊曹軍的後方，袁紹猶豫不決，沒有採納田豐的建議。因此，曹操順利地擊敗了劉備，使得劉備隻身逃往河北投靠了袁紹，然後曹操及時返回官渡，繼續抵禦袁紹的進攻。

西元200年正月，袁紹發佈聲討

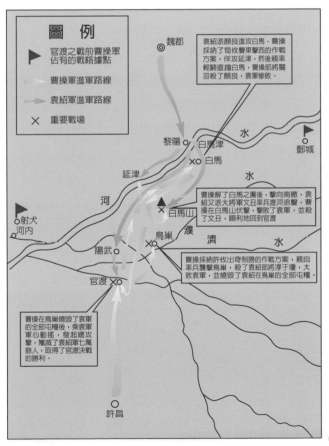

圖例

▶ 官渡之戰前曹操軍佔有的戰略據點
⟶ 曹操軍進軍路線
⟶ 袁紹軍進軍路線
✕ 重要戰場

魏郡

袁紹派顏良進攻白馬，曹操採納了荀攸聲東擊西的作戰方案，佯攻延津，然後親率輕騎直擊白馬，曹操部將關羽殺了顏良，袁軍慘敗。

黎陽　白馬津　　水
白馬　　　　　　鄄城
延津　　　　水

河

曹操解了白馬之圍後，擊向南撤，袁紹又派大將軍文丑率兵渡河追擊，曹操在白馬山伏兵，擊敗了袁軍，並殺了文丑，順利地回到官渡。

✕ 白馬山

射犬
河內

烏巢　濮
陽武　　　濟　　　水

曹操採納許攸出奇制勝的作戰方案，親自率兵襲擊烏巢，殺了袁紹部將淳于瓊，大敗袁軍，並燒毀了袁紹在烏巢的全部屯糧。

官渡 ✕

曹操在烏巢燒毀了袁軍的全部屯糧後，乘袁軍軍心動搖，發起總攻擊，殲滅了袁紹軍七萬餘人，取得了官渡決戰的勝利。

許昌

官渡之戰示意圖

曹操的檄文。二月，袁紹大軍開進黎陽（今河南浚縣東北），把這裡作為指揮部，企圖渡河與曹軍主力決戰。袁紹首先派大將顏良進攻駐守白馬的東郡太守劉延，來奪取黃河南岸要點，以保障主力渡河。顏良率軍渡過黃河，直撲白馬與劉延交戰，劉延在白馬堅守城池，士兵傷亡慘重。

這時，曹操的謀士荀攸向曹操獻計說：「我軍兵少，集結在官渡的主力也只有三四萬人，要對付袁紹眾多的兵力，正面交鋒恐怕不易得手，應設法分散袁紹的兵力。」他還提議曹操引兵先到延津，佯裝要渡河攻擊袁紹後方，這樣，袁紹必然分兵向西，然後我軍再派輕裝部隊迅速襲擊進攻白馬的袁軍，攻其不備，一定可以擊敗顏良。曹操採用了荀攸這一聲東擊西之計，袁紹果然分兵增援延津。曹操見袁紹中計，立即調頭率領輕騎，

派張遼、關羽為前鋒，疾趨白馬。曹軍在距白馬十餘里時，顏良才發現他們。關羽攻其不備，斬殺了顏良。袁軍大亂，紛紛潰散。

袁紹圍攻白馬失敗，並喪失了一員大將，十分惱怒。曹操解了白馬之圍後，便沿黃河向西撤退。袁紹率軍渡河追擊曹操。這時，沮授又諫阻袁紹說：「軍事上的勝負變化應仔細觀察，現在最好的辦法還是駐於黃河北岸，分兵進攻官渡，若能攻下，大軍再過河也不為晚。如果貿然南下，萬一失敗就有全軍覆沒的危險。」袁紹驕傲自負，根本不聽他的勸告。沮授見袁紹如此固執，便推說有病向袁紹要求辭職，袁紹不准，還把他統領的軍隊交給了郭圖指揮。

於是，袁紹領軍進至延津以南，派大將文醜與劉備率兵追擊曹軍。曹操命令士卒解鞍放馬，又故意將輜重

三國・屯田黎營圖

三國・屯田出行圖

丟棄道旁，引誘袁軍。待袁軍逼近爭搶輜重時，曹操才命令上馬，突然發起攻擊，打敗了袁軍，殺了文醜，順利地退回官渡。

白馬、延津兩次戰役是官渡之戰的前哨戰。袁軍雖初戰失利，但兵力仍佔優勢。七月，袁紹進軍陽武（今河南中牟北），準備南下進攻許昌。這時沮授又勸袁紹說：「我方士兵雖多，但不及曹軍勇猛。曹操的糧食、物資不如我們多，速戰對曹軍有利而對我們不利，我們應用持久戰來消耗曹軍的實力。」但是袁紹仍然不聽。袁軍於八月逼近官渡，雙方在官渡相對峙。

曹軍在官渡設防，想尋找時機打擊袁軍。九月，曹操向袁軍發起一次進攻，但未能取勝。此後，曹操便挖深溝，築高壘，固守陣地。袁紹見曹軍堅壁不出，便命令士兵在曹軍營外堆起土山，砌起高臺，用箭射擊曹軍。曹營士兵來往行走都得用盾牌遮住身體或匍匐前進。曹操發明了一種拋發石塊的車子，發射石塊將袁軍的壁樓擊毀。袁軍又挖掘地道以攻曹軍，曹操則命令士兵在營內挖掘長溝來截斷袁軍地道。

這樣，雙方之間你來我擋地相持了大約三個月。在相持的過程中，曹操產生了動搖，他覺得自己兵少，糧食也不足，士卒極為疲勞，後方也因袁紹派劉備攻擊於汝南、穎川之間而不太穩定，這樣長期與袁紹周旋下去相當危險。因此曹操便想退還許昌。他寫信給留守許昌的荀彧，徵求他的意見。

荀彧回信建議曹操堅持下去，他指出：「曹軍目前處境困難，同樣，袁軍的力量也幾乎用盡，這個時候正是戰勢即將發生轉折的時刻，也是出奇制勝之時，不能失去即將出現的戰機，這時誰先退卻誰便會陷入被動。」曹操聽取了他的意見，一方面決心堅持危局，加強防守，命負責供給糧草的官員想法解決糧草補給問題；另一方面則積極尋求和捕捉戰機，想給袁軍以有力的打擊。

曹操決定以截燒袁軍糧食的辦法爭取主動。他先派人把袁紹將領韓猛督運的數千輛糧車截獲燒掉了。不久，袁紹又把一萬多車糧食集中在烏巢，派淳于瓊等率軍守護。沮授鑑於前次糧草被燒，便建議袁紹另派一支部隊駐紮在淳于瓊的外側，兩軍互為犄角，防止曹軍抄襲。袁紹覺得此舉多餘，沒有採納。

三國‧騎馬信使圖

三國時期戰事頻繁，來往交通以馬匹為主，圖中的騎馬者即為莊園中的信使，專為莊園主傳遞消息和信物。

　　袁紹的另一謀士許攸向他獻策說：「曹操兵少，集中力量與我軍相持，許昌一定空虛，我們可以派一支輕騎日夜兼程襲擊許昌。這樣可以一舉拔取，即使許昌拿不下來也會造成曹操首尾不相顧，來回奔命的局面，進而可以打敗他。」袁紹卻傲慢地說：「不必，我一定要在此擒住曹操。」他拒絕採納這一出奇制勝的建議，繼續與曹操相持。

　　恰巧在此時，許攸的家屬在鄴城犯了法，被留守鄴城的審配關押了起來。許攸一怒之下，星夜離開袁營，投奔了曹操。曹操熱情地迎接他。許攸見曹操重視自己，就向他介紹袁軍的情況並獻計說：「袁紹的輜重糧草有一萬多車在故氏、烏巢，囤軍防備不嚴。如果以精兵襲擊，出其不意燒掉他的糧草，不出三天，袁紹必定失敗。」

　　這時，糧食是關係到雙方勝敗的關鍵，曹操當時只有一個月的軍糧，許攸的建議，正符合曹操尋找戰機出奇制勝的作戰意圖。因此，曹操把奇襲烏巢當成是關係全局勝敗的重要一著，毫不遲疑地立即實行。他留曹洪、荀攸等守大營，自己親率步騎五千攻打烏巢。

　　曹軍一行一律改穿袁軍的服裝，用袁軍的旗號，夜間從偏僻小道向烏

巢進發。途中，他們遇到袁軍的盤問，曹軍詭稱是袁紹爲鞏固後路調派的援軍，騙過了袁軍。到達後，他們立即放火燒糧。袁軍大亂，淳于瓊等倉促應戰。黎明時，淳于瓊見曹軍人少，就衝出營壘迎戰曹軍。曹操揮兵衝殺，淳于瓊又退回營壘堅守。

袁紹得知這一情況後，又做出了錯誤的決策。他不派重兵增援淳于瓊，反而認爲這是攻下官渡的好機會。他命令高覽、張郃等大將領兵去攻打曹軍大營。張郃指出這樣做很危險，曹操領精兵攻打烏巢，如果烏巢有失，事情就不好辦了。張郃主張先救烏巢，但袁紹手下的謀士郭圖迎合袁紹的意圖，堅決主張攻打曹營，他認爲攻打曹營，曹操必定引兵回救，這樣，烏巢之圍就會自解。於是袁紹只派少量軍隊救援烏巢，而以主力攻官渡的曹營，然而曹營十分堅固，一時攻打不下。

曹操得知袁軍進攻自己大本營的消息後，並沒有馬上回救，而是奮力擊潰淳于瓊的軍隊，決心將袁紹在烏巢積存的糧食全部燒掉。這時，袁紹增援的騎兵迫近烏巢，曹操左右的人請求他分兵去阻擋。曹操沒有分兵，說：「等敵人到了背後再報告！」這樣，曹軍士卒都與敵軍殊死決戰，最後大破淳于瓊軍，殺了淳于瓊並將其糧草全部燒毀。

烏巢糧草被燒光的消息傳到袁軍前線，袁軍軍心動搖。原來反對張郃用重兵救援烏巢主張的郭圖等害怕袁紹追究自己的責任，就在袁紹面前說張郃爲袁軍失敗而高興。張郃遭到惡言中傷，既氣憤又害怕，便與高覽一起焚毀了攻戰器具，投降了曹操。這使得袁軍軍心更加不穩，軍隊不戰自亂。這時，曹操趁機率軍全面發起攻擊，迅速消滅了袁兵七萬多人，袁紹倉皇退回了河北。官渡之戰以曹勝袁敗而告結束。

官渡之戰中，曹操之所以能夠以弱勝強，首先是因爲他在謀略上高於袁紹。在袁紹以絕對優勢的兵力來進攻他時，他能夠客觀地分析敵我雙方的優勢與劣勢，制定出以逸待勞、後發制人的作戰方針。在具體實施時，也能夠抓住要害。這一點可以從曹操選擇官渡作爲主戰場看出來。

曹操一開始就把主力佈置在官渡，而不是沿黃河處處設防，這是因爲官渡地處鴻溝上游，瀕臨汴水。鴻溝運河西連虎牢、鞏、洛要隘，東下淮泗，爲許昌北、東之屏障。因此，

官渡是袁紹奪取許昌的必爭之地。守住了官渡，就能扼其咽喉，使袁軍不得進，為反攻殲敵創造了條件。

其次，曹操能取得勝利還在於他精通兵法，並能夠靈活運用。在白馬、延津前哨戰中，曹操佯攻袁軍，調動袁軍並分散了他們的兵力；在白馬初戰告捷領兵撤退時，能以利誘敵，以卒待敵，最後擊敗了袁軍，順利地退回官渡。

在決戰中，曹操善於聽取部下的正確意見與建議，懂得在敵強我弱的形勢下只有靈活地變換戰術，正奇並用才能變被動為主動的道理。因此他積極創造有利於自己的戰略態勢，在得知袁軍將全部糧草聚集在烏巢又疏於防守的消息後，及時抓住這一有利戰機，果斷地決定派精兵奇襲烏巢糧庫，一舉燒毀了袁軍的全部糧草，為主力部隊戰勝敵軍奠定了堅實的基礎。

官渡之戰是《孫子兵法》所說用兵作戰「以正合，以奇勝」的極好印證。

從官渡之戰袁紹失敗的原因來看，也能從反面印證《孫子兵法·兵勢篇》中要點的合理性與正確性。袁紹的失敗，敗在他不知擇人而任，不懂戰術的變換。他只知正面作戰，不懂正奇並用；同時又驕傲自負，不能聽取下屬的正確意見，以致常常錯失良機，最後將原有的兵力優勢喪失殆盡。

東漢·水田附船陶器
東漢末年，曹操佔據北方，實行田屯，這樣既能舒解軍糧，又可操練軍隊、控制軍紀。此器物即是軍屯的士兵在水田中勞作的形象反映。

劉裕滅南燕與後秦

東晉義熙五年（南燕太上五年，西元409年）四月至次年二月，中軍將軍、錄尚書事劉裕帶領東晉軍攻佔南燕都城廣固（今山東益都西北），南燕被滅。

早在東晉元興三年（西元404年），劉裕率兵擊敗反晉稱帝的桓玄，掌握了東晉朝政。此後，南燕慕容超屢次派兵南下襲擾淮水以北，劉裕爲維護東晉王朝的統治，率兵進攻南燕。

義熙五年四月，劉裕從建康（今南京）出發，帶領部下乘船經過淮水進入泗水。五月，到達下邳（今江蘇邳縣西南），留下艦船、輜重，步行至琅玡（今山東臨沂北），凡經過之處都修築城池。劉裕認爲：慕容超等人生性貪婪，無深謀遠慮，必不能守險清野。慕容超聞晉師將至，召集朝臣商議。征虜將軍公孫五樓等極力主張遣兵固守地勢險要的大峴，不與劉裕速戰，以疲困晉軍。然後派兩千精騎沿海南行，斷其糧道。再以駐梁文（今徂徠山南）一帶之師，沿山東

下，側擊晉軍。慕容超認爲南燕國富兵強，無須示弱，決定引晉兵入峴，然後集中優勢兵力迎戰。於是將莒縣、梁文的守軍撤回，修築城池，整頓兵馬，以待晉軍。晉軍不戰而過大峴，劉裕大喜說：「我軍已越過險阻之地，將士必有死戰之志，糧食遍野，軍無匱乏之憂，此戰必勝無疑。」六月，慕容超命公孫五樓等率步騎五萬進屯臨朐（今屬山東）。後聞晉軍入峴，又親自帶領步騎四萬緊隨其後，臨朐南有巨蔑水（今彌海），慕容超令公孫五樓等前往佔

劉裕像
劉裕（西元363年—422年），字德輿，幼名寄奴，彭城人。原爲東晉將領，率軍收復了北方的青、兗、司隸三州，並控制了東晉朝政。元熙二年（西元420年），劉裕迫晉恭帝禪讓，即皇帝位，國號宋，改元永初，是爲宋武帝。

匈奴鑲寶石短劍及劍鞘

領，以便控制水源。等到達目的地，為晉前鋒孟龍符所敗。晉軍將戰車四千輛分為左右翼，配以輕騎作為遊軍，乘勝前進，與燕軍主力在臨朐南激戰良久，未分勝負。劉裕接受參軍胡藩出奇制勝的建議，遣胡藩等帶領士兵偷偷繞至燕軍陣後，聲稱經海道到達此地。慕容超大驚，晉軍趁勢攻佔臨朐。

慕容超回師撤退到廣固，晉兵追至，攻破外城。慕容超集眾為固守內城，先後派尚書郎張鋼、尚書令韓範到後秦求援。劉裕督兵挖塹三層，修築高三丈的長圍以困燕軍，同時安撫接納投降依附的人。當他聽說張鋼擅長製作攻城工具，便於七月命人在途中截獲，並讓其繞城大呼，後秦軍已經被破，無兵救援。城中兵民驚恐萬分。

當時江南每發兵北上增援或遣使至廣固，劉裕皆連夜派兵迎接，天明則張旗鳴鼓而至，以示援兵眾多。執兵器、背糧食歸晉的北方民眾每天多達上千人。慕容超等人被圍困，見援兵無望、張鋼被俘，於是請和，願割大峴以南之地，稱藩於晉，遭到拒絕。後秦主姚興遣使向劉裕傳話，秦已派精兵十萬屯軍洛陽，若晉軍不退，當長驅而進。劉裕識破其為虛聲恫嚇，便斥退秦使。

為進一步瓦解南燕軍心，於九月招降韓範，讓他繞城行走，燕軍更加沮喪。十月，張鋼製成各種攻城器具，覆蓋牛皮，使燕軍的矢石難以生效。六年二月，劉裕督兵四面急攻，燕尚書悅壽開城門迎晉師。慕容超突圍被俘，南燕亡。

劉裕滅南燕之戰，之所以取得全勝，是極好地運用了《孫子兵法‧兵勢篇》中的「以正合，以奇勝」的策略。晉軍以四千輛戰車和騎兵在臨朐與燕軍主力展開正面交鋒。然後又命胡藩等從敵軍後方包抄，實在是一個高妙的計策。

另外，劉裕還突發奇想，讓兵士在夜間往來走動，天明則張旗鳴鼓，以示援兵之眾。這「環城之行」顯然是大造聲勢，瓦解南燕的軍心，使之

圖解孫子兵法

西魏‧五百強盜成佛圖
此圖表現了戰爭的場面，再現了重裝甲馬作戰的特徵。

無心應戰。孫子兵法被運用得恰到好處。此戰，劉裕善於預測敵情，利用敵之失誤，揚長避短，以戰車阻燕軍精騎，攻城戰與攻心戰相得益彰，穩紮穩打，掌握主動，必然終獲全勝。

可以說，劉裕是一個高明的軍事指揮家，《孫子兵法》亦被他運用在滅後秦之戰中。

東晉滅燕後，北部鄰國有北魏和後秦，其北方有柔然威脅，無力南進。義熙十二年二月，後秦主姚興病亡，其子姚泓繼位，同室操戈，關中騷亂，西秦擾於西，夏襲於北。劉裕欲代晉，在鞏固其朝內地位後，又謀立威於外，於是向後秦發動戰爭。

八月，劉裕率大軍從建康（今南京）出發，後分五路，水陸並進，計畫先攻洛陽，後回關中。命龍驤將軍王鎮惡、冠軍將軍檀道濟率步軍自淮水一帶向許昌（今屬河南）、洛陽方向進攻；建武將軍沈林子等率水軍自汴水溯河水（黃河）西進；冀州刺史王仲德爲先鋒，率水軍由彭城（今江蘇徐州）經泗水開巨野澤入河水；新野太守朱超石等率軍由襄陽（今屬湖北）進攻；振武將軍沈田子、建威將軍的進攻，迫使後秦採取北拒夏、東擋晉的兩面防禦作戰對策。

九月，劉裕親自前往彭城督戰。各路晉軍迅速向前推進，進展順利。後秦征南將軍姚鎮守洛陽，晉軍攻陷洛陽，逼迫姚出城投降，俘四千餘人，盡予釋放。因此，秦民歸順的人很多。後秦援軍聞洛陽已經被攻陷，不敢東進。王鎮惡等見有隙可乘，不等大軍到達，乘勝西進。十三年三月，攻克潼關（今陝西潼關東北）。後秦大將軍姚紹退守定城（在潼關西三十里處），依靠潼關天險頑強抵抗。兩軍相持於潼關以西。

溯河水而上的晉軍，須通過魏境，劉裕採用軍事與外交相結合的手段，得以借道魏境向西進發。四月，

東晉·騎兵陶俑

安。這時，姚紹病逝，代守定城的東平公姚讚，恐腹背受敵，便退守鄭縣（今陝西華縣）。劉裕揮軍逼進，王鎮惡率軍乘船，進至渭橋（在長安北），棄舟登岸，擊敗秦將姚正。姚泓帶兵前來營救，不戰而潰。王鎮惡軍攻入長安。八月二十四日，姚泓被迫投降，後秦亡。

劉裕抵洛陽。七月，至陝縣（今屬河南），劉裕決定親自率主力由潼關進攻長安，遣沈田子、傅弘之率部由武關配合夾擊。八月，劉裕至潼關，派朱超石等北渡河水攻蒲阪（今山西永濟西），掩護主力側翼。

後秦主姚泓欲親自帶領大軍迎擊劉裕軍，因恐沈田子從後包抄而斷掉後路，決定先擊沈軍，遂率步騎數萬至青泥（今陝西藍田）。沈軍僅千餘人，傅弘之認為敵我力量懸殊，勸阻其出戰。沈田子認為兵貴用奇，於是乘秦軍近未站穩腳跟，即率部出擊，傅弘之跟進。

秦軍將沈田子部團團包圍，沈田子激勵士卒奮戰，殲秦軍萬餘人，姚泓敗奔霸上（在長安東）。關中郡縣紛紛歸順於晉。沈軍的勝利，有力地策應了主力的西進。但攻蒲阪的朱超石軍失利，退回潼關。劉裕依王鎮惡的建議，令他率水軍沿隅河直奔長

按照《孫子兵法·兵勢篇》的解釋，「三軍之眾，必受敵而無敗者，奇正是也」。所謂「正」，就兵力部署而言，即正面與敵作戰；所謂「奇」，即從側面作戰，採用機動靈活的方式。也可以說，正面進攻為正，側面進攻為奇。所以劉裕在滅南燕之戰、滅後秦之戰中善於用奇，攻敵之薄弱環節，從而獨攬勝局。

在滅後秦之戰中，劉裕善於捕捉戰機，部署周密，軍事、政治處置得當，攻長安時以偏師入武關，派水軍溯渭水西進，配合主力，水陸夾擊，終獲全勝。孫子兵法中的奇正之術，在此得到了充分體現。

圖解孫子兵法

李世民滅鄭之洛陽、虎牢之戰

　　唐秦王李世民率軍在洛陽與虎牢之戰中獲得全勝，也是正確運用《孫子兵法》奇正結合的策略的結果。唐武德三年（西元620年）七月至四年五月，王世充、竇建德軍被秦王李世民率軍在洛陽、虎牢（今河南滎陽汜水鎮西北）一一攻破。

　　原為隋東都洛陽守將的王世充，在隋煬帝死後，於武德二年四月稱帝，國號鄭。他利用唐軍在河東作戰無暇東顧的機會，把唐在河南的部分土地據為己有。柏壁之戰後，李淵為奪取中原，採取先鄭後夏（竇建德已稱夏王）、各個擊破的策略，於三年

唐・軍用皮革

兵勢篇

七月，命李世民統兵八萬餘人，東擊王世充。同時遣使與竇建德言和，使其保持中立。王世充從各州、鎮挑選驍勇之士聚集洛陽，在襄陽（今屬湖北）、虎牢、懷州（今河南沁陽）等

要地命三侄分守；在洛陽命其兄、子防守；自率步騎三萬迎擊唐軍。李世民率步騎五萬進軍慈澗（今河南新安東），迫使守軍撤回洛陽，之後決定先掃清周邊然後攻城。於是派行軍總管史萬寶自宜陽（今河南宜陽西）據龍門（今洛陽南）；右武衛將軍王君廓自洛口（今河南鞏縣東北）切斷王世充糧道；將軍劉德威自太行（指今河南濟源方向）圍懷州；懷州總管黃君漢自懷州渡河攻回洛城（今河南孟縣南）；劉德威自率大軍屯北邙山（洛陽北），待機攻城。

至四年二月，歷經八個月作戰的唐軍攻克洛城、轘（今河南嵩山西側）、河陽（今河南孟縣東南）等地並佔領虎牢，河南五十餘州相繼歸降。李世民率軍向洛陽進逼，經過一番激戰，將其合圍，但圍攻旬餘未克。王世充困守孤城，糧缺民餒，幾次遣使向竇建德求救。

洛陽危急之事被竇建德得知後，他恐唐滅鄭後危及自己，決定先聯鄭擊唐，然後相機滅鄭，再奪取天下。遂於四年三月，率兵十餘萬西進，進至虎牢之東，途中連克管城（今鄭州）、滎陽(今屬河南)、陽翟（今河南禹縣）等地。

唐太宗李世民像
唐太宗李世民（西元599年—649年）是唐朝第二位皇帝，他的名字意思是「濟世安民」。太宗是他死後的廟號。他的前半生是立下赫赫武功的軍事家。平竇建德、王世充之後，始大量接觸文學與書法，有墨寶傳世。即位爲帝後，積極聽取群臣的意見、努力學習文治天下，成爲中國史上最出名的政治家與明君之一。唐太宗開創了歷史上的「貞觀之治」，經過主動消滅各地割據勢力，虛心納諫、在國內厲行節約，使百姓休養生息，終於使得社會出現了國泰民安的局面。此舉爲後來的開元盛世奠定了重要的基礎，將中國封建社會推向鼎盛時期。

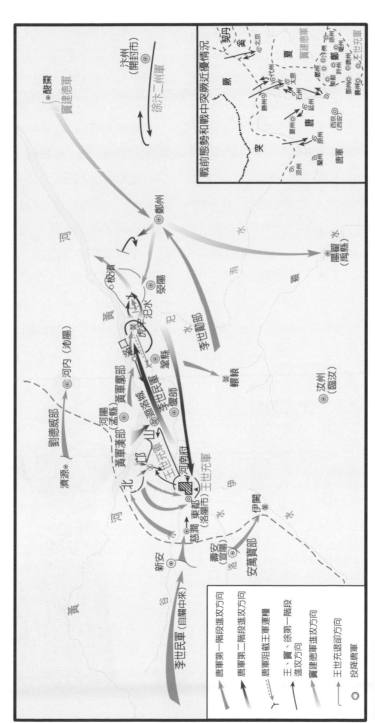

戰前態勢和虎牢戰中突厥近憂情況

洛陽虎牢之戰示意圖

酸棗

竇建德軍

沂州（開封市）

徐沂二州軍

鄭州

河

洛陽水（再縣）

水

潁

黃

板渚

滎陽

李世勣部

汜水

虎牢汜水

武牢

草縣

轘轅

汝州（臨汝）

劉德威部

河內（沁陽）

河陽
孟縣

黃軍郭部

黃軍漢部

河陽

李世民軍

河南軍

山谷

偃師

李世民部

申

王世充軍

河南市王世充軍

濟源

東都（洛陽市王世充軍）

慈澗

伊闕

伊水

新安

嘉陽（昌陽）

洛

安禹賓部

谷

黃

李世民軍（自關中來）

唐軍第一階段進攻方向

唐軍第二階段進攻方向

唐軍阻截王軍運糧

王、竇、徐第一階段
進攻方向

竇建德軍進攻方向

王世充退卻方向

投降唐軍

兵
勢
篇

105

李世民與部將一同商議對策,部將多主張退避。他力排眾議,採納宋州刺史郭孝恪等人提出的力阻王、竇兩軍會合之策,決定分兵圍困洛陽、據守虎牢要地,阻止竇軍西進,伺機破敵,一舉兩克。

遂命齊王李元吉圍洛陽,自為前鋒去虎牢阻擊,並率精銳三千五百人,大軍為後繼。由於虎牢地形險阻,竇軍不得前進,屯兵月餘,數戰不利,士氣低落,將卒思歸。國子監祭酒凌敬勸竇建德改道上黨(今山西長治),下蒲津(今陝西大荔東),以迫使唐軍為救關中而班師回朝,洛陽之圍可不救自解。竇建德不聽。

此時,李世民獲悉,竇軍將趁唐軍飼料用盡、牧馬於河北時襲擊虎牢,便將計就計,於五月初一,親臨廣武山(西廣武)觀察竇軍形勢,在河中小洲留馬千餘匹以誘其出戰。次日,竇軍果然全部出動,在汜水東岸布陣,橫貫二十里。李世民登高觀察

洛陽 虎牢關碑

唐·將軍鎧甲示意圖

後，決定按兵不動，待其氣衰，再行出擊。兩軍相持至中午，竇軍因饑餓而陣容不整。

這時，李世民下令騎兵將領率隊自虎牢入南山，循谷東進，偷襲竇軍陣後。自率輕騎東涉汜水，主力隨後，直衝竇軍。唐軍在竇建德正和群臣議事之時突至，前後夾擊，使竇軍陣勢大亂。唐軍追擊三十里，俘獲五萬餘人，竇建德受傷被俘。王世充出降，李世民回軍洛陽。

李世民於此戰中圍城打援、避銳擊惰、奇兵突襲、一舉兩克。至此，李世民基本完成了唐王朝的統一事業。

唐・騎兵戰陣俑

虛實篇

原文

孫子曰：凡先處戰地而待敵者佚❶，後處戰地而趨戰者勞❷。故善戰者，致人而不致於人。能使敵人自至者，利之也；能使敵人不得至者，害之也。故敵佚能勞之，飽能饑之，安能動之。

出其所不趨，趨其所不意。行千里而不勞者，行於無人之地也；攻而必取者，攻其所不守也；守而必固者，守其所不攻也。故善攻者，敵不知其所守；善守者，敵不知其所攻。微乎微乎，至於無形；神乎神乎，至於無聲。故能為敵之司命。

進而不可禦者，衝其虛也❸；退而不可追者，速而不可及也❹。故我欲戰，敵雖高壘深溝，不得不與我戰者，攻其所必救也；我不欲戰，畫地而守之，敵不得與我戰者，乖其所之也。

故形人而我無形❺，則我專而敵分；我專為一，敵分為十，是以十攻其一也，則我眾而敵寡；能以眾擊寡者，則吾之所與戰者約矣❻。吾所與戰之地不可知，不可知，則敵所備者多；敵所備者多，則吾所與戰者寡矣

❼。故備前則後寡，備後則前寡；備左則右寡，備右則左寡；無所不備，則無所不寡。寡者，備人者也；眾者，使人備己者也。

故知戰之地，知戰之日，則可千里而會戰；不知戰地，不知戰日，則左不能救右，右不能救左，前不能救後，後不能救前，而況遠者數十里，近者數里乎？以吾度之，越人之兵雖多，亦奚益於勝敗哉？故曰：勝可為也。敵雖眾，可使無鬥。

故策之而知得失之計❽，作之而知動靜之理❾，形之而知死生之地❿，角之而知有餘不足之處⓫。故形兵之極，至於無形⓬；無形，則深間不能窺，智者不能謀⓭。因形而錯勝於眾，眾不能知；人皆知我所以勝之形，而莫知吾所以制勝之形。故其戰勝不復，而應形於無窮。

夫兵形像水，水之形，避高而趨下；兵之形，避實而擊虛。水因地而制流，兵因敵而制勝。故兵無常勢，水無常形；能因敵變化而取勝者，謂之神。故五行無常勝⓮，四時無常位⓯，日有長短，月有死生。

❶ 凡先處戰地而待敵者佚：處，佔據。佚，即「逸」，指安逸、從容。此句意為在作戰中，若能率先佔據戰地，就能使自己處於以逸待勞的主動地位。

❷ 後處戰地而趨戰者勞：趨，奔赴，此處為倉促之意。趨戰，倉促應戰。此句意為作戰中若後據戰地倉促應戰，則疲勞被動。

❸ 進而不可禦者，衝其虛也：禦，抵禦。衝，攻擊、襲擊。虛，虛懈之處。此句謂我軍進擊而敵無法抵禦，是由於攻擊點正是敵之虛懈處。

❹ 退而不可追者，速而不可及也：速，迅速、神速。及，趕上、追上。此句意為我軍後撤而敵不能追擊，是由於我軍後撤迅速，敵追趕不及。因此，撤退的主動權也操於我軍之手。

❺ 故形人而我無形：形人，使敵人現形。形，此處作動詞，顯露的意思。我無形，即我軍無形跡（隱蔽真形）。

❻ 吾之所與戰者約矣：約，少、寡。此句說能以眾擊寡，則我軍欲擊之敵必定弱小，難有作為。

❼ 吾所與戰之地不可知，不可知，則敵所備者多；敵所備者多，則吾所與戰者寡矣：此句意為我方與敵欲戰之地，敵既無從知曉，就不得不多方防備，這樣，敵之兵力勢必分散；敵之兵力既已分散，則與我軍局部交戰之敵就弱小且容易戰勝了。

❽ 策之而知得失之計：策，策度、籌算。得失之計，即敵計之得失優劣。意即應當仔細籌算，以了解判斷敵人作戰計劃之優劣。

❾ 作之而知動靜之理：作，興起，此處指挑動。動靜之理，指敵人的活動規律。意為挑動敵人，藉以了解其活動的一般規律。

❿ 形之而知死生之地：形之，以為形示敵。死生之地，指敵之優勢所在或薄弱環節、致命環節。地，同下文「處」，非實指戰地。即以示形於敵的手段，來了解敵方的優劣環節。

⓫ 角之而知有餘不足之處：角，較量。有餘，指實、強之處。不足，指虛、弱之處。此謂要通過與敵進行試探性較量，來掌握敵人的虛實強弱情況。

⓬ 故形兵之極，至於無形：形兵，指軍隊部署過程中的偽裝佯動。即故意示形於敵，使敵不得其真，以至形跡俱無。

⓭ 深間不能窺，智者不能謀：間，間諜。深間，指隱藏極深的間諜。窺，刺探、窺視。形佯動達到最高境界，則敵之深間也無從摸清底細，聰明的敵人也束手無策。

⓮ 故五行無常勝：五行，木、火、土、金、水。古代認為這是物質組成的基本元素。戰國五行學說認為這五種元素的彼此關係是相生又相勝（相克）的。孫子此言謂其相生相剋間變化無定數，如用兵之策略奇妙莫測。

⓯ 四時無常位：四時，指四季。常位，指一定的位置。意即春、夏、秋、冬四季推移變換，永無止息。

孫子說，凡先佔據戰場、等待敵人的就主動、安逸，而後到達戰場、倉促應戰的就疲憊、被動。所以善於指揮作戰的人，總是能夠調動敵人而不被敵人所調動。能夠使敵人自動進到我方預定地域的，是用小利引誘的緣故；能夠使敵人不能抵達其預定地域的，則是設置重重困難阻撓的緣故。敵人休整得好，就設法使他疲勞；敵人糧食充足，就設法使他饑餓；敵人駐紮安穩，就設法使他移動。

要出擊敵人無法迅速救援的地方，要奔襲敵人未曾預料之處。行軍千里而不勞累，是因為行進的是敵人沒有防備的地區；進攻而必定能夠取勝，是因為進攻的是敵人不曾防禦的地點；防禦而必能穩固，是因為扼守的是敵人無法攻取的地方。所以善於進攻的，能使敵人不知道該如何防守；善於防禦的，能使敵人不知道該怎麼進攻。微妙啊，微妙到看不出任何形跡！神奇啊，神奇到聽不見絲毫聲音！所以，我軍能夠成為敵人命運的主宰。

前進而使敵人無法抵禦的，是由於襲擊敵人懈怠空虛的地方；撤退而使敵人不能追擊的，是因為行動迅速而使得敵人追趕不及。所以我軍要交戰時，敵人即使高壘深溝也不得不出來與我交鋒，這是因為我們攻擊了敵人所必救的地方；我軍不想交戰時，佔據一個地方防守，敵人也無法同我軍交鋒，這是因為我們誘使敵人改變了進攻方向。

要使敵人顯露真情而我軍不露痕跡，這樣，我軍兵力就可以集中而敵人兵力卻不得不分散。我們的兵力集中在一處，敵人的兵力分散在十處，這樣，我們就能以十倍於敵的兵力去進攻敵人，造成我眾而敵寡的有利態勢。能做到集中優勢兵力攻擊劣勢的敵人，那麼同我軍正面交戰的敵人也就有限了。敵人很難知道我們所要進攻的地方。既然無從知道，那麼他所需要防備的地方就多了；敵人防備的地方愈多，那麼我們所要進攻的敵人就愈是單薄。因此，防備了前面，後面的兵力就薄弱；防備了後面，前面的兵力就薄弱；防備了左邊，右邊的兵力就薄弱；防備了右邊，左邊的兵力就薄弱。處處加以防備，就處處兵力薄弱。兵力之所以薄弱，是因為處處分兵防備；兵力之所以充足，是因

為迫使對方處處分兵防備。

　　所以，如能預知交戰的地點、預知交戰的時間，那麼即使跋涉千里也可以去同敵人會戰。不能預知在什麼地方打，也不能預知在什麼時間打，那麼就會導致左翼救不了右翼，右翼救不了左翼，前面不能救後面，後面不能救前面的情況，何況想要在遠達數十里，近在數里的範圍內做到應付自如呢？根據我的分析，越國的軍隊雖多，但對於決定戰爭的勝負又有什麼幫助呢？所以說，勝利是可以造成的，敵軍雖多，可以使他無法同我方較量。

　　所以要透過認真的籌算，來分析敵人作戰計劃的優劣和得失；要通過挑動敵人，來了解敵人的活動規律；要通過佯動示形，來試探敵人生死命脈之所在；要通過小規模的交鋒，來了解敵人兵力的虛實強弱。所以佯動示形進入最高境界，就再也看不出什麼形跡。看不出形跡，則即使是深藏的間諜也窺察不了底細，老謀深算的敵人也想不出對策。根據敵情變化而靈活運用戰術，即便把勝利擺放在眾人面前，眾人仍然不能看出其中的奧妙。人們只能知道我軍用來戰勝敵人的辦法，但卻無從知道我軍是怎樣運用這些辦法出奇制勝的。所以每一次勝利，都不是簡單的重覆，而是適應不同的情況，變化無窮。

　　用兵的規律就像流水。流水的屬性，是避開高處而流向低處；作戰的規律是避開敵人的堅實之處而攻擊敵之弱點。水因地形的高低而制約其流向，作戰則根據不同的敵情而制定取勝的策略。所以，用兵打仗沒有固定刻板的態勢，正如水的流動不曾有一成不變的形態一樣。能夠根據敵情變化而靈活機動取勝的，就可叫做用兵如神。五行相生相剋沒有固定的常勢，四季輪流更替也沒有不變的位置，白天有長有短，月亮也有圓有缺。

例 解

齊魏桂陵、馬陵之戰

　　齊魏桂陵、馬陵之戰，發生在戰國中期，是齊、魏兩國為爭奪中原霸權而爆發的戰爭。在這兩場戰爭中，由於齊國軍事家孫臏將《孫子兵法》中的「避實擊虛」、「攻其所必救」、「致人而不致於人」的戰略思想進行了創造性的運用，因而一舉擊敗了實力強大的魏國軍隊，使魏國的實力逐漸減弱，最終喪失了霸主地位。

　　戰國初年，魏國在齊、魏、韓、趙、秦、楚、燕七國中最先成為強盛的國家。一方面是由於魏國在三家分晉時，分得了今山西西南部的河東地區，這一地區，原本生產較發達，經濟基礎較好；另一方面，是由於魏國

戰國・中山侯鉞
長29.4公分、寬25.5公分，刃部呈圓弧形，中部有一孔，孔刃間刻有兩行銘文，鉞造形端莊古樸，加上示威性的銘文，有著威嚴的氣勢。

在魏文侯時期，任用了李悝、吳起、西門豹等人，進行了各方面的改革。

　　魏國在政治上逐步廢除了世襲的祿位制度，實行「食有勞而祿有功」的制度，建立起比較健全的封建地主政權。在經濟上，魏國推行「盡地力」和「善平糴」的政策，並且興修水利，鼓勵開荒，促進了生產的發展。在軍隊建設上，建立了「武卒」制度，選拔勇敢有力的人加以訓練，大大地提高了軍隊的戰鬥力。

　　這些措施的實施，使魏國日益強盛起來。魏惠王時期，魏國將國都從安邑（今山西夏縣北）遷到河南中部的大梁（今河南開封），從而使魏國的國力達到了鼎盛時期。

　　齊國在當時也是較大的諸侯國。西元前356年，齊威王即位以後，任用鄒忌為相，改革政治，加強中央集權，進行國防建設，國力逐漸強盛。在魏國不斷向東擴張的形勢下，齊國為了同魏國抗衡，便利用魏國與趙、韓之間的矛盾，展開了對魏的鬥爭。

　　西元前354年，趙國為了同魏國

四王塚
這四個在臨淄附近的墓，相傳是齊威王、宣王、湣王、襄王之墓，又名四豪塚。東西均綿延五百公尺，每座高一百二十餘公尺，宛如四座山峰。

抗衡，向衛國發動了進攻，企圖奪取位於趙、魏之間的衛國領土，取得戰略上的有利地位。衛國原是魏國的屬國，現在趙要將它變為自己的屬國，魏國當然不允許。魏國藉口保護衛國，出兵包圍了趙國的國都邯鄲。趙與齊是盟國，當邯鄲告急時，趙國派使者於西元前353年向齊國求救。齊國此時正在圖謀向外發展，因此答應救趙。

齊威王召集大臣商討救趙的辦法。齊相鄒忌主張不去救趙，齊將段干朋則認為不救不僅對趙國失去信用，而且對齊國本身也不利。他從齊國的利益出發，提出了一個先讓趙、魏兩國相互攻戰，使之兩敗俱傷，然後齊國「承魏之弊」出兵救趙的戰略方針。齊威王同意了段干朋的意見。齊國以少量兵力南攻襄陵，以牽制魏國，堅定趙國抗魏的決心。齊軍主力則按兵不動，靜觀事態發展，準備在時機成熟時出兵救趙。

▼
虛
實
篇

西元前353年，魏國攻破了趙都邯鄲。這時，齊威王認為出兵救趙的時機已經成熟，於是就命令田忌為主將，孫臏為軍師，統率大軍救援趙國。

孫臏原是《孫子兵法》作者、春秋時期著名軍事家孫武的後裔。年輕時他曾和魏國人龐涓一起學習過兵法。龐涓後來在魏國做了將軍，他自知能力不及孫臏，便不懷好意地將孫臏請到魏國。龐涓眼見魏惠王對孫臏十分欣賞，加重了他對孫臏的嫉妒。

於是龐涓偽造了罪名，私用刑法割斷孫臏的雙腳，並在他的臉上刺字塗墨，妄圖使他永遠不能出頭露面。孫臏忍辱負重，在魏國待了很長一段

龐涓像
龐涓（？—西元前342年），戰國時魏將，中國戰國時期軍事家，孫龐鬥智故事的主角之一。因嫉妒孫臏的才能，恐其賢於己，因而設計砍斷他雙腳的膝蓋骨。後魏、齊交戰，被孫臏困於馬陵，涓智窮，自刎而死，史稱馬陵之戰。

孫臏像
孫臏（？—西元前316年），中國戰國時期軍事家。其本名不傳，因其受過臏刑（剔去膝蓋骨），故名孫臏。戰國時期曾被齊威王任命為軍師，幫助齊國取得了桂陵之戰和馬陵之戰的勝利。

時間，直到有一天他聽說齊國使者來到魏國，才有機會以犯人的身份偷偷地見了使者。齊使了解到孫臏是個了不起的人才，就暗中把他藏在車子裡，帶回了齊國。

不久，孫臏得到齊將軍田忌和齊威王的賞識。這次齊軍救趙，齊威王是打算派孫臏為主將發兵前往的，但孫臏不想把自己的名字暴露出來，以免引起龐涓的注意，於是孫臏推說自己是受刑身殘的人，不宜為將。齊威王遂改用田忌為主將，孫臏為軍師，大舉伐魏救趙。

戰國·楚王孫魚戟

幫助去打。派兵解圍的道理也一樣，不能以硬碰硬，而應該避實擊虛，避強擊弱，擊其要害，使敵人感到行動困難，有後顧之憂，自然就會解圍了。現在魏、趙相攻，已經相持了一年多，魏軍的精銳部隊都在趙國，留在自己國內的是一些老弱殘兵。我看你應該統率大軍迅速向魏國都城大梁進軍。這樣一來，魏軍必然回兵自救，我們可以一舉而解救趙國之圍，同時又能使魏軍疲於奔命，便於我們打敗他。」

田忌打算直奔邯鄲，同魏軍主力交戰，以解邯鄲之圍。孫臏不贊成他這種打法，提出了「批亢搗虛」、「疾走大梁」的正確策略。他說：「要解開亂成一團的絲線，不能握拳去解，而要勸止別人打架，自己不能

田忌採納了孫臏的意見，率齊軍

馬陵之戰要圖

戰國·鳥紋三角形戈
戈長19.6公分,寬7.6公分,兩面鑄相同淺浮雕鳥紋

主力向魏國國都大梁進軍。大梁是魏國的政治經濟中心,龐涓得知大梁危急的消息,大驚失色。魏軍不得不以少數兵力控制歷盡艱辛剛剛攻下的邯鄲,而急忙以主力回救大梁。這時,齊軍已將地勢險要的桂陵作為預定的作戰區域,迎擊魏軍於歸途。魏軍由於長期攻趙,兵力消耗很大,加之長途跋涉使士卒更加疲憊不堪。而齊軍則是佔有先機之利,以逸待勞,士氣旺盛。因此,面對齊軍的阻擊,魏軍完全陷入了被動挨打的局面,終於慘敗而歸。

魏軍雖然敗於桂陵,但魏國仍具有一定實力,並未因此而放棄邯鄲。後來,因為秦國不斷向魏國進攻,魏國沒有力量同時與東方的齊、趙和西方的秦國進行戰爭,才放棄了吞併趙國的打算。眞正使魏國的實力遭到嚴重削弱的是繼桂陵之戰十年後發生的馬陵之戰。

西元前342年,魏國攻打韓國。韓國急忙向齊求救。齊相鄒忌主張不救。田忌認為如不救韓,韓將有被魏吞併的危險,主張盡早救之。孫臏既不同意不救,亦不同意早救。他認為,現在韓、魏兩軍均未疲憊,如果不考慮利害得失發兵去救,將陷入政治上被動聽命於韓、軍事上代韓受兵

戰國時期馬陵道遺址

的地位，勝利亦無把握。魏國此次出兵，意在滅韓，我們應因勢利導，首先向韓表示必定出兵相救，促使韓國竭力抗魏。等到韓國處於危亡之際，再發兵救援，韓國到那時必然感激齊國，齊國既能「深結韓之親」，又可「晚承魏之弊」；既可受韓重利，又可得到尊名，一舉兩得。

齊威王採納孫臏的建議，並親自接待韓國使者，暗中答應出兵幫助。韓國仗恃著齊國的幫助，堅決抵抗。韓、魏先後五次交戰，韓國均失敗了。這時，韓國又向齊告急。齊威王在韓、魏俱疲的時機，又任命田忌為主將，孫臏為軍師，率領齊軍攻魏救韓。孫臏又使出「圍魏救趙」的老辦法，直向魏都大梁進軍。

魏國主將龐涓聽到這個消息，立即把軍隊從韓國撤回來。這時，齊軍已經越過齊國邊界，進入魏國的國境了。孫臏知龐涓已從後面趕來，於是對田忌說：「魏國的軍隊素來強悍英勇，看不起齊國，我們應因勢利導，裝著膽怯逃亡的樣子，誘使魏軍中計。兵法上說，乘勝追趕敵人，如果超過百里以上，就會因為給養路線太長，使上將有受挫折的危險；如果超過五十里以外，因為前後不能接應，

春秋・虎鷹搏擊戈
前鋒尖銳，中心透鏤花紋，橢圓形銎腔上立雕猛虎與雄鷹搏擊形象。

也只有一半軍隊能夠趕上。現在我軍進入魏國境內已有很遠了，可用減灶之計。我們齊軍今日進入魏地，在宿營地做十萬個灶，明日只做五萬個灶，後日到宿營地只做三萬個灶，逐日減灶，使魏軍認為我們怯戰，逃亡士兵很多，他們必然趾高氣揚，日夜兼程前來追擊。這樣，既消耗了他們的力量，又麻痺了他們的鬥志，然後我們再用計來打敗他們。」田忌採納了他的計謀。

龐涓回兵進入國境，得知齊軍早已前進，於是急起直追。一路上，龐涓仔細觀察了齊軍安營地方的遺跡，了解敵情。追了三天，雖然還沒有追上，龐涓卻喜形於色，很有把握地認定齊軍怯戰，逃亡士兵已過半數。他當機立斷，決定甩下步兵，只統率一部分輕裝的精銳部隊，一天走兩天的路程，快速追趕齊軍。孫臏估計了龐涓追兵的行程，認定他們晚上必然到達馬陵（今河北大名東南）。馬陵道路狹窄，在兩山中間，險阻重重，便

春秋‧玉劍格、玉劍首

於埋伏軍隊。孫臏命士卒將道路兩側樹木統統砍倒，只留下最大的一棵樹，其餘的樹亂七八糟地橫在路上，以阻塞交通。在留下的那棵樹的東面，剝去一大塊樹皮，露出白色的樹幹，在上面寫上幾個大字：「龐涓死於此樹下。」

孫臏又在軍中抽調精通射箭的士卒一萬人，分成兩隊埋伏在道路兩旁的險要之處，並吩咐他們只要看到樹下的火光一亮，就立即朝樹下放箭。他又調一部分軍隊隱蔽在離馬陵不遠的地方，只等魏軍一到，便從後面截斷退路。果然，那天晚上龐涓率領輕騎進入馬陵道，他隱隱約約看到一棵大樹露出白木，上面有一行字，但瞧不清楚，於是他叫士兵點起火把來看。上面寫的是「龐涓死於此樹下」，龐涓心裡一驚，知道上當了。這時，齊軍萬箭齊發，魏軍潰散，龐涓自知敗局已定，便憤恨自殺。齊軍在龐涓自殺之後，乘勝進攻，大敗魏軍，俘虜魏國太子申。

馬陵之戰使魏國遭到前所未有的慘敗。接著，齊、秦、趙從東西北三面夾攻魏國。西元前340年，秦商鞅用計抓到魏公子卬，大破魏軍，魏國又一次慘敗。後來到「會徐州相王」時，強盛一時的魏國終於向齊國表示了屈服。戰國的形勢由此發生重大轉折，齊國代替魏國而稱霸諸侯。

在桂陵之戰和馬陵之戰中，孫臏都成功地運用了《孫子兵法‧虛實篇》中所提出的「避實而擊虛」、「攻其所必救」的作戰原則，屢次將實力強大的魏軍擊敗。在具體實施這些原則時，齊軍善於選擇魏趙、魏韓雙方精疲力竭的有利時機攻擊大梁，迫使魏軍回師救援而進入齊軍事先預計的戰場，使魏軍完全陷入了被動挨打的局面。齊軍則因「知戰之地，知戰之日」而以逸待勞，一舉獲勝。從桂陵、馬陵之戰中，我們看到孫子的「避實而擊虛」、「攻其所必救」、「先處戰地而待敵」、「致人而不致於人」等軍事理論由孫臏進行了富有創造性的運用，其合理性與科學性經受了事實的檢驗與歷史的印證。

圖解孫子兵法

成吉思汗西征
花剌子模

成吉思汗高超的指揮藝術，歷來爲兵家、史家所推崇。四十餘年的戎馬生涯不但使他積累了豐富的軍事鬥爭經驗，更令他爲後人留下了歎爲觀止的戰略思想。

成吉思汗像

明末清初的歷史學家顧祖禹曾讚歎道：「吾嘗考蒙古之用兵，奇變恍惚，其所出之道，皆師心獨往，所向無前。故其武略比往古爲最高。」成吉思汗用兵思想之博大精深，由此可見一斑。他的指揮藝術、戰法和戰術與《孫子兵法》的「虛實篇」一脈相承。在蒙古軍隊著名的西征過程中，他在戰略籌劃上審愼、縝密而富於創造性，在許多方面都有十分出色的表現。

成吉思汗西征，首先是正確選擇作戰物件。作戰物件選擇不準，或者過多，往往會導致整個戰爭的失敗，造成大量人力、物力的浪費。成吉思汗選擇作戰物件的一般原則是：先弱後強，先小後大，先近後遠，每次打擊一個主要敵人，力避多面作戰。

拋石機示意圖
拋石機爲元軍攻城的主要器械之一，威力巨大。

這一戰略原則在對外作戰中展現得最爲明顯。他先兵臨國力較弱的鄰國西夏，強迫對方求和，然後進攻國力較強距離較遠的金朝。當認識到金朝比西域諸國力量強，難以消滅時，便改變戰略，轉而實行南防西攻，由近及遠依次攻滅西遼、花剌子模、欽

察等國，最後「解決」大國金朝。

弱敵攻滅了，就意味著強敵羽翼已失，力量被削弱，易於攻取；小敵攻滅了，大敵失去手臂，力量減弱，便於擊滅；近敵消滅了，我方勢力得以擴展，遠敵由遠變近，為下一步作戰提供了便利條件。一次戰爭攻打一個主要敵人，便可局部形成對敵優勢。

其次是打擊敵人要害。在對敵作戰中，成吉思汗始終把消滅敵人有生力量和摧毀敵人經濟潛力置於首位，而不在意方寸之地的爭奪。凡作戰，必千方百計地將敵軍引誘到曠野平川，以便發揮騎兵野戰的優勢而予以殲滅。

再次是及時準確地把握戰機。成吉思汗對敵發動戰爭，從不貿然行事，善於根據敵方情況，抓住有利戰機。一是在敵方內政極端腐敗、各種矛盾尖銳激化、社會混亂動盪之時發動攻擊；二是在敵方受到鄰國牽制，不能以全力應戰之時發動攻擊；三是在敵方與他國聯盟解體、新的聯盟尚未建立、孤立無援之時發動攻擊；四是當敵方自恃力強、放鬆戒備之時發

蒙古軍西征作戰圖

蒙古騎兵圖

動攻擊。敵人內部矛盾尖銳，自身精力被消耗，就易於擊敗了；敵人受第三方牽制，難以全力應付進攻，敵人力量也就由強變弱，利於攻滅了；敵方孤立無援，勢單力薄，自是便於攻取了；強大之敵在驕傲沒有戒備的時候，則是弱師，經不起對方的突然襲擊。

成吉思汗善於透過敵方外部假象，研究對方的真正實力，一旦發現敵人實力弱時便予以打擊，這一思想是很高明的。用《孫子兵法・虛實篇》的話來說，就是「進而不可御者，衝其虛也；退而不可追者，速而不可及也」。儘管成吉思汗西征時蒙古還沒有創制文字，成吉思汗也不可能讀到《孫子兵法》，但大凡高明的用兵作戰

之道，它們之間都是有共通之處的。《孫子兵法・虛實篇》云：「善戰者，致人而不致於人。」意思是說善於作戰的人，都善於調動敵人而不被敵人調動。成吉思汗西征就一直抓住了主動權。

成吉思汗在對西夏用兵，大舉攻金的同時，開始西征中亞，希圖征服更廣大的疆域。

成吉思汗第一次西征的主要作戰目標，是花剌子模。花剌子模位於阿姆河（經原蘇聯中亞流入鹹海南端的阿姆河）下游，是當時中亞細亞的一個大國。在打通西征之途的障礙後，成吉思汗立即分兵四路，準備攻打花剌子模。

宋寧宗嘉定十二年（西元1219年）初夏，成吉思汗從克魯倫河畔出發，越過阿爾泰山，因為途經的一些小國都以「順服之禮」來拜見成吉思汗，加入蒙古軍隊助戰，因此他親率的十多萬大軍很快便增至二十萬。越過天山後，大軍加緊行進，於當年秋天到達花剌子模邊境。訛答剌城是成吉思汗進攻的第一個目標。此城位於庫車西北五百里，是為邊陲重鎮。二十萬大軍旌旗蔽日、殺氣騰騰地開到城外。

成吉思汗在這裡將兵馬分為四路：由察合臺、窩闊臺率領第一路攻打訛答剌城；第二路、第三路由尤赤等率領，攻取錫爾河畔的各個城鎮，從左右兩翼掃蕩花剌子模邊界；由成吉思汗本人率領的第四路為中軍，直搗不花剌城。

花剌子模國王早已作了防禦部署。四十萬騎兵的大部分都留在撒麻耳干地區，兩萬留在訛答剌，另有幾萬守衛各地重要城鎮。花剌子模的四十萬軍隊頗有戰鬥力，大象隊也令蒙軍膽寒，又是在本土作戰，抵禦二十萬蒙軍（其實蒙古軍隊只有十多萬，另近十萬兵馬是一些附屬小國的從征部隊），優勢很大。但在戰略部署上卻分兵把關，各自為戰，被動防禦，擺出一副挨打的架式，優勢也就變為劣勢了。

留下攻打訛答剌的蒙軍四面圍攻城池，守軍十分頑強，雙方僵持了五個月之久。海兒汗誓死不降，在一些部將逃跑的情況下，仍率領留下的勇士拚死力戰。外城被攻破，他們就退到內堡繼續堅守，最後只剩下海兒汗一個人被生擒活捉。蒙軍攻下訛答剌城後，把城中百姓趕到野外，然後將城池和內堡夷為平地。第二路軍首先

進至錫爾河畔的速格納黑城（原蘇聯哈薩克加盟共和國圖門阿魯克郵站以北），他們招降守城軍民，但當地人拒不投降。蒙軍連續攻打了七天七夜，破城後殺盡城中倖存者。

繼續前進的蒙古軍隊又攻佔了錫爾河下游的幾座城市，於宋寧宗嘉定十三年（西元1220年）四月，兵臨氈的城。沒有任何戰鬥準備的市民們待蒙軍架好越壕木橋和雲梯時才倉促投入戰鬥，蒙軍很快攻進城內，沒有遇到任何抵抗，甚至無一人傷亡。隨後，鄰近城市養吉干又被蒙軍攻下。

同時，第三路軍攻打忽氈（今塔吉克共和國列尼納巴德城）。該城守將是花剌子模的民族英雄鐵木兒滅里。當蒙軍攻城時，居民都躲進內城堡。高大堅固的城堡修在錫爾河中央河水分股的地方，有幾千名勇士駐守。蒙軍的弩砲射程不夠，就運石填河，想盡辦法企圖接近城堡。幾番激戰，蒙軍傷亡很大，十分疲勞。然而城堡也難以長期堅守，鐵木兒滅里趁夜組織了七十隻船突圍。蒙軍雖在沿岸設下重重阻截的兵馬，並沿河追趕，但驍勇善戰的鐵木兒滅里敢於以寡擊眾，以弱抗強，在給蒙軍以重創之後，突出重圍。

成吉思汗率領的中軍目標是戰略要地不花剌城。花剌子模有兩個都城：舊都玉龍傑赤（原蘇聯烏茲別克加盟共和國的烏爾堅奇），又稱花剌子模城；新都撒麻耳干（烏茲別克共和國撒馬爾罕）。除新舊兩都外，最大最繁榮的城市就是位於新舊兩都之間的不花剌城（烏茲別克共和國布哈剌）了。如果中間的不花剌被攻破，新、舊兩都的聯繫就被切斷了，兩都就可以各個擊破。

宋寧宗嘉定十三年（西元1220年）四月初，成吉思汗率中路軍到達不花剌城下。守城的兩萬多軍隊看見蒙古騎兵浩浩蕩蕩開來，十分恐懼，戰鬥剛開始了三天就想棄城逃跑。蒙軍連日攻城，夜間正在休整之時，城中突然衝出一隊人馬，蒙軍誤以為是對方的夜襲，一時亂了陣腳。守軍一直向西南狂奔，醒悟過來的蒙軍立即組織追擊，在阿姆河岸邊追上這支潰不成軍的隊伍並將其全部消滅。

第二天，不花剌人開城投降。但仍有部分勇士不降，退到內堡堅守。《世界征服者史》記載當時的情景：「雙方戰火熾熱。堡外，射石機矗立，弓滿引，箭石齊飛；堡內，發射弩砲和火油筒。」這樣戰鬥了幾天，成吉思汗下令燒毀整個市區。守軍陷入絕境，內堡終被攻破。蒙軍將城牆、外壘統統蕩為平川，所有青壯年人都被強徵入伍，隨同蒙軍攻打撒麻耳干等城。

為保衛首都撒麻耳干，花剌子模國王摩訶末調集十一萬軍隊加強防守，還配備了相當於現代坦克部隊的二十頭披著鐵甲的大象。從首都的城防看，防禦體系很堅固，守城軍隊也很有戰鬥力。但消極防禦的部署，很容易使蒙軍對各大城市進行分割圍

蒙古騎兵攻戰圖

攻。花剌子模完全可以集中優勢兵力與蒙軍在本土進行野戰，但該國的領導階層都十分缺乏這種勇氣。在聽到蒙軍已向首都開來的消息後，國王竟先逃跑了，一時間軍心動搖。

成吉思汗探知都城堅固難攻，爲掃清周邊所進行的攻城準備就用了幾個月時間。真正的攻城戰只打了八天，總攻於第三日清晨發起，守軍衝出城外對陣，雙方各傷亡了一千多人。第四日，蒙軍圍堵各個城門進行猛攻，守軍仍拚死往外衝，並使用了大象。但蒙軍集中火力射擊大象，負傷後的大象在往回跑的過程中反倒踏死了不少後面的花剌子模步兵。戰至第六日，蒙軍大隊開進城內。

這一年夏，花剌子模的舊都玉龍傑赤已是一片混亂。而此時，衝出蒙軍重圍的鐵木兒滅里也來到玉龍傑赤，整頓軍備，加強防禦，混亂的都城恢復了秩序。不久，箚蘭丁及其兩個兄弟也來到玉龍傑赤，守

軍增至近十萬人。鐵木兒滅里率軍出擊錫爾河下游的蒙軍，收復了一些失地。誰知局勢剛有好轉，又出現原駐舊都突厥人、康里人將領的內訌，箚蘭丁及其兩個兄弟相繼離開玉龍傑赤。舊都人心再度大亂。尤赤、察合臺、窩闊臺等率大軍進抵都城。

勸降被守軍拒絕之後，蒙軍用十多天填塞城外溝塹，隨後發動總攻。玉龍傑赤橫跨阿姆河，中間有橋梁相連，城內飲水全靠這條河。蒙軍一改

蒙古軍攻城圖
志費尼所著《世界征服者史》中收錄多幅繪畫，反映蒙古人即位、朝覲、征戰等情形。圖爲其中的《蒙古軍攻城圖》，描繪了蒙古軍在中亞進攻城市的情形。

慣用的火攻，派三千勇士首先佔領城內居民生命所繫的大橋，因此遭到的抵抗異常激烈。一度佔領橋樑的三千蒙軍被團團包圍，經過殘酷的白刃格鬥，竟無一人生還。這一仗鼓舞了守城軍民的士氣，此城堅守了七個月之久，城外堆滿了蒙軍的屍體。成吉思汗大怒，撤換指揮不力的尤赤、察合臺，令窩闊臺任全軍統帥。此後，蒙軍振作精神全力攻城，第一天就攻入城內，並焚燒街道。七天七夜的街戰、巷戰之後，整個玉龍傑赤被蒙軍控制。

攻克一城兩都後，蒙軍又襲擊沿途各地，於第二年春、夏兩季掃蕩了呼羅珊（今伊朗東北和阿富汗西北部）地區，征服了許多城鎮。

追擊箚蘭丁的行動與掃蕩呼羅珊同步進行，為此，成吉思汗派出了一支三萬人的部隊。蒙軍分兵之時，逃亡到哥疾寧的箚蘭丁卻集中了十幾萬人的兵力。當蒙軍追擊到八魯彎一帶（今阿富汗喀茲尼附近）時，雙方進行了一場大戰。箚蘭丁分出左、中、右三路軍，自己指揮中軍。蒙軍驕橫輕敵，盲目發起進攻。箚蘭丁命令全軍下馬，一齊射箭，壓住蒙軍鋒芒，然後上馬反擊，命左、右兩翼包抄，

自己一馬當先率中軍陷陣殺敵。蒙軍潰敗，傷亡慘重。這是花刺子模抗蒙所取得的一次巨大勝利。可是為瓜分戰利品而引發的內訌使箚蘭丁的十幾萬勝利之師很快就四散流離。成吉思汗則集結兵馬火速趕來，優勢又轉向蒙軍。兩軍在申河（今巴基斯坦境內的印度河）岸邊展開血戰。箚蘭丁只剩七百名部下仍然往來拚殺，最後縱馬從高崖跳入申河，遊向對岸。成吉思汗驚歎道：「生兒當如斯！」成吉思汗征服花刺子模後乘勝遠征。哲別、速不台本率軍追擊花刺子模國王摩訶末。摩訶末死後，蒙軍以追逐逃敵為由，乘勝展開橫掃歐亞兩洲的遠征，把征戰的腳步邁向更為深廣的區域。

可以說，征服花刺子模，是成吉思汗實現霸業的第一步。成吉思汗西征的勝利也順應了《孫子兵法·虛實篇》所說的：「出其所不趨，趨其所不意。行千里而不勞者，行于無人之地也；攻而必勝者，攻其所不守也；守而必固者，守其所不攻也。故善攻者，敵不知其所守；善守者，敵不知其所攻。微乎微乎，至於無形；神乎神乎，至於無聲。故能為敵之司命。」

雅克薩之戰

在清朝康熙年間，中國黑龍江軍民抗擊沙俄的雅克薩之戰，也是極好地運用《孫子兵法》理念的成功戰例。

西元十六世紀中葉以前，俄羅斯是一個不大的封建農奴制國家，其東部邊界遠在伏爾加河流域以西。十六世紀初，俄羅斯統治者統一了全國，逐步向東擴張，先後吞併了喀山和阿斯特拉罕兩個汗國。以後又越過烏拉爾山，征服了西伯利亞汗國。到十七世紀，沙俄政府更加積極地向東侵略

康熙帝半身朝服像
清聖祖康熙帝，愛新覺羅氏，名玄燁（西元1654年—1722年），清朝第四位皇帝，也是清軍入關以來第二位皇帝，通稱康熙皇帝。在位六十一年（西元1661年至1722年），是中國歷史上在位時間最長的皇帝。

擴張。明崇禎五年（西元1632年），沙俄擴張至西伯利亞東部的勒拿河流域後，建立了雅庫茨克城，企圖以之為跳板，侵略中國。

明崇禎十二年（西元1639年），沙俄侵略者從鄂溫克人口中得知關於黑龍江的情況。從此，他們做夢都想佔領黑龍江這個富饒的地方。崇禎十四年，雅庫茨克督軍彼得·戈洛文派遣一支七十人的遠征隊尋找黑龍江，但中途受阻，沒有到達中國邊境。戈洛文在崇禎十六年（清崇德八年，西元1643年），派其文書官波雅科夫率領一支一百三十二人的隊伍，沿勒拿河南下，越過外興安嶺，侵入中國領土。翌年，經精奇里江（今結雅河）闖入黑龍江，溜出黑龍江口，第二年遭到當地人的抵抗，逃回雅庫茨克。

順治六年（西元1649年），雅庫茨克長官派哈巴羅夫率領七十多名哥薩克人，經勒拿河、奧廖克馬河和通吉爾河越過外興安嶺侵入黑龍江，強行佔領中國達斡爾族人的轄區，但當地人民堅決予以抵抗，絕不屈服。哈

清・御用雙筒火槍

巴羅夫感覺力量不夠，遂留下斯捷潘諾夫等人駐守，自己回雅庫茨克求援。

順治七年（西元1650年），哈巴羅夫率領一百三十人，攜帶著三門火砲和一些槍枝彈藥再次入侵黑龍江，強佔雅克薩城（今俄羅斯奧羅迪諾南五十公里處，黑龍江左岸阿爾巴金諾）。哈巴羅夫盤踞雅克薩期間，不斷四處襲擊達斡爾族居民，捕捉人質，擄掠婦女。順治八年（西元1651年）九月底，侵略軍二百餘人由哈巴羅夫率領侵入位於黑龍江下游的中國赫哲族聚居的烏紮拉村，建立了一個「阿槍斯營」，企圖在此過冬。憤怒的赫哲人和女真人襲擊敵營失利後向清政府尋求保護和支援。

順治九年二月，清政府令寧古塔章京海色率所部圍剿烏扎拉村，打響了清軍對沙俄侵略者的首次戰爭。清軍同當地達斡爾、赫哲等族人民一起，打退了侵略軍的進攻。沙俄侵略者死十餘人，傷七十八人。但因海色麻痹輕敵，使俄軍得以反撲，清軍被迫撤離。此後，哈巴羅夫取消了下竄黑龍江的計劃，乘船向黑龍江上游撤退。不久，哈巴羅夫被解職回國，由斯捷潘諾夫接替其職位。

清軍入關後，在長達四十年的時間裡，用兵重點一直放在南方，東北邊防並沒有派重兵把守，甚至東北的兵力被源源不斷地調往南方前線。黑龍江地區遭沙俄侵略者數年蹂躪後，居民四散，田園荒蕪，引起了清廷對東北邊境俄患的關注。此後，清朝開始徵集軍隊，加強戰備，準備將敵人趕出國門之外。

順治十一年（西元1654年），清廷令輕車都尉明安達禮統兵征羅剎，重創在松花江搶糧的俄軍，斯捷潘諾夫率殘部倉皇出逃，奔往呼瑪爾（今呼瑪南）過冬。順治十二年，清軍由明安達禮率領抵達呼瑪爾堡，圍攻侵

略者二十餘天，但因糧草不濟，被迫撤退。順治十五年（西元 1658 年）六月，清寧古塔都統沙爾虎達率戰艦四十艘同侵略軍激戰於松花江下游，殲敵二百七十人，擊斃斯捷潘諾夫。順治十六年，清軍收復雅克薩，拆毀呼瑪爾堡。同年，寧古塔將軍巴海率水軍破敵於古法壇村（今俄羅斯哈巴羅夫斯克東北）。

至此，中國軍民的堅決抵抗肅清了流竄於中國黑龍江流域的俄國侵略軍。不久，沙俄侵略者又來到雅克薩築城盤踞，並在黑龍江流域四處搶掠。清政府雖屢次遣人宣諭，反覆告誡，都無濟於事。在對俄交涉無效和平定「三藩」、統一臺灣戰爭已告結束的情況下，康熙帝決定剿滅東北地區的沙俄入侵者，捍衛中國領土主權的完整。

康熙二十一年（西元 1682 年）夏，清帝親巡至關外，檢閱軍隊，了解東北的邊防情況，並做了相應的軍事準備。十二月，調烏喇、寧古塔兵一千五百名駐紮於愛琿（今璦琿）、呼瑪爾兩處，永遠戍守。後又改令呼瑪爾兵駐額蘇里。同時，在這些地區召民屯種，開墾荒地，準備軍用糧草。康熙二十二年七月，寧古塔副都統薩布素等率領部隊進駐額蘇里。十月，康熙任命薩布素為黑龍江將軍，負責黑龍江上游、中游的防務，愛琿城（即黑龍江城）遂成為邊陲重鎮。

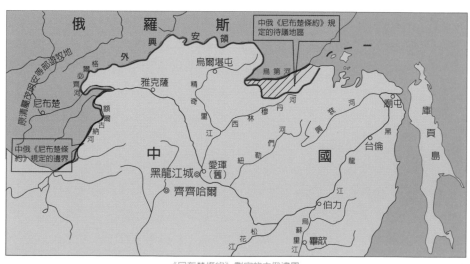

《尼布楚條約》劃定的中俄邊界

為了向黑龍江運送軍糧，清廷就地在東北製造了兩百多艘運輸船，在沙河、松花江各大渡口設糧草轉運站，籌集的糧食足夠三年之用。康熙二十一年（西元1682年）十二月，清廷命戶部尚書伊桑阿赴寧古塔督修戰艦五十六艘及製作藤牌等戰具。同時，在從愛琿至烏喇的一千三百里陸地上，設立十九個驛站，這條驛路成為東北三將軍駐地通向京師的幹線。清廷的這些措施基本適合當時東北邊防鬥爭的需要和特點，保障了雅克薩反擊戰的勝利以及後來建立的邊界防守線的完整。

康熙二十四年（西元1685年）正月，康熙帝命都統公彭春等統兵，帶三千人前往收復雅克薩。四月，清軍攜戰艦、火砲、刀矛、盾牌等兵器從愛琿出發，分水陸兩路向雅克薩進發。五月二十二日，抵達雅克薩城下。彭春立即向侵略者頭目托爾布津遞送了通牒，敦促俄軍從雅克薩撤退，但俄軍仗著巢穴堅固，不肯撤離。二十三日，清軍分水陸兩路列營攻城，陸師布於城南，戰船列於城東南，紅衣砲（荷蘭砲）置於城北。二十五日黎明，清軍萬砲齊發，飛矢如雨，摧毀了城內塔樓、教堂、倉庫、

清・神威無敵大將軍砲
此砲在雅克薩之戰中發揮了重要作用。

鐘樓，致使侵略者傷亡慘重，難以支援。二十六日中午，當清軍在城下堆積柴薪，準備放火燒城時，托爾布津打出了白旗，經彭春同意後，俄軍撤至尼布楚（今俄羅斯涅爾琴斯克）。

清軍速戰速決，蕩平雅克薩城，隨後撤回到愛琿。但清軍沒有鞏固勝利成果，軍隊被調回，使俄軍得以捲土重來。康熙二十四年（西元1685年）秋，莫斯科派兵六百人增援尼布楚。尼布楚督軍弗拉索夫得知清軍已經撤走後，先後派拜頓、托爾布津東下。七月，沙俄侵略者重佔雅克薩，托爾布津仍任督軍，開始重新修築城牆，當時守城俄軍已擁有十一門大砲，人數也增加到八百二十六人。

面對俄方的背信棄義，清政府只得再次用兵。康熙二十五年二月，清帝頒諭：「其令將軍薩布素等……統領烏喇、寧古塔官兵，馳赴黑龍江城。至日，酌留盛京兵鎮守，率二千人，攻取雅克薩城，並量選候補官員，及現在八旗漢軍內福建藤牌兵四百人，令建義侯林興珠率往。」

清軍兩千餘人五月從愛琿出發，七月就抵達雅克薩城下，圍攻俄軍，命俄軍投降，但托爾布津置若罔聞。八月，清軍開始攻城，托爾布津中彈身亡，拜頓代其指揮，繼續頑抗。二十五日，清軍考慮到俄軍死守雅克薩，必待援兵，而且隆冬冰合後，艦船行動、馬匹糧草供應不便，於是在雅克薩城的南、北、東三面掘壕圍困，在城西河上派戰艦巡邏，切斷守敵外援。

這次圍攻堅持了一年多，俄軍大部分戰死或病死，再也無法堅守雅克薩城。九月，沙俄遣使飛馳北京，投遞國書，告知清廷，俄國政府已派大使前來舉行邊界談判，並「乞撤雅克薩之圍」，請求清政府停戰。此時，準噶爾部噶爾丹正伺機在喀爾喀地區擴張，康熙帝為免分心，答應了沙俄的請求，命清軍撤圍，允許俄軍殘部撤往尼布楚。康熙二十七年（西元1688年）八月，清軍撤至愛琿和墨爾根。

歷時兩年的雅克薩之戰，以清軍的勝利而告終，這是中國軍民被迫進行的一次反侵略戰爭。在第一次雅克薩之戰中，清軍極好地運用速戰速決、克敵制勝的《孫子兵法》戰略，僅用兩天時間就將敵軍打敗。在第二次雅克薩之戰中，清軍抓緊俄軍糧草供應不便的大好時機，採用掘壕圍困之戰術，致使俄軍軍力大減，喪失戰

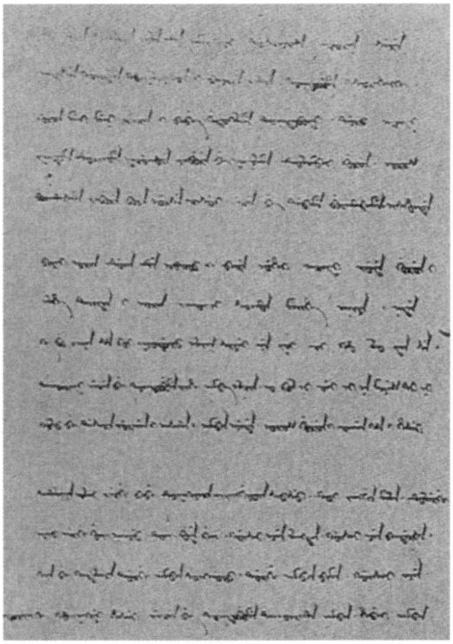

《尼布楚條約》滿文本內頁

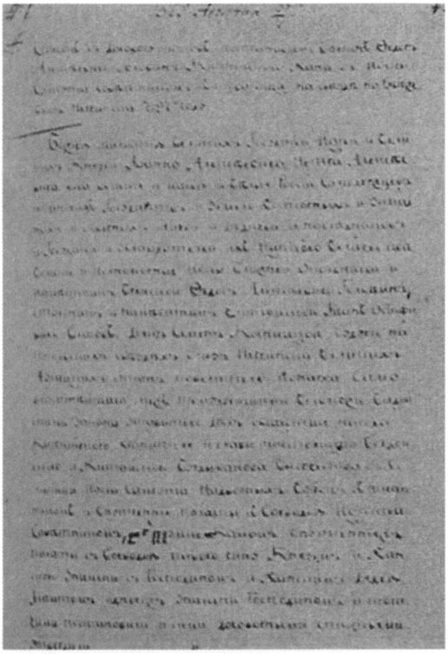

《尼布楚條約》俄文本內頁

鬥能力，不得不束手就擒，而清軍的軍力得以保持。這是運用《孫子兵法》作戰的成功戰例。

此後，中俄進行了邊界談判，康熙二十八年（西元1689年）七月，雙方正式締結《中俄尼布楚條約》，條約規定中俄兩國東段邊界為：自額爾古納河，經格爾必齊河，沿外興安嶺至海。黑龍江以北、外興安嶺以南和烏蘇里江以東地區均為清朝領土。

在這裡，值得強調的是清軍在雅克薩之戰中出其不意攻擊沙俄侵略者的分兵戰術。《孫子兵法》說，「出其所不趨，趨其所不意」、「攻而必取者，攻其所不守也；守而必固者，守其所不攻也」，「善攻者，敵不知其所守；善守者，敵不知其所攻」。雅克薩之戰中，清軍運用了《孫子兵法》策略，進攻敵人所不曾防禦的薄弱環節，讓敵人顯露真實情況而自己不動聲色，並分散調動兵力，從而加強了清軍的猛烈攻勢。雅克薩之戰為《孫子兵法》的「虛實篇」提供了有力的佐證。

軍爭篇

原文

孫子曰：凡用兵之法，將受命於君，合軍聚眾，交和而舍❶，莫難於軍爭。軍爭之難者，以迂為直，以患為利。故迂其途而誘之以利，後人發，先人至，此知迂直之計者也。

故軍爭為利，軍爭為危❷。舉軍而爭利則不及，委軍而爭利則輜重捐❸。是故卷甲而趨，日夜不處，倍道兼行，百里而爭利，則擒三將軍，勁

注釋

❶ 交和而舍：兩軍營壘對峙而處。交，接觸。和，和門，即軍門。兩軍軍門相交，即兩軍對峙。舍，駐紮。

❷ 軍爭為利，軍爭為危：為，這裡作「是」、「有」解。此句意為軍爭既有有利的一面，也有不利的一面。

❸ 委軍而爭利則輜重捐：委，丟棄、捨棄。輜重，包括軍用器械、營具、糧秣、服裝等。捐，棄、損失。此句意謂如果扔下一部分軍隊去爭利，則裝備輜重將會受到損失。

❹ 五十里而爭利，則蹶上將軍：奔赴五十里而爭利，則前軍將領會受挫折。蹶，失敗、損折。上將軍，指前軍、先頭部隊的將帥。

❺ 無委積則亡：委積，指物資儲備。軍隊沒有物資儲備作補充，亦不能生存。

❻ 掠鄉分眾：鄉，古代地方行政組織。此句意為掠取敵鄉糧食、資財要兵分數路。

❼ 懸權而動：權，秤錘，用以稱物輕重。這裡借作權衡利害、虛實之意。即權衡利弊得失而後採取行動。

❽ 夜戰多火鼓，晝戰多旌旗，所以變人之耳目也：變，適應。此句意為根據白天和黑夜的不同情況來變換指揮信號，以適應士卒的視聽需要。

❾ 無邀正正之旗：邀，迎擊、截擊。正正，嚴整的樣子。意為勿迎擊旗幟整齊、部署周密的敵人。

❿ 勿擊堂堂之陳：陳，同「陣」。堂堂，壯大。即不要去攻擊陣容強大、實力雄厚的敵人。

⓫ 銳卒勿攻：銳卒，士氣旺盛的敵軍。意謂敵人的精銳部隊，我軍不要去攻擊。

⓬ 圍師必闕：闕，同「缺」。在包圍敵軍作戰時，當留有缺口，避免使敵作困獸之鬥。

BOX

者先，疲者後，其法十一而至；五十里而爭利，則蹶上將軍❹，其法半至；三十里而爭利，則三分之二至。是故軍無輜重則亡，無糧食則亡，無委積則亡❺。

故不知諸侯之謀者，不能豫交；不知山林、險阻、沮澤之形者，不能行軍；不用鄉導者，不能得地利。故兵以詐立，以利動，以分合為變者也。故其疾如風，其徐如林，侵掠如火，不動如山，難知如陰，動如雷震。掠鄉分眾❻，廓地分利，懸權而動❼。先知迂直之計者勝，此軍爭之法也。

《軍政》曰：「言不相聞，故為金鼓；視不相見，故為旌旗。」夫金鼓、旌旗者，所以一人之耳目也。人既專一，則勇者不得獨進，怯者不得獨退，此用眾之法也。故夜戰多火鼓，晝戰多旌旗，所以變人之耳目也❽。

故三軍可奪氣，將軍可奪心。是故朝氣銳，晝氣惰，暮氣歸。故善用兵者，避其銳氣，擊其惰歸，此治氣者也。以治待亂，以靜待嘩，此治心者也。以近待遠，以佚待勞，以飽待饑，此治力者也。無邀正正之旗❾，勿擊堂堂之陳❿，此治變者也。

故用兵之法：高陵勿向，背丘勿逆，佯北勿從，銳卒勿攻⓫，餌兵勿食，歸師勿遏，圍師必闕⓬，窮寇勿迫，此用兵之法也。

譯文

孫子說，大凡用兵的法則，將帥接受國君的命令，從徵集民眾、組織軍隊直到同敵人對陣，在這中間沒有比爭奪制勝條件更為困難的了。而爭奪制勝條件最困難的地方，在於要把迂迴的彎路變為直路，要把不利轉化為有利。同時，要使敵人的近直之利變為迂遠之患，並用小利引誘敵人，這樣就能比敵人後出動而先抵達必爭的戰略要地。這就是掌握了以迂為直的方法。

軍爭既有順利的一面，同時也有危險的一面。如果全軍攜帶所有的輜重去爭利，就無法按時抵達預定地域；如果丟下部分軍隊去爭利，輜重裝備就會損失。因此卷甲疾進，日夜兼程，走上百里路去爭利，那麼三軍的將領就可能被敵所俘，健壯的士卒先到，疲弱的士卒掉隊，其結果是只會有十分之一的兵力到位。走五十里去爭利，就會損折前軍的主將，只有一半的兵力能夠到位。走上三十里路去爭利，也只有三分之二的兵力能趕到。須知軍隊沒有輜重就會失敗，沒

有糧食就不能生存，沒有物資儲備就難以爲繼。

所以，不了解諸侯列國的戰略意圖，不能與其結交；不熟悉山林、險阻、沼澤的地形，不能行軍；不利用嚮導，便不能得到地利。所以用兵打仗必須依靠詭詐多變來爭取成功，依據是否有利來決定自己的行動，按照分散或集中兵力的方式來變換戰術。所以，軍隊行動迅速時就像疾風驟起，行動舒緩時就像林木森然不亂，攻擊敵人時像烈火，實施防禦時像山嶽，隱蔽時如同濃雲遮蔽日月，衝鋒時如迅雷不及掩耳。分遣兵眾，擄掠敵方的鄉邑，分兵扼守要地，擴展自己的領土，權衡利害關係，然後見機行動。懂得以迂爲直方法的將帥就能取得勝利，這是爭奪制勝條件的原則。

《軍政》裡說道：「語言指揮不能聽到，所以設置金鼓；動作指揮不能看見，所以設置旌旗。」這些金鼓、旌旗是用來統一軍隊上下視聽的。全軍上下既然一致，那麼，勇敢的士兵就不能單獨冒進，怯懦的士兵也不敢單獨後退了。這就是指揮大部隊作戰的方法。所以夜間作戰多用火光、鑼鼓，白晝作戰多用旌旗，這都是出於適應士卒耳目視聽的需要。

對於敵人的軍隊，可以使其士氣低落；對於敵軍的將帥，可以使其決心動搖。軍隊剛投入戰鬥時士氣飽滿，過了一段時間，士氣就逐漸懈怠，到了最後，士氣就完全衰竭了。所以善於用兵的人，總是先避開敵人初來時的銳氣，進而等到敵人士氣懈怠衰竭時再去打擊他，這是掌握運用軍隊士氣的方法。用自己的嚴整來對付敵人的混亂，用自己的鎮靜來對付敵人的躁動，這是掌握將帥心理的手段。用自己部隊接近的戰場來對付遠道而來的敵人，用自己部隊的安逸休整來對付疲於奔命的敵人，用自己部隊的糧餉充足來對付饑餓不堪的敵人，這是把握軍隊戰鬥力的秘訣。不要去攔擊旗幟整齊的敵人，不要去進攻陣容強大的敵人，這是掌握靈活機變的原則。

用兵的法則是：敵人佔領山地就不要去仰攻，敵人背靠高地就不要正面迎擊，敵人假裝敗退就不要跟蹤追擊，敵人的精銳不要去攻擊，敵人的誘兵不要企圖消滅，對退回本國途中的敵軍不要正面遭遇，包圍敵人時要留出缺口，對陷入絕境的敵人不要過分逼迫。這些都是用兵的法則。

劉秀攻蜀之戰

東漢初年，陝西隗囂勢力被劉秀摧毀後，劉秀於建武十一年（西元35年）春揮兵攻蜀。公孫述面對漢軍攻勢，採取東依三峽，北靠巴山，據險防守之策，派將軍王元等屯軍河池（今甘肅徽縣西北）、下辨（今甘肅成縣西北），防禦漢軍南攻，命翼江王田戎等守荊門、虎牙（今湖北宜昌東南隔江相望之二山），阻止漢軍西

漢光武帝劉秀像

漢光武帝劉秀（西元前6年－57年），字文叔，中國東漢王朝的建立者。時值王莽當朝，天下大亂，赤眉軍與綠林軍起兵反王莽。劉秀此時亦與其兄劉縯在春陵（今湖北棗陽縣）起兵，與綠林兵共同擁護更始帝劉玄。西元23年，劉秀率綠林軍三萬以少勝多於昆陽滅四十二萬王莽軍，殺其主帥王尋，取得昆陽大捷。後來王莽和更始帝先後被殺，劉秀在鄗城即皇帝位，改元建武，國號仍為漢，史稱東漢。次年遷都洛陽，改洛陽為「雒陽」。建武十二年（西元37年）統一中國。

進，並架浮橋，修望樓。劉秀據此採取南北合擊、水陸並進、鉗攻成都的作戰方略，派大將岑彭、大司馬吳漢、將軍臧宮等率六萬餘水陸軍，五千騎兵，乘戰船數千艘，溯江西進；命大將來歙等出天水（今甘肅通渭西北），看準機會，向南進發。

在閏三月中，岑彭為分割荊門、虎牙蜀軍，焚燒浮橋、望樓，即從水路突破，攻佔夷陵（今湖北宜昌境），繼克沿江諸險，迫田戎退保江州（今四川重慶）。六月，岑彭留將軍馮駿監視田戎，親自率領主力北上攻破平曲（今四川合川西北）。

此時，北面來歙率軍大敗王元軍，攻佔下辨，乘勝南進。公孫述派刺客殺來歙，阻止漢軍南下，並對作戰部署急速調整，派大司馬延岑及王元等率軍據守於廣漢（今四川射洪南）、資中（今四川資陽）等地；為阻擊漢軍，派將軍侯丹率二萬人屯黃石（今四川江津境）。岑彭亦調整部署，留臧宮率降卒五萬，岑彭自率主力取道江州，溯江西上。八月，攻佔

黃石，擊敗侯丹軍。接著，倍道兼行，攻克武陽（今四川彭山東），並出精騎直搗蜀之腹地廣都（今成都南）。

此時，臧宮溯涪江，襲擊蜀軍，殲萬餘人，王元部被迫投降，延岑敗逃於成都。十月，在武陽，公孫述派人刺殺岑彭，漢軍退出武陽。劉秀急命吳漢率軍三萬自夷陵沿江直上，接替岑彭。建武十二年正月，吳漢進抵南安（今四川樂山），在魚涪津（今四川樂山北）大敗蜀軍，繼而繞過武陽，攻取廣都。七月，江州被馮駿攻佔。九月，臧宮連克涪縣、繁、郫等城，隨即直逼成都並與吳漢會師。

西漢·彩繪兵馬俑
此俑群出土於陝西省咸陽市楊家灣長陵陪葬墓，其中有步兵俑、騎兵俑和戰車模型。它模擬當時軍陣的真實情況，反映出當時軍隊正由車騎並用向以騎兵為主力轉化。

東漢·鐵魚鱗甲

公孫述在漢軍兵臨城下時招募敢死士，襲擊漢軍，初獲小勝，便以為漢軍力盡。十一月十八日，公孫述貿然反擊，自率數萬人攻吳漢，派延岑擊臧宮。吳漢以一部迎戰蜀軍，待其疲困後，遣精兵數萬突然進擊，蜀軍大亂，公孫述戰死。次晨，延岑舉城降。至此，統一戰爭的最後勝利被劉秀取得。

劉秀攻蜀在戰術上採取了《孫子兵法》「迂其途而誘之以利」的方法，善於「以利動」、「以分合之變」、「先知迂直之計」，把握軍爭之法。從另一個角度來說，劉秀攻蜀南北合擊，水陸並進，利用江漢地形之「地利」條件，採取遠距離迂迴戰術克敵制勝。由此可見，劉秀攻蜀之戰也是運用《孫子兵法》以智取勝的成功範例。

例解
于謙北京保衛戰

西元1368年，朱元璋建立明朝，一度統治中國的蒙古族被迫退出中原，回歸老家。此後蒙古內部分裂。明成祖先後打擊蒙古內部崛起的韃靼與瓦剌，五次都是御駕親征，並以封王、通貢、開設馬市來收買和控制蒙古各部。

西元1436年，明英宗即位，這是明朝第六任皇帝。這時蒙古瓦剌部

于謙像
于謙（西元1398年—1457年），明朝大臣。字廷益，號節庵，錢塘人（今浙江杭州）。明英宗時任兵部尚書。「土木堡之變」後，率軍民抵擋住瓦剌軍的侵犯，保住了北京城。後以「謀逆」罪名被害。直至成化二年才獲得平反，還將其故宅改為「節忠祠」。萬曆十八年改謚「忠肅」，並在祠中立于謙塑像。

壯大起來，幾乎統一了全蒙古。繼任的瓦剌部首領也先於西元1449年率領蒙古諸部，分道大規模攻明，藉口是明朝限制其貢使人數、回賞不足、拒絕聯姻等。明英宗效法先皇明成祖御駕親征，駐守京師的是皇弟朱祁鈺。但明軍出戰失利，明英宗帶兵返回，在土木堡（今河北省懷來縣東）被也先輕騎追到。明軍潰敗，英宗被俘。「土木之變」震動了朝廷上下。

京師聞訊，不禁譁然，一時群龍無首，大臣聚哭於朝廷，而後商議對策。可是商議十分艱難，因為當時京師軍隊不滿十萬。有人主張遷都南方，以避災難。

這時，兵部侍郎于謙挺身而出，大聲說道：「京都是國家的根本，遷都南逃意味著大勢已去，還記得宋朝南遷的下場嗎？說南遷者該殺頭！請把保衛君王的軍隊召集起來，堅決保住京城！」學士陳循等人也同意于謙的主張。最後決定留守北京，請明英宗皇弟朱祁鈺出來主持朝政，明英宗的母親孫太后出來作主，當時朝堂上

軍爭篇

主持正義,維護秩序,全部靠于謙一個人,于謙成爲朝廷的社稷之臣,全靠他調兵徵餉,修理武器,積極備戰。

爲了杜絕瓦剌的要挾,于謙聯合朝廷重臣,遙尊明英宗爲太上皇,請朱祁鈺即帝位,這就是明代宗。明代宗就以于謙爲兵部尙書,主持戰守之策。八月十九日,于謙在危急中接受命令,立即上調南北兩京及河南備操軍、山東及東南沿海備倭軍、江北及北京諸府運糧軍,以及寧陽侯陳懋所率的沙丘兵迅速趕往京師。

同一天,他又下令將通州糧移入京師。通州糧食儲備多達百萬石,有人怕被瓦剌軍奪去,主張焚毀。在京的應天巡撫周忱建議軍人半年糧餉、京官九月至明年五月俸糧均由通州支取,官府給運費,令其自己運回。同

時,還徵調順天府大車五百輛運糧至京,「運糧二十石納京倉者,官給腳價銀一兩」。糧食運到北京,各地官軍也陸續趕來,大大穩定了民心。

于謙在京師防務穩定後,又著手加強京師周邊防護。他推薦右都御史陳鎰負責安撫京城軍民。

土木之變後,宣府周圍堡壘守將紛紛棄城而逃,宣府成爲一座孤城,人心惶惶,官民爭相棄城出逃,這時巡撫羅亨信拿劍坐在城下,下令出城者斬。也先三次進攻宣府,要求打開城門,並以英宗相要挾,守將楊洪、羅亨信拒不開門,率軍民堅守。八月二十四日,于謙爲獎諭其保衛京師之功,獎勵巡撫羅亨信等,並請明代宗封楊洪爲昌平伯。

于謙還任用一批有才幹的官員,撤掉京城內外一批老弱怯懦的文武官

明‧景泰銅火銃

明‧火箭模型
這是世界上最早的噴射火器,在箭支前端縛火藥筒,利用火藥向後噴發產生的反作用力把箭發射出去。

員。提拔的官員如廣東東莞縣河伯所聞官羅通升任兵部郎中守居庸關，四川按察使曹泰守紫荊關，大同副總兵郭登升任總兵，鎮守大同，都督石亨總領營兵。京師調入大批南京儲備的軍器。

于謙遣御史白圭、編修楊鼎等十五人，募兵畿內、山東、山西、河南等地，並招募官舍兵丁、義勇、民丁等，以及更替下的沿海漕運官軍，把他們全部召到北京備用，以解決京師兵力不足的問題，工部則集中力量日夜趕製武器。

土木兵敗之後又過了一個月，瓦剌也先挾持明英宗進襲山西大同，以英宗之命威脅大同總兵郭登開城，郭登堅決拒絕，說：「仰仗天地宗社的精魂，國家已有君卡。」也先輾轉破關，長驅進攻京師。這時，有二十多萬人從附近趕來參加北京保衛戰。于謙督率諸將，拚死抗戰，雙方苦戰了五天。也先見死傷慘重，攻城不下，而明朝外地的援兵又到，於是便悻悻而退。

瓦剌部沒有直接進攻京師，而是幾次在宣府、大同等邊鎮勒索財物，使明廷有一個月的時間備戰，這是瓦剌軍作戰中最為失策的地方。十月一日，也先及脫脫不花率領瓦剌軍大舉進攻京師，明廷在于謙的主持下，各方面的準備工作均已基本就緒。十月一日，也先挾英宗至大同，稱護送明天子還，大同守將郭登嚴陣以待，言國已有君，不開城門。也先見大同備戰工作十分嚴密，就放棄大同，繞過大同南進。郭登將敵情飛報入京，京師聞訊，立即戒嚴。瓦剌軍十一日行進到北京城下，在西直門外展開陣勢。

明廷方面：十月八日，于謙授命提督各營軍馬，並赦原大同主將劉安及因交趾事件下獄的成山侯王通出獄，共守京師。眾臣集體討論守住京師的計策，王通主張挑築城外溝濠，太監興安「看不起這種做法」，認為這是最怯懦的辦法。石亨主張不要出兵，盡閉九門，堅壁清野，以拖垮敵軍，應該說這是老成之策。因明軍剛剛遭遇失敗，士氣不高，瓦剌軍騎兵驍勇，僅用十天就直趨北京城下，長驅九百里，攻勢十分兇猛，北京易守難攻，全賴堅城深濠。但于謙認為「侵略者已經十分囂張了，如果我們明廷再示弱，就會讓侵略者更加囂張」（《明通鑑》卷二十四），主張列軍城外迎擊敵人，即背城死戰，決一

勝負。這是極為大膽的冒險之舉。這種戰法的弱點在於放棄有利於防守的京城城垣。但是置之死地而後生，可以激勵士氣，對敵可示誓死抗戰之決心。

于謙以其雄才大略，在朝廷危急之中，毅然採取這一孤注一擲之戰法，將京師二十二萬兵佈列於京師九門之外，總兵官石亨、副總兵范廣列陣於德勝門；都督陶瑾列陣於安定門；廣寧伯劉安列陣於東直門；武進伯朱瑛列陣於朝陽門；都督劉聚列陣於西直門；副總兵顧興祖列陣於阜成門；都指揮李瑞列陣於正陽門；都督

列德新列陣於崇文門；都指揮楊節列陣於宣武門，各路將領都受石亨統制。于謙親自到德勝門石亨陣中指揮抵禦瓦剌主攻部隊。城門在部署完備後全部關閉，不再輕易開啓。于謙下令：「臨陣時，將領不顧士兵先退，斬將；兵不顧將先退，斬兵；前隊戰退，後隊有權殺掉退卻者以盡職，不斬者同罪。」

也先兵臨城下，發現明軍嚴陣以待，就先拿出和議試探虛實，要求明朝派大臣「迎駕」。眾人不敢出，明廷派通政使參議王復爲禮部侍郎、中書舍人趙榮爲鴻臚寺卿，出城朝見英

宗。也先不滿，對王復等說「你們都是小官，我們要于謙、王直、石亨等來」，並索要大批財物，朝中一些人及朱祁鈺都有些動搖，想議和。于謙不同意，堅持抗爭到底。十三日，萬餘瓦剌軍騎兵進攻德勝門。瓦剌軍在此之前曾派散騎到此窺探明軍陣勢。于謙判斷他們會在這裡進攻，命石亨預伏精兵於德勝門外道路兩旁的空房中。瓦剌大軍來攻，伏兵四起，瓦剌大敗。也先之弟一向被稱為「鐵元

明·三眼鐵火銃
明中前期的火器在繼承早期火器的基礎上有所發展，主要表現在制式的變化及種類的增加上。

帥」，德勝門之戰中被明軍火砲擊斃。石亨率軍，與其子石彪持石斧衝入敵營，所向披靡，敵軍退卻。

也先轉攻西直門，孫鏜率部拚殺，因寡不敵眾，退兵於城下，諸將沒有救援，孫鏜急叩門要求入城，敵軍見監軍退卻，就更加囂張。程信見狀，於是閉城逼迫孫鏜再戰，瓦剌逼

故宮全景

近城池，孫鏜軍無退路，只得死戰，程信、王通於城上以火砲助攻，毛福壽、高禮亦率軍來援，高禮戰死，形勢十分危急，最後石亨率軍來到，才擊敗敵軍。

此次戰鬥之後，于謙見西直門和彰儀門之間力量薄弱，於是增派兵力，命都督毛福壽於這一線埋伏火砲，並要求諸將臨戰要互相救援，瓦剌軍果然在彰儀門組織起新的進攻。于謙命副總兵武興、都督王敬、都指揮王勇率軍迎戰於彰儀門，以火器列於前，弓矢短兵緊隨而至，挫敗了瓦剌軍的前鋒。明軍幾百騎兵想立功，從後隊躍馬而出打亂了自己的隊形，瓦剌軍乘機反擊，明軍敗退，武興被亂箭射死，瓦剌軍追至土城，這裡的居民也前來助戰，他們登上屋頂，磚石瓦塊鋪天蓋地而來。王敬、毛福壽的援兵趕至，瓦剌軍無心再戰，倉皇退去。

瓦剌在土木堡取勝後，心驕氣盛，以為京師旦夕可下，沒想到五天以來由於受到明軍的頑強抵抗，士氣低落，也先佈置的由居庸關包抄京師的五萬大軍，被阻擋在關口。守將羅通率軍民汲水澆城牆，天寒地凍，城堅硬光滑，敵軍無法靠近，經七天的

戰鬥，擊退敵軍。羅通還三次派軍出城追殺，收穫頗豐。十月十五日，宣府、遼東軍亦趕至京師。也先聽說明援軍四集，無計可施，乃於十五日夜拔營向北撤退。于謙偵知英宗已被也先挾持先退，乃令火砲齊發，轟擊敵營，死者萬餘。瓦剌軍自良鄉向西退去，沿途大掠，在昌平還焚毀了明朝皇帝的長、獻、景諸陵寢殿和供器，十七日，由紫荊關退出關外。楊洪所率的二萬宣府援軍會同孫鏜、范廣軍追擊敵殘兵，各地百姓也不堪瓦剌軍搶掠，組織起來自衛。十一月八日，蒙古軍挾持明英宗退兵北回，北京解危。

不久，瓦剌再度入侵寧夏、慶

明英宗像
明英宗朱祁鎮（西元 1427 年－1464 年），是明朝的第六位皇帝。西元 1449 年「土木堡之變」後被瓦剌俘虜，其弟繼位為明景帝，英宗不久後遭瓦剌送還，於 1457 年復辟，先後用過正統、天順兩個年號。死後諡英宗睿皇帝。

陽、大同等地，均被明軍擊退。也先本意欲挾持英宗以威脅明朝，不料明朝新帝已立，挾持明英宗已毫無意義，用兵又屢次失利，於是轉變態度，積極與明朝議和，表示願意將明英宗無條件送還。西元1450年，也先禮送明英宗歸國，雙方恢復通貢、互市關係。

由「土木之變」造成的明朝喪君亡國的危難，終於化險為夷，轉危為安。于謙對此有乾坤再造之功，他以國家社稷為重的堅定立場，反對遷都、誓守京師的強硬態度，以及另立新帝、拚死抗戰的積極行動，使明朝不致重蹈北宋「靖康之難」的覆轍，繼續生存了二百年。

于謙深諳《孫子兵法》，他明白《孫子兵法》中「以迂為直，以患為利」的原則，在保證京城軍糧無患的情況下，堅壁清野，調集兵力，嚴陣以待，以逸待勞。于謙也發現了瓦刺軍的缺陷所在，首先，敵方不懂地利，且忙於搶掠，坐失進攻良機，而于謙卻「不動如山」，「懸權而動」，「並先知迂直

明‧太和殿中的貼金罩漆蟠龍寶座

之計」。在鼓勵士氣方面，于謙也經過一番深思熟慮，三軍可奪氣，將軍可奪心，當瓦刺軍攻北京不下，士氣懈怠時，于謙命軍出戰，火砲轟擊敵人，斃敵萬餘。從嚴陣以待堅守京師到積蓄力量突然主動出擊，于謙在「活力」、「治心」方面都獨具匠心，從而取得了北京保衛戰的勝利。

▼明‧神火飛鴉
長56公分，以紮製風箏的形式，結合火箭推動的原理發明的燃燒彈，用竹篾紮成烏鴉形狀，內裝火箭，由四隻火箭推動，可飛行三百多公尺，多用於火戰。

▼
軍
爭
篇

143

例解
松錦之戰

　　松錦之戰是發生於崇德五年（西元1640年）至七年，在關外的松山、錦州等地進行的明、清兩個政權的第二次決戰。

　　寧遠（今遼寧省興城）、錦州等

皇太極像
清太宗（西元1592年－1643年），滿洲愛新覺羅氏，名皇太極，軍事家、政治家。太祖努爾哈赤第八子。皇太極在世時期，保護漢族人、減輕農民負擔，並遷都瀋陽，即滿洲盛京。西元1636年皇太極控制漠南蒙古後改國號爲「大清」，改元崇德，是大清帝國的實際建立者和開國皇帝。崇德六年即崇禎十四年（西元1641年）七月，帶病急援松錦之戰，在松山大敗明軍，生俘洪承疇，此役爲後來清朝滅明征服天下立下基礎。

地的戰略地位在努爾哈赤攻陷遼西大地之後，便顯得格外重要。後金天命八年（西元1623年，明天啓三年），富有遠見卓識的備道袁崇煥在大學士孫承宗的協同和支援下，在寧遠構築堅城，寧遠於是成爲關北重鎮。從那以後，袁崇煥又把寧遠作爲中心，先後收復了錦州、松山、可山（松山偏西南十八里）、大凌河（今遼寧錦縣東）等城池。

　　天命十年（明天啓五年，西元1623年）十月，遼東經略高第下令關外軍民全部撤離並讓他們入關。袁崇煥拒絕接受，不肯從命，堅決守衛寧遠。天命十一年，努爾哈赤親自率領大軍進攻寧遠，被袁崇煥打敗。寧遠城在修建之初便顯示了它非同一般的作用。

　　不久，袁崇煥升遷遼東巡撫，他乘後金向東出征朝鮮的時機積極擴展防線，著手修復錦州、大凌河諸城。皇太極得知這一消息非常生氣。天聰元年（西元1627年）五月初，征朝大軍班師回來後沒有幾天，他便統率

大軍撲向寧遠。這時大凌河城還沒有修成，錦州城也是剛剛竣工，明錦寧防線僅具雛形。大凌河的明軍見城還沒有修完而敵兵壓境便主動棄城而逃。戰鬥主要在錦州、寧遠城下進行。皇太極先指揮軍隊進攻錦州，被城內明軍打得大敗。他又趕忙派人從瀋陽調來援兵，然後轉攻寧遠，又遭到寧遠明軍沉重的打擊。從寧遠撤退後，皇太極又指揮大軍第二次攻打錦州，但沒有一點進展。最後，皇太極被迫撤兵。

明朝以錦州、寧遠為中心的錦寧防線經受住了嚴峻考驗，從而證明了袁崇煥當初修築寧遠的正確性，也使明朝廷看到了寧、錦的戰略作用。

清天聰五年（明崇禎四年），明軍又一次修築大凌河城。消息傳到瀋陽，皇太極趕忙召集諸位將領，宣佈即刻出征。他無論如何也不能坐視明朝將錦寧防線再繼續向前推進一步。

皇太極兵臨大凌河城下，將該城團團圍住。三個月後，明大凌河守將祖大壽被迫出降，不久他設計逃回錦州。金軍拿下大凌河城後，摧毀城池之後就離去了。從此以後，明軍便再也無力向前推進防線了。

自從進攻錦、寧失敗以後，皇太極改變了對明作戰的方針策略，他決定繞開錦、寧，在山海關以西進攻明

皇太極的盔甲

皇太極曾用過的腰刀

朝，入關搶掠財物，因而發動了五次入關戰役。在五次入關戰役中，清軍掠獲了大量人口和財富，但卻沒有能夠在內地保住一寸土地，主要是因爲錦、寧明軍擋住了往來通道，致使他們在內地無法立足。錦、寧成了皇太極入主中原的最大障礙。因此，皇太極決定尋找機會突破錦、寧防線。

早在崇德三年第三次入關戰役期間，皇太極便乘錦、寧明軍支援內地的大好時機，親自率領多鐸、濟爾哈朗等進攻山海關，多鐸部行至中後所（今遼寧妥中縣城，在寧遠西南），被祖大壽打得大敗。第二年，多爾袞率軍出關，皇太極決定與他的軍隊互相配合，率代善、孔有德等滿、漢軍隊進攻錦州的側翼——松山。清軍動用了紅衣大砲，並掘地攻城，然而都沒有奏效，圍城二十餘日，無功而返。這說明錦、寧防線很難輕易攻破，一場大戰已不可避免。

崇德五年正月，都察院參政張存仁、祖可法等人，聯名上奏皇太極，提出了打敗明朝的三種方案：第一種是「刺心之術」，直接奪取京師，然後攻佔河北；第二種爲「斷喉之著」，首先攻破山海關，進而直搗中原；第三種是「剪枝之術」，屯廣寧，「逼臨寧、錦門戶」，逼得明軍耕種自廢，難以圖存，然後清軍由錦州至寧遠，再由寧遠至山海關步步進逼。在這三種方案中，張存仁等漢官們更傾向於第一種，並稱之爲上策。

但是皇太極早有打算，他認爲第三種方案更加切實可行。此外，爲了「逼臨寧、錦門戶，」皇太極對張存仁等提出的在廣寧（今遼寧省北鎮）屯種的方案進行了修正，他選擇了離錦州更近的義州（今遼寧省義縣）。這個地方位於錦州北九十里，屬於衝要之地，適宜屯種。崇德五年三月，皇太極任命濟爾哈朗爲右翼主帥，多鐸爲左翼主帥，命二人率領軍隊在義州築城、屯田，以騷擾錦、寧明軍，不讓他們在那裡耕種。隨後，皇太極又將糧食、人馬源源不斷地輸送到義州。

張存仁眼見皇太極採納了先破錦、寧的「剪枝之術」，於是在崇德五年四月十一日向皇太極啓奏，陳述了攻取錦州之計。其要點是：第一，以屯種爲基礎，長期（數月至一年）有效地圍困錦州，並隨時尋找可乘之機；第二，策反錦州城內的蒙古軍，想辦法招降祖大壽。張存仁的建議基本上被皇太極採納。

五月初，皇太極親自前往義州巡視屯田，之後馬上來到錦州城下。他派人將錦州城東、西、北面明軍和百姓所耕種的莊稼全部收割，同時給城中的守軍寫了一封書信，對蒙古族的士兵進行勸降。皇太極巡視錦、義後，決定實行輪番屯駐、步步緊逼的辦法圍困錦州。他把軍隊分為兩班，每班三個月，命令他們輪流圍困，一步一步縮小對錦州的包圍圈。

繼濟爾哈朗之後，多爾袞、豪格等人奉命輪換防守，繼續帶兵圍困錦州。多爾袞等人連續攻下了錦州周圍的墩臺、哨所，明軍所守的錦州城形勢危急萬分。

清軍圍困錦州之舉引起了明廷的震驚。崇德五年五月，崇禎帝命薊遼總督洪承疇出關督師。洪承疇，進士出身，曾經擔任陝西三邊總督，鎮壓農民軍多年，很有一些韜略。出關以後，他一路來到前線城市——錦州東南的杏山城。崇德五年七月二十一日，他率領劉肇基（前屯衛署分練總兵）、吳三桂（寧遠團練總兵）、馬科（山海總兵）、曹變蛟（薊鎮東協總兵）等部於杏山城阻擊清兵，有力地阻止了清軍繼續南擾的勢頭。雙方在松、杏一帶形成僵持局面。

明軍想要解錦州之圍，於是保證松、錦、杏諸城的軍糧供應便成了首要問題。沒有糧食，錦州守軍便沒有辦法繼續支撐下去，而解圍部隊也難以長久地駐守在松、杏。考慮到這一點，洪承疇利用清軍圍城不嚴之機，從寧遠向錦、松、杏等城輸送大批糧食。當時，清軍主帥是多爾袞，他下令大軍把營帳移到郊外，在離錦州城

袁崇煥像
袁崇煥（西元1584年—1630年），字元素，號自如。明朝傑出的軍事家，政治家和文學家。天啟二年（西元1622年）單騎出關，考察關外形勢，還京後，自請守衛遼東。並築寧遠城以禦清兵。因獲寧遠大捷，官至遼東巡撫。次年獲寧遠大捷，清太宗皇太極又大敗而去，崇禎封為兵部尚書兼右副都御史，督師薊遼。崇禎二年（西元1629年）後金軍繞道自古北口入長城，進圍北京，袁崇煥聞警星夜入援京師，但崇禎中後金的反間計，以為他與後金有密約，故被崇禎帝處死。

稍遠的國王碑（錦州東北二十里左右）一帶駐紮，同時允許士兵輪流回家。由於清軍移營後撤，錦州所受的壓力大大地得到緩解。洪承疇乘這個機會命令光先、曹變蛟、馬科、劉肇基等將杏山的糧食運往松山，再由吳三桂等人從松山運到錦州，從而將大批糧食由寧遠一步一步運到了錦州、松山等前沿城市，在一定時期內和一定程度上解決了錦州、松山等地的軍糧問題。皇太極認為多爾袞圍城不嚴，壞了他的大事，將他貶為郡王，罰銀一萬兩，同時也處罰了其他圍錦將領。

崇德五年十二月，張存仁見清軍圍錦沒有產生預期的效果，便上奏皇太極，建議明春圍錦時要環城挖壕，嚴密圍困錦州，並且要先破錦州的羽翼——松山、杏山、塔山諸城。崇德六年三月，又到了換班的時間，濟爾哈朗替下了多爾袞，率軍繼續圍困錦州。他來到錦州後，在城的四周每面設立八營，繞著城牆挖掘很深的戰壕，沿著戰壕修築垛口，在近城一帶又設哨兵巡邏。幾乎將錦州圍了個水洩不通。六年三月底，守衛錦州東關

洪承疇祠原址

外城的蒙古兵叛變，清軍乘機攻破外城。錦州一時陷於危急之中。

自崇德六年正月以來，因為洪承疇的一再奏請，明援遼大軍陸續出關。四月十六日，七位總兵（王樸、楊國柱、馬科、曹變蛟、白廣恩、吳三桂、王廷臣）一齊來到寧遠，四月下旬，洪承疇揮師北上，率七鎮兵馬與清兵激戰於錦州城南的東、西石門。明軍分兩路向清軍的駐地發起了猛烈攻擊，雖然偶爾會有傷亡，但仍然不肯退縮，表現了無畏敢戰的精神。此次戰役中清軍也小有傷亡。六月六日，洪承疇指揮明軍與清軍大戰於松山西北，明軍向清軍營地發起了攻擊，攻佔了三個旗的營地，並重創清軍。明軍鬥志昂揚，逐漸在松山一帶取得了主動地位。

崇德六年七月，明廷繼而下達了

明崇禎像

明思宗朱由檢（西元 1611 年－1644 年），崇禎皇帝，明光宗第五子，明朝最後一個皇帝。十八歲即位，努力挽救瀕臨滅亡的明王朝命運，但明末的吏治已至無可救藥的地步，西元 1644 年，李自成西安稱王，建國號「大順」。一個月後，李自成攻進北京，崇禎皇帝自殺，明王朝從此滅亡。

大舉出擊的命令。這不但使明軍在松錦戰場的戰果和優勢全部喪失，而且也最終導致洪承疇全軍覆沒。本來，洪承疇主張穩紮穩打，長期堅持，尋求機會解除錦州之圍，理由是「久持松、杏，以資轉餉；且錦守頗堅，未易撼動。若敵再越今秋，不但敵窮，即朝鮮亦窮矣（皇太極令朝鮮出糧、出人助戰）」。

然而當時的兵部尚書陳新甲擔心興師日久耗費軍餉，又怕清兵再次繞過錦、寧入關搶掠，因而主張速戰解

圍。他給洪承疇寫了一封書信，激洪進兵，又上疏崇禎帝請求速戰。崇禎帝起初是支援洪承疇實行持久戰的，可聽陳新甲等人一說又改變主意，秘密下令洪克期進兵。

洪承疇沒有辦法，只好硬著頭皮出戰。七月二十六日，洪在寧遠大誓將士，決定出兵。他將糧餉留在塔山靠近海邊的筆架山，然後率領著十三萬大軍向松山進發。二十八日，大軍來到松山城，他指揮部分軍隊搶佔乳峰山西側高地，從而對駐紮在山東側的清軍形成了居高臨下的態勢；其他部隊則駐紮在松山城與乳峰山之間。這樣，明軍的增援部隊撲向錦州，圍錦清軍便陷入了腹背受敵的境地。

八月二日以後，雙方多次發生激烈戰鬥，明軍雖然稍稍佔上風，但沒有太大的進展，錦州之圍並沒有被打破。這時，清軍的統帥又換上了多爾袞。他見明軍人多勢眾、咄咄逼人，便被迫採取守勢以待援兵，在清援兵還沒有到達之前，明軍策劃軍務的綏德知縣馬紹愉曾建議洪承疇乘機進擊，洪未加理睬；大同監軍張鬥主張派兵駐守松山城南之長山嶺，以防後路被抄，竟被洪奚落。

洪承疇自認為很高明，拒絕採納

正黃旗

鑲黃旗

正白旗

鑲白旗

部下建議，這也是造成明軍後來慘敗的原因之一。

　　雖然洪承疇並沒有大規模出擊，但明軍的陣勢和銳氣卻足以使多爾袞感到不安。八月六日，多爾袞派出的使者趕到了瀋陽，報告了前線敵軍人多勢眾的情況。皇太極指示多爾袞等待時機攻取，不可輕舉妄動。八月十一日，多爾袞的使者再次來到瀋陽，請求緊急增援。皇太極認為事關重大，決定親自出征。當時，皇太極患病未癒，鼻中流血不止，不得不將動身日期向後拖了幾天。十四月，他再也坐不住了，決定起程，途中用碗來裝流出的血，流了一天，血才止住。到了八月十九日，皇太極一行來到了松山附近的戚家堡。

　　皇太極率主力部隊開到前線後，

決定實行圍錦打援的計策，與明軍決戰。早在七月二十三日，洪還沒有進抵松山之前，漢軍固山額真在廷柱就已經估計到明朝大軍一定會前來解錦州之圍，他建議清軍在松、杏與塔山之間的高橋設下埋伏，挖掘長壕，斷絕敵人運送糧餉的通道。所以皇太極來到前線後便欲結營於高橋。多爾袞

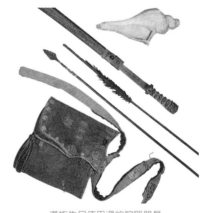
滿族先民使用過的狩獵器具

正紅旗　　　　鑲紅旗　　　　正藍旗　　　　鑲藍旗

八旗軍服
八旗軍服以顏色作區別，但只在大閱禮時穿著，平時不用。起初各旗地位是平等的，入關之後才有皇帝自領上三旗比下五旗尊貴的做法，所以正黃旗、鑲黃旗、正白旗被稱為上三旗，其餘五旗為下五旗。

認為，高橋與他率領的圍錦清軍相距甚遠，難以互相聲援，因而建議皇太極把大軍駐紮在離錦州較近的松山與可山之間。

皇太極認為他的建議很有道理，便採納了。清軍一字排開，連綿不絕地駐營，橫截大路，切斷了松山與杏山之間的聯繫，同時也切斷了明軍的退路和餉道。八月二十日，明軍見清軍突然開到，後路被抄，頓時一片慌亂，趕忙回頭向南，對清軍主力主動發起攻擊，但是沒有分出勝負。當日，皇太極下令全軍在松、杏之間的主要路段挖壕三道，壕深八尺，寬丈二，狹長的遼西走廊登時出現了一道「天塹」。同時他還派兵奪取了明軍在筆架山的軍糧十二堆。明援軍被困在松山一線。二十一日，明軍大規模出擊，企圖突出重圍，被壕塹所阻。明軍兩次突圍都沒有成功，軍中糧食僅夠三天食用，困守松山便等於坐以待斃。皇太極估計明軍嚴重缺糧，可能會在當晚潰逃，便在松山以南的杏山、塔山、小淩河口等明軍必經之處布下了天羅地網。

在皇太極緊張地佈置伏兵的時候，洪承疇也在苦苦地思索出路。二十一日晚，在第二次突圍無效後，洪承疇馬上召集諸將，共同商討對策。起初，洪主張趁糧食未盡之前與清軍決一死戰，以戰圖存。但是諸將意見很不一致，大多數人主張回寧遠就

食。就在這個關鍵時刻，陳新甲的同黨、監軍張鹿麒致書洪承疇，表示支援回寧遠就食的意見。最後，洪承疇迫於眾議，不得不改變最初的打算，決定有計劃地強行突圍。他命令王朴、白廣恩、唐通三總兵為左路，吳三桂、馬科、李輔明（宣府總兵楊國柱死後李代之）三總兵為右路，兩路齊頭並進，強行突圍，回寧遠就餉後帶來糧餉再戰。洪自己留下來與曹變蛟和王廷臣二總兵守松山，等待援兵。但是諸將沒有執行他的命令。會議剛散，大同總兵王朴便率領自己的部隊出逃，於是其他五總兵也各自統領軍隊一窩蜂似地向杏山、塔山等地奔去。

果然不出皇太極所料，明軍鑽進了清軍的埋伏圈中。明軍六鎮兵馬從松山一路南逃，沿途受到了清軍的圍追堵截，傷亡慘重。明軍試圖經海岸逃走，當時正值夜晚，難辨方向，又正趕上海水漲潮，許多士兵被海水淹死，「自杏山以南沿海至塔山一路，赴海死者，不可勝計」。八位總兵在士兵的護衛下輾轉逃回了寧遠，雖然性命得以保全，但也狼狽不堪。明軍突圍生還者共約三萬餘人，六鎮明軍突圍後，皇太極指揮大軍於二十二日包圍松山城，當日夜裡，曹變蛟指揮軍隊分路突圍，接連闖清營數次，一度攻入皇太極御營，全都被清軍擊退。

松錦之戰歷時很長，然而真正的會戰只發生在六鎮明軍突圍的幾天內。從八日二十一日夜明軍自松山突圍，到二十六日王朴、吳三桂率殘兵逃回寧遠，短短幾天內清軍消滅明軍五萬三千餘人，並繳獲了大量馬匹、甲冑。

這次戰役之後，松、錦、杏、塔諸城便處於清軍的團團包圍之中，九月十三日，皇太極因愛妃病勢危急忙趕回瀋陽，將前線軍務交給了諸位將領。

紅夷大砲復原圖

紅夷大砲是由天啓年間中國科學家徐光啓等人向居住在澳門的葡萄牙人購買而傳入中國的，具有身管長、彈道低平、射程遠、命中率高、威力大、安全性高等特點，比佛郎機砲要先進。

名崇禎山海關鎮砲

轉眼到了第二年（崇德七年）。經過松山之役後，明朝已經再也沒有能力援救松、錦諸城了。洪承疇困守松山，裡無糧草，外無援兵。七年二月，守衛松山的明副將夏成德投降清軍，松山遂陷，洪承疇等人被俘。皇太極下令將洪承疇和祖大壽之弟送到瀋陽，其餘官吏全部誅殺，一共殺死三千餘人。三月，守衛錦州城的大將祖大壽，見松山城破，大勢已去，也只好獻城歸降。

松、錦一破，松錦之戰便進入了尾聲。四月九日，濟爾哈朗等指揮軍隊用紅衣大砲攻克了塔山，殲滅明軍七千餘人。二十二日，清軍砲轟杏山城，擊毀城垣二十五丈，然後準備攻入城去，明軍被迫乞降，至此，松錦之戰全部結束。松錦之戰從錦州圍城到杏山迫降，歷時二年多。透過松錦之戰，皇太極消滅了明朝在北方的主力部隊，為日後清軍的入關進京打下了堅實的基礎。明朝在這一次戰役中損兵折將，失去了關外八城的一半，在與清的對抗中越來越顯得吃力了。

皇太極的「剪枝之術」，即「屯廣寧，絕耕作」，亦是《孫子兵法》「以迂為直」戰術的靈活運用。《孫子兵法》說，「軍無輜重則亡，無糧食則亡，無委積則亡」，也就是說，軍隊要作戰，必須要具備兵械、糧食和其他物質儲備。皇太極下令截斷明軍糧道，收割明軍民的莊稼，並緊緊圍困錦州城，亦符合《孫子兵法》「以佚待勞，以飽待饑」之「治力」法則。

但由於多爾袞放鬆警惕，致使明軍有可乘之機，圍城無效，清軍採取明圍城、暗挖壕的方式，亦收到良好的成效。如果明洪承疇軍乘清軍換防之際突圍而出，局勢可能會向有利於明軍的方面轉化。由於坐失良機，明軍只能束手待斃。當明軍翻然醒悟突圍而出時，卻因「不知山林、險阻、沮澤之形者」，違反了《孫子兵法》「不能行軍」的規則，「不能得地利」。

皇太極之用兵，「避其銳氣，擊其惰歸」，「以治待亂，以靜制嘩」，「以佚待勞，以飽待饑」，在「治心」、「治力」方面均佔了上風。

九變❶篇

原文

孫子曰：凡用兵之法，將受命於君，合軍聚眾，圮地無舍❷，衢地交合❸，絕地無留，圍地則謀，死地則戰。涂有所不由，軍有所不擊，城有所不攻，地有所不爭，君命有所不受。故將通於九變之地利者，知用兵矣；將不通於九變之利者，雖知地形，不能得地之利矣。治兵不知九變之術，雖知五利，不能得人之用矣。

是故智者之慮，必雜於利害。雜於利而務可信也❹，雜於害而患可解也❺。

是故屈諸侯者以害❻，役諸侯者以業❼，趨諸侯者以利❽。

故用兵之法，無恃其不來，恃吾有以待也；無恃其不攻，恃吾有所不可攻也。

故將有五危：必死，可殺

BOX

注釋

❶ 九變：九，數之極，九變，多變之意。這裡指在軍事行動中針對外界的特殊情況，靈活運用一般原則，做到應變自如而不是墨守陳規。

❷ 圮地無舍：圮，為毀壞、倒塌之意。圮地，指難於通行之地。舍，止，此處指宿營。圮地無舍即在難以通行的山林、險阻、沼澤等地不可宿營。

❸ 衢地交合：衢，四通八達，衢地即四通八達之地。交合，指結交鄰國以為後援。

❹ 雜於利而務可信也：務，任務，事務。信，同伸，伸張，舒展，這裡有完成之意。句意為如果考慮到事物的有利的一面，則可完成戰鬥任務。

❺ 雜於害而患可解也：意謂在有利情況下考慮到不利的因素，禍患便可消除。解，化解、消除。

❻ 屈諸侯者以害：指用敵國所厭惡的事情去傷害它從而使它屈服。屈，屈服、屈從，這裡作動詞用。諸侯，此處指敵國。

❼ 役諸侯者以業：指用危險的事情去煩勞敵國而使之疲於奔命，窮於應付。業，事也，此處特指危險的事情。

❽ 趨諸侯者以利：趨，奔赴、奔走，此處作使動用。句意指用小利引誘調動敵人，使之奔走無暇。一說以利動敵，使之追隨歸附自己。

也；必生，可虜也；忿速，可侮也；廉潔，可辱也；愛民，可煩也。凡此五者，將之過也，用兵之災也。覆軍殺將，必以五危，不可不察也。

譯文

孫子說：大凡用兵的法則是：將帥接受國君的命令，徵集民眾、組織軍隊，出征時在沼澤連綿的「圮地」上不可駐紮，在多國交界的「衢地」上應結交鄰國，在「絕地」上不要停留，遇上「圍地」要巧設奇謀，陷入「死地」要殊死戰鬥。有的道路不要通行，有的敵軍不要攻打，有的城邑不要攻取，有的地方不要爭奪，國君有的命令不要執行。所以將帥如果能夠精通各種機變的利弊，就是懂得用兵了。將帥如果不能精通各種機變的利弊，那麼即使了解地形，也不能夠得到地形之利。指揮軍隊而不知道各種機變的方法，那麼即便知道「五利」，也是不能充分發揮軍隊的戰鬥力的。

所以，聰明的將帥考慮問題，必須充分兼顧到利害的兩個方面。在不利的情況下要看到有利的條件，大事便可順利進行；在順利的情況下要看到不利的因素，禍患就能預先排除。

要用各國諸侯最厭惡的事情去傷害它，迫使它屈服；要用各國諸侯感到危險的事情去困擾它，迫使它聽從我們的驅使；要用小利去引誘各國諸侯，迫使它被動奔走。

用兵的法則是，不要寄希望於敵人不來，而要依靠自己所做的充分準備；不要寄希望於敵人不進攻，而要依靠自己擁有使敵人不敢進攻的實力。

將帥有五種重大的險情：只知道死拚蠻幹，就可能被誘殺；只顧貪生活命，就可能被俘虜；急躁易怒，就可能中敵人輕侮的奸計；一味廉潔好名，就可能入敵人污辱的圈套；不分情況「愛民」，就可能導致煩勞而不得安寧。以上五點，是將帥的過錯，也是用兵的災難。軍隊遭到覆滅，將帥被敵擒殺，都一定是由這五種危險引起的，這不可不予以充分的重視。

▼
九
變
篇

例解
晉齊鞍之戰

周定王十八年（西元前589年）春，衛穆侯派孫良夫、石稷、寧相、向離將等率軍入侵齊國。四月，衛穆侯的軍隊和齊國軍隊在新築（今河北魏縣南）遇到了一起。石稷想退歸，孫良夫認為，軍隊出征，遇上敵人就回去，如何向國君覆命？如果不能打仗，就應當不出兵。現在既然遇到敵人，就要和他們一分高下。

新築之戰中，衛軍大敗。孫良夫又說：「衛國軍隊戰敗，您如果不頑強堅持，拖住敵人的軍隊，我們就會全部被俘。假若喪失了軍隊，還有什麼臉面回報君命？」他見大家都不回答，便又說：「您是衛國之卿，假若損失了您，那就是衛國的羞恥，您率領大部隊回國，我在這裡掩護。」於是石稷通告軍中，衛國援軍的戰車已經大批來到，以此鼓舞士氣。石稷率領軍隊力戰，齊軍的攻勢被打退了，齊軍退守鞠居（今河南封丘境內）。石稷在新築大夫仲叔于奚的救援下，才得免於難，撤軍回衛國。

新築之戰後，衛軍主將孫良夫沒有返衛，直接到晉國去搬救兵。這時魯國臧孫許也到晉國請求援助。兩人都找到晉國執政大臣郤克，請他幫助。晉景公答應給郤克七百輛戰車前往救援魯、衛兩國。

郤克說：「這是城濮之戰中晉國的兵車數量，當時有先大夫的機敏和先王的機智，所以得勝，而我和先大夫相比，還不足以做他們的僕人。因此，請允許派八百輛戰車。」晉景公答應了。晉軍由郤克率領中軍，士燮輔佐上軍，欒書率領下軍，韓厥做司

春秋・雙鞘劍

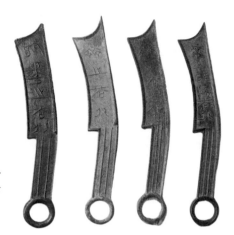

春秋‧齊刀幣

隨著經濟的發展，春秋初期銅幣和金幣等金屬貨幣相繼面世，此時商品交易形式是以物易物和金屬貨幣並用。齊刀幣由古代石刀演化發展而來，主要流通地區是齊、趙、燕三國。

馬，出兵援助魯國和衛國。魯國的臧孫許爲嚮導開路，季文子率領魯軍和晉軍會合，這時候，齊軍伐魯、勝衛，正凱旋而歸。晉軍追蹤而至，在現在的山東省莘縣北追上了齊國軍隊。

周定王十八年（西元前589年）六月十六日，支援魯、衛兩國，追趕齊國軍隊的晉國軍隊到達靡山（今山東濟南千佛山）下。齊頃公派使者向郤克請戰說：「您帶領國君部隊光臨敝邑，敝國士兵人數很少，請在明天早晨相見。」郤克說：「晉國和魯國、衛國都是友邦。他們告訴我們，大國不分早晚都在敝邑土地上發洩氣憤，寡君不忍，所以派下臣前來向大國請求，同時又不准我們的部隊在您的領土上長期停留。因此，我們只能前進而不能後退，您的命令我們會照

辦的。」齊頃公則高傲地表示，無論晉是否同意，都必有一戰。齊軍的商固單槍匹馬，殺入晉軍，拿石頭砸人，把晉軍士兵抓住，然後坐上戰車回到齊軍，在齊軍營地耀武揚威、鼓舞士氣。

六月十七日，晉、齊兩軍在鞍（今山東濟南市西）展開激戰，這就是晉齊鞍之戰。邴夏爲齊頃公駕車，逢丑父爲車右。晉國解張爲郤克駕車，鄭丘緩爲車左。齊頃公輕蔑地說：「幹掉敵軍才吃早飯！」齊頃公的戰車馬不披甲，駛向晉軍，齊軍遂衝殺過去。晉軍主將郤克爲箭所傷，血流到鞋上，但他卻使軍中鼓聲不斷，駕車手解張一邊激勵郤克，一邊左手握爲策馬、右手握槌擊鼓。

在郤克的指揮、調度下，晉軍將士士氣大作。齊軍大敗，晉軍乘勝追

擊。晉軍司馬韓厥站在戰車中央駕車，與車左、車右一起追趕齊頃公。頃公御者邴夏欲射殺韓厥。頃公因為他是王子而放過了他，於是只殺死了車左和車右，韓厥躬身隱車，頃公乘機逃逸，並與車右逢丑父換了位置。當他們再度被韓厥追上時，逢丑父讓齊頃公取水，齊頃公得坐鄭國父駕馭的副車逃歸。韓厥把逢丑父當成了齊頃公，將其活捉。

追趕齊軍的晉國軍隊，從丘輿（今山東益都縣西南）一直進入齊國，攻打丘輿附近的馬陘，齊頃公派執政大臣國佐把齊國所得到的國寶玉器和齊國以前霸佔的魯國和衛國的領土，交還給魯、衛、晉等國，以求媾和。晉人還要求把國母蕭同叔子作為人質，並使齊國境內田隴全部東向，這樣才能媾和。國佐認為這個要求太過分了，據理力爭，並說：「如果你不同意的話，我們就將收集殘餘力量同你們決一死戰。」在魯、衛兩國勸諫下，晉國接受了齊國提出的條件。

此年七月，晉軍和齊國國佐在爰婁（今山東省臨淄西）結盟，齊把汶陽（今山東寧陽縣北）之南歸還給魯國。魯成公為表示感謝，親自來到上（今山東陽穀境內）犒賞晉軍，把車輅和三命的車服賜給晉軍的三位高級將領——郤克、上燮、欒書，晉軍的司馬、司空、輿帥、侯正、亞族等一般將領，也都得到了魯成公賞賜的一命的車服。

爰婁之盟，使晉國力量日益壯大，而齊國則成為晉國的附屬國。次年（西元前588年）十二月，齊頃公到晉國行朝聘禮。

在晉齊鞍之戰中，我們完全可以領會到《孫子兵法》「九變」中闡明的真理。當衛軍和齊軍在新築相會時，石稷想退兵回去，而孫良夫堅持戰鬥。新築一戰中，衛軍大敗，而孫良夫堅持衛國與齊軍死戰，以扭轉全軍覆沒的命運，這種選擇合乎孫子兵法「死也則戰」的原則。後來終於擊退強敵，保存實力。可以說，新築亦

春秋‧動物紋短劍

春秋·幾何紋鉞

春秋·玉劍珌

分考慮到利與害兩個方面。由於被勝利衝昏頭腦，齊頃公終於在晉齊鞍之戰中慘敗，差一點被晉軍俘虜。

當齊國向晉軍請和時，晉人曾據勝而傲，也提出過極端的要求，當齊國佐以「決一死戰」予以拒絕時，晉國聽從了魯、衛兩國的意見，避免了一場不必要的戰爭。這也是符合《孫子兵法》中「役諸侯者以業，趨諸侯者以利」的原則的。由此可見，《孫子兵法》不僅僅可以用於戰爭中，也可以用於政治上。

是孫子所說的「衢地」。孫良夫出晉請求晉、魯的救助，也是遵循「衢地」交合的智慧之道。因為這些，小小衛國面對強敵，也能保存實力。

齊頃公在決策中則有失明智。當郤克好言相勸請求其休戰時，他卻一意孤行，非決一死戰不可。《孫子兵法》說：「智者之慮，必雜於利害。雜於利而務可信也，雜於害而患可解也。」意思就是，聰明的將帥考慮問題，要充

齊長城遺址

春秋戰國時期，齊國為防禦魯楚的進攻，在南部邊境建築了綿延千里的軍事屏障—齊國長城。齊長城西起山東省古濟水河畔，「橫跨泰山，綿地千里」，於今青島市于家河直達黃海，全長六百一十八多公里，史稱千里齊長城，其中保存最好的齊國萊蕪段五十七多公里。齊長城創建於春秋初期，距今已有兩千五百多年的歷史，比秦始皇的萬里長城還要早四百七十多年，堪稱是中國歷史上影響最大的長城巨防。

例 解
周亞夫平七國之亂

西元前154年（漢景帝時期），吳、楚等七個諸侯國聯兵發動叛亂。這次叛亂的規模相當大，漢景帝在獲得吳、楚等七王發動叛亂的情報後，決定迎擊叛軍，平息叛亂。漢景帝任命周亞夫為太尉，率軍東進。受命於危難之際的周亞夫率軍一擊而勝，使西漢王朝化險為夷，轉危為安。

周亞夫像
（？～西元前143年），漢文、景之世名將。周勃次子，因兄勝之殺人被處死，故得嗣爵，封為條侯。漢景帝劉啟即位後，任亞夫為車騎將軍。三年（西元前154年）吳楚七國發動叛亂，周亞夫以太尉率軍平叛。不到三個月，就平定了叛亂。景帝後元元年（西元前143年），周亞夫子私買工官尚方甲盾五百具，備作其父葬器，被人告發，事連周亞夫。廷尉召亞夫對質，並逼其供認謀反。周亞夫不服，絕食五日，嘔血而死。

從周亞夫平定七國叛亂的戰例中，我們可以看到周亞夫對《孫子兵法‧九變篇》中提出的作戰原則既有靈活運用，又有創新發揮。在整個戰爭進程中，他都力爭主動制敵，最終以較小的代價，換取了最大的勝利。

自劉邦戰勝項羽，建立西漢王朝以後，為了鞏固封建家族的統治地位，他實行大封同姓子弟為王的政策，企圖以家族血緣維護其統治，杜絕異姓篡權。他所封的同姓王，主要有齊、燕、趙、梁、代、淮陽、楚、吳等。他們的封地共有九郡，佔整個疆土的大半，而皇帝直轄的不過十五郡。朝廷規定封地內的經濟由諸王支配，而法令、軍隊則由朝廷統一管理、掌握。隨著經濟的不斷發展，這些王國財富日增，勢力日強，逐漸形成了割據狀態。

到了漢景帝時期，諸侯國的割據勢力幾乎到了要與朝廷分庭抗禮的地步，嚴重影響了西漢王朝的統一。這時，忠於朝廷的官吏提出了削弱割據勢力的主張，被漢景帝採納。漢景帝

先削奪了諸侯國在趙的常山郡，楚的東海郡，吳的會稽、豫章郡等幾個郡縣的統治權，將這些領地收歸朝廷管轄。削地政策的實施，加劇了各諸侯王對朝廷的不滿，西元前154年，吳、楚等七個諸侯王聯兵發動了叛亂。

在七國之中，吳王劉濞是最先起兵的，也是叛亂的首領。起兵之初，他親自去膠西說服並約定了膠西王出兵參加反叛朝廷的行動。接著又派遣使者遊說齊、川、膠東、膠西、濟南等諸王參加。在他的遊說、動員下，膠西、膠東、濟南、楚、趙等五國先後起兵反對朝廷。吳王經過一番奔走，認為聯盟已成，於是開始籌劃如何佔據漢王朝的統治中心長安，奪取統治權。

吳王計劃讓諸王國的軍隊從南、北、東方三面合擊關中。他向各諸侯王提出，由越兵先攻佔長沙以北地區，再西趨巴蜀、漢中；越、楚、淮南、衡山、濟北諸王會同吳軍西取洛陽；齊、川、膠東、膠西、濟南諸王與趙王先攻佔河間（今河南獻縣）、河內（今河南武陟），再入臨晉關（今陝西大荔東），或與吳軍會師洛陽；燕王北取代郡（今河北蔚縣東

北）、雲中（今內蒙托克托東北）後，再聯合匈奴南下，入蕭關（今寧夏固原東南），直取長安；吳、楚軍主力先佔滎陽，與齊、趙軍會師，直取長安。

吳王這一戰略進攻計劃如果真能夠實現，他對漢王朝的統治中心長安將產生很大的威脅。然而，吳王對諸王聯盟的穩定性估計過高，其他諸王並沒有完全按他的計劃行事。

西元前154年正月，吳王野心勃勃地親率二十萬軍隊，從吳都廣陵出發，北渡淮河，會合楚軍一同西進準備攻打梁國。漢景帝得知吳王起兵，便命令周亞夫率兵東攻吳、楚，同時另外派兵對付齊、趙。周亞夫東進前向景帝請求說：「吳軍士氣正盛，慓悍輕捷，難與他們正面爭鋒。我們可以暫時把梁國捨棄給吳國，然後斷絕敵軍的糧道，這樣就能制服他們。」漢景帝同意了周亞夫的計劃，於是周亞夫率軍從長安出發，準備向洛陽進軍。

周亞夫原準備經崤（今函谷關南崤山）、澠（澠池）至洛陽。這時，他的屬下趙涉提醒他說：「吳王知道將軍的動向，必定會在淆、澠之間安置間諜，設法阻止軍隊東進。」他建

九變篇

西漢・青銅騎兵俑

議周亞夫放棄原路線，改走經藍田出武關至洛陽的路線，這樣雖比走原路線多用一、二天時間，但卻可以神不知、鬼不覺地安全抵達洛陽，控制軍械庫。

周亞夫聽從了這一建議，立即改變了進軍路線，迅速由藍田出武關，經南陽至洛陽，並派兵搶先佔領了滎陽要地，控制了洛陽的武庫和滎陽的敖倉。這時，吳楚聯軍已開始向梁國發動進攻。吳楚聯軍在棘壁（今河南永城西北）與梁王的軍隊交戰，殲滅梁軍數萬人，佔領了梁國的部分地區。梁軍退守睢陽（今河南商丘南），又被吳楚聯軍包圍，梁國在這非常危急的時刻，請周亞夫派兵救援，但周亞夫卻領兵向東北進發，在昌邑（今山東金鄉縣西北）修築起堅固的防禦陣地，準備堅守。

吳楚聯軍一再進攻睢陽，梁王天天派使者去請求發兵，周亞夫按照原定的策略，沒有同意發兵救梁。梁王為此上書景帝，景帝派使者去給周亞夫下達命令，要他率兵救梁。周亞夫仍然堅守營壘，不肯發兵。但是他派出輕騎兵迂迴到吳楚聯軍的背後，絕其糧道。梁軍面對吳楚聯軍的四面包圍，一面竭力堅守，一面派出精銳部隊襲擾吳軍。

吳楚聯軍久攻睢陽不下，軍隊又缺乏足夠的糧食，軍中的士氣受到挫敗；西取滎陽、洛陽的企圖亦無法實現，退路又受到周亞夫軍隊的威脅。於是吳楚聯軍調轉兵力進攻下邑，尋找周亞夫軍隊的主力決戰。周亞夫則深溝高壘，不理睬敵軍的挑戰。吳楚聯軍多次挑戰，終不能如願，便使出聲東擊西之計：吳楚派部分兵力到漢軍的東南角佯攻，周亞夫識破敵軍詭計，派兵加強西北面營壘的軍事力量。當吳楚聯軍主力進攻西北角的時候，西北角漢軍即時給予吳楚聯軍以有力的打擊。吳楚聯軍攻漢軍營壘不克，引漢軍出來決戰又不得，兵疲糧盡，只好引軍撤退。

這時，周亞夫立即派精銳部隊追擊，大破吳楚聯軍，楚王劉戊被迫自

西漢・彩繪陶車馬俑

殺，吳王劉濞丟棄了大部分軍隊，帶著幾千名親兵將士逃到丹徒（今江蘇丹徒），企圖依託東越作最後的掙扎。周亞夫在乘勝追擊中，全部俘虜了吳國將士，並懸賞黃金千斤捉拿吳王。一個多月後，東越王在漢軍的威脅和利誘下，誘殺了吳王。周亞夫用了三個月的時間，終於將七國叛亂聯軍的主力——吳楚聯軍的叛亂平息了。

當吳楚聯軍向梁進攻時，其他諸王都各懷異心。齊王背約不出兵，越王則觀望吳楚聯軍戰事；只有膠東、膠西、川、濟南四王舉兵。四王軍隊在膠西王的統一指揮下，改變了進攻洛陽與吳楚聯軍會師長安的計劃，而去圍攻齊王郡城臨淄。結果，臨淄沒有攻下，卻遭到景帝所派漢軍的打擊，四王軍隊全部被漢軍擊敗。最後，膠西王、趙王自殺，其餘諸王被殺，七國叛亂徹底失敗。

在西漢王朝平定七國叛亂的戰爭中，周亞夫起了舉足輕重的作用。在平叛中，周亞夫指揮軍事行動、指揮作戰都顯得十分靈活，他能夠根據實際情況與敵軍的特點制定相應的策略，以達到戰勝敵人的目的。如周亞夫臨時改變行軍路線，遵循孫子所說「涂有所不由」的原則，避免了在不利的地形下遭到吳王軍隊的襲擊，以保證軍隊順利地到達目的地。

在吳軍進攻梁國時，周亞夫能堅定地執行既定的「委之以梁」的策略，讓吳楚聯軍攻梁而消耗實力；堅持不分兵救援梁王，做到了孫子所說的「地有所不爭，君命有所不受」；周亞夫還根據敵我雙方兵力情況，靈活地處理進攻與防守的關係。在對吳、楚聯軍的作戰中，能以防禦的戰略手段，完成戰略進攻所能夠完成的任務，最終使敵人兵敗身亡。可見，周亞夫是孫子所說的那種「通於九變之地利」的傑出的軍事指揮者。

例 解
黃天蕩之戰

南宋年間，金兵南下侵擾，趕到明州海邊，一路上不斷遭到百姓組織起來的義軍的襲擊。金將兀朮考慮到長江沿岸還駐著宋軍的大批人馬，不敢久留，帶領金兵搶掠了一陣以後，就向北方退兵。

建炎四年（西元1130年），兀朮將宋高宗追上，率軍焚燒了臨安城（今浙江杭州）後向北退回。行前，縱兵大掠，因滿載擄掠輜重不能陸行，於是選擇了從秀州（今浙江嘉興）、平江（今江蘇蘇州）、常州（今

宋代鎧甲展示圖

車船模型
南宋水軍曾使用這種車船,在采石磯擊敗金主完顏亮。

江蘇)沿運河而行。三月丁巳,金軍至鎮江(今江蘇),被浙西制置使韓世忠阻擋。

韓世忠原先駐軍秀州青龍鎮、江灣(今上海境內)一帶,聞兀朮已赴平江,於是移師鎮江等候兀朮。韓世忠是主張抗金的將領,他對金兵的侵略暴行十分氣憤,決心趁金兵北撤的時候,狠狠阻擊。

金兵到了以後,韓世忠率領兵士八千人駐紮在焦崎(今江蘇鎮江北焦山)。

兀朮到了江邊,打聽到韓世忠不放他們過江,就派使者到宋營下了戰書,準備和宋軍一決生死。韓世忠跟兀朮約定了決戰的日期。金兵有十萬人,宋軍總共才八千人,雙方兵力懸殊很大。韓世忠清楚,要打贏這場仗,只有依靠士氣。決戰的時刻到了,韓世忠和夫人披掛上陣,將士見主帥夫人上陣助戰,士氣頓時高漲。一場戰鬥下來,金兵被殺傷的數不勝數,兀朮的女婿龍虎大王也被宋軍活捉了。

▼
九變篇

韓世忠像

韓世忠（西元 1089 年─1151 年），字良臣，號清涼居士。陝西延安人，宋朝名將。建炎二年（西元 1128 年），韓世忠守衛淮陽，為粘罕所敗，經海路南下，在錢塘（今杭州）與宋高宗會合，高宗賜「忠勇」二字手書，授檢校少保、武勝、昭慶軍節度使。兀朮南下，韓世忠任浙西制置使，守鎮江，於黃天蕩設伏，以八千人困金兵十萬人四十八天，其妻梁紅玉親自擂鼓，傳為千古佳話。後金兵掘河北上方得脫困。至岳飛下獄，韓世忠據理力爭，抗言秦檜誤國，自請解職。

兀朮又派出使者到宋營，表示願意把從江南搶來的財物全部還給宋軍，只求讓他們渡江，韓世忠不答應。兀朮又提出把他帶來的一匹名馬獻給韓世忠，也被韓拒絕。兀朮不能過江，只好帶著金兵乘船退到黃天蕩（今江蘇南京市東北）。哪裡知道黃天蕩是一條死港，船駛進那裡，找不到出路。

正在為難之際，有人獻計說：

「這裡原來有一條河道，可以直達建康，只是現在堵塞不通，如果兵士能將它開鑿出來，就可以逃過宋軍的追擊了。」兀朮立刻命令金兵開挖河道。金兵人多，挖了整整一夜，就開鑿了一條二十五公里長的水道。兀朮趕忙指揮金兵沿水道逃到建康，不料半路上又遇到宋將岳飛的堵截，不得已又退回黃天蕩。

金兵在黃天蕩被宋軍圍困了四十八天，將士們叫苦連天。四月，福建人王某經不住兀朮的懸賞，向他獻計說：「舟中載土，上鋪平板，穴船板以棹槳，待無風時出擊。韓世忠的海船龐大，無風不能動，可以用火箭射擊，將他打敗。」兀朮依計而行，宋軍大敗，韓世忠只好乘小船退回到鎮江。

兀朮擺脫韓世忠的阻擊，帶兵回到建康，又大肆搶掠了一番，準備撤回北方，到了靜安鎮（今江蘇江寧西北），又遭到岳飛軍的襲擊，被殺得一敗塗地，狼狽逃竄。岳飛趕走金

兵，收復了建康。金軍吃了苦頭，從此再也不敢輕易渡江了，南宋都城臨安（今浙江杭州）和半壁江山得以保全。

從黃天蕩之戰例上，我們可以作如下分析，金兀朮失敗首先是因爲他兵陷於《孫子兵法》所說的「絕地」之中，選擇與宋軍決戰就是一個大錯誤。金兵作爲北方遊牧民族在鎮江與江南士兵水戰，實在是自不量力，鎮江亦可以算是沼澤連綿的「圮地」。金軍北撤因遭江南軍民抗擊，自然上氣低迷，而韓世忠軍隊嚴陣以待，更有梁紅玉擊鼓助威，士氣大振。

孫子說：「涂有所不由，軍有所不擊，城有所不攻，地有所不爭，君命有所不受。故將通於九變之地利者，知用兵矣，將不通九變之利者，雖知地形，不能得地之利矣。」這句話對金兵來說，是他們所不理解的，所以，金軍在鎮江大敗，也是理所當然的。

黃天蕩對金兀朮來說是死地。照常理，宋軍獲勝是天經地義的。但韓世忠也沒有考慮到「九變之地的不利」，所以當金軍採取火攻之術時，戰艦盡被焚燒，損失慘重，這是他始料不及的。由此可見，《孫子兵法》「智者之慮，必雜於利害。雜於利而務可信也，雜於害則患可解也」的正確性。

行軍篇

原文

孫子曰：凡處軍❶、相敵❷：絕山依谷，視生處高，戰隆無登，此處山之軍也。絕水必遠水；客絕水而來，勿迎之於水內，令半濟而擊之，利；欲戰者，無附於水而迎客；視生處高，無迎水流，此處水上之軍也。絕斥澤❸，惟亟去無留；若交軍於斥澤之中，必依水草而背眾樹，此處斥澤之軍也。平陸處易而右背高，前死後生，此處平陸之軍也。凡此四軍之利，黃帝之所以勝四帝也❹。

凡軍好高而惡下，貴陽而賤陰，養生而處實❺，軍無百疾，是謂必勝。丘陵堤防，必處其陽而右背之。此兵之利，地之助也。上雨，水沫至，欲涉者，待其定也。凡地有絕澗❻、天井❼、天牢❽、天羅❾、天陷❿、天隙⓫，必亟去之，勿近也。吾遠之，敵近之；吾迎之，敵背之。軍行有險阻潢井、葭葦、山林、蘙薈者，必謹復索之，此伏奸之所處也。

敵近而靜者，恃其險也；遠而其挑戰者，欲人之進也；其所居易者，利也，眾樹動者，來也；眾草多障者，疑也。鳥起者，伏也；獸駭者，覆也。塵高而銳者，車來也；卑而廣者，徒來也；散而條達者，樵采也；少而往來者，營軍也。辭卑而益備者，進也⓬；辭強而進驅者，退也⓭；輕車先出居其側者，陳也⓮；無約而請和者，謀也；奔走而陳兵車者，期也；半進半退者，誘也。杖而立者，飢也；汲而先飲者，渴也；見利而不進者，勞也。鳥集者，虛也；夜呼者，恐也；軍擾者，將不重也；旌旗動者，亂也；吏怒者，倦也；粟馬肉食，軍無懸缶也⓯，不返其舍者，窮寇也。諄諄翕翕⓰，徐與人言者⓱，失眾也；數賞者，窘也；數罰者，困也；先暴而後畏其眾者⓲，不精之至也；來委謝者，欲休息也。兵怒而相迎，久而不合，又不相去，必謹察之。

兵非益多也，惟無武進，足以並力、料敵、取人而已⓳；夫惟無慮而易敵者，必擒於人。

卒未親附而罰之則不服，不服則

難用也；卒已親附而罰不行，則不可用也。故令之以文，齊之以武 ❸，是謂必取。令素行以教其民，則民服；令素不行以教其民，則民不服。令素行者，與眾相得也 ❹。

注釋

❶ 處軍：行軍、宿營、處置軍隊，即在各種不同地形條件下，軍隊行軍、作戰、駐紮諸方面的處置對策。處，處置、安頓、部署的意思。

❷ 相敵：相，覘視、觀察。相敵即為觀察、判斷敵情。

❸ 絕斥澤：斥，鹽鹼地。澤，沼澤地。絕斥澤即通過鹽鹼沼澤地帶。

❹ 黃帝之所以勝四帝也：這就是黃帝所以能戰勝四方部族首領的緣由。黃帝是傳說中的漢族祖先，部落聯盟首領。傳說他曾敗炎帝於阪泉，誅蚩尤於涿鹿，北逐獯鬻（葷粥），統一了黃河流域。四帝，四方之帝，即周邊部族聯盟的首領，一般泛指炎帝、蚩尤等人。

❺ 養生而處實：指軍隊要選擇水草和糧食充足、物資供給方便的地域駐紮。養生，指水草豐盛、糧食充足，能使人馬得以休養生息。處實，指軍需物資供應便利。

❻ 絕澗：指兩岸峻峭、水流其間的險惡地形。

❼ 天井：指四周高峻、中間低窪的地形。

❽ 天牢：牢，牢獄。天牢是對山險環繞、易進難出的地形的描述。

❾ 天羅：羅，羅網。指荊棘叢生、軍隊進入後如陷羅網無法擺脫的地形。

❿ 天陷：陷，陷阱。指地勢低窪、泥濘易陷的地帶。

⓫ 天隙：隙，狹隙。指兩山之間狹窄難行的谷地。

⓬ 辭卑而益備者，進也：敵人措辭謙卑恭順，同時又加強戰略，這表明敵人準備進犯。卑，卑謙、恭敬。益，增加、更加之意。

⓭ 辭強而進驅者，退也：敵人措辭強硬，在行動上又示以馳驅進逼之姿態，這是其準備後撤。

⓮ 輕車先出居其側者，陳也：輕車，戰車。陳，同「陣」，即佈陣。句意為戰車先擺在側翼，是在佈列陣勢。

⓯ 軍無懸甀也：甀同缶，汲水用的罐子，泛指炊具。此句意思是敵軍已收拾起了炊具。

⓰ 諄諄翕翕：懇切和順的樣子。

⓱ 徐與人言者：意謂語調和緩地同士卒商談。徐，徐緩溫和的樣子。人，此處指士卒。

⓲ 先暴而後畏其眾者：指將帥開始對士卒粗暴，繼而又懼怕士卒。

⓳ 足以並力、料敵、取人而已：指能做到集中兵力、正確判斷敵情、爭取人心

BOX

注釋

則足夠了。並力，集中兵力。料敵，觀察判斷敵情。取人，爭取人心，善於用人。

⑩ 故令之以文，齊之以武：令，教育。文，指政治道義。齊，整飭、規範。武，指軍紀軍法。此句的意思是用政治、道義來教育士卒，用軍紀軍法來統一、整飭部隊。

⑪ 令素行者，與眾相得也：意為軍紀軍令平素能夠順利執行的，是因為軍隊統帥同兵卒之間相處融洽。得，親和。相得，指關係融洽。

譯文

孫子說，凡是部署軍隊和觀察判斷敵情，都應該注意：通過山地，要靠近有水草的山谷，駐紮在居高向陽的地方，不要去仰攻敵人佔領了的高地，這是在山地部署機動軍隊的原則。橫渡江河，必須在遠離江河處駐紮；敵人渡水來戰，不要在他到水邊時予以迎擊，而要等他渡過一半時再進行攻擊，這樣才有利；如果要同敵人決戰，不要緊挨水邊佈兵列陣；在江河地帶駐紮，也應當居高向陽，不可面迎水流，這是在江河地帶部署軍隊的原則。通過鹽鹼沼澤地帶，應該迅速離開，不要停留；倘若同敵人相遇於鹽鹼沼澤地帶，那就一定要靠近水草並背靠樹林，這是在鹽鹼沼澤地帶部署機動軍隊的原則。在平原地帶要佔領平坦開闊地域，而側翼則應依託高地，做到前低後高，這是在平原地帶部署機動部隊的原則。以上四種部署軍隊之原則帶來的好處，正是黃帝之所以能戰勝其他「四帝」的原因。

在一般情況下駐軍，總是喜歡乾燥的高地，厭惡潮濕的窪地，重視向陽之處，輕視陰濕之地，靠近水草豐茂、軍需供應充足的地方，所以將士百病不生，這樣，克敵制勝就有了保證。在丘陵堤防地域，必須佔領朝南向陽的一面，而把主要側翼背靠著它，這些對於用兵有利的措施，是利用地形作為輔助條件的。上游下雨漲水，洪水驟至，若想要涉水過河，得等待水流平穩後再過。凡是遇上絕

澗、天井、天牢、天羅、天陷、天隙這六種地形，必須迅速離開，不要靠近。我軍遠遠離開它們，而讓敵人去接近它們；我軍應面向它們，而讓敵人去背靠它們。行軍過程中如遇到有險峻的道路、湖沼、蘆葦、山林和草木茂盛的地方，一定要謹慎地反覆搜索，這些都是敵人可能設下伏兵和隱藏奸細的地方。

敵人逼近而保持安靜的，是倚仗他佔領著險要的地形；敵人離我很遠而前來挑戰的，是想引誘我軍入其圈套；敵人之所以駐紮在平坦地帶，是因為他這樣做有利可圖；許多樹木搖曳擺動，這是敵人隱蔽前來；草叢中有許多遮障物，這是敵佈疑陣。鳥雀驚飛，這是下面有著伏兵；野獸駭奔，這是敵人大舉突襲。塵土又高又尖，這是敵人的戰車馳來；塵土低而寬廣，這是敵人的步兵開來；塵土四散有致，這是敵人在砍伐柴薪；塵土稀薄而又時起時落，這是敵人正在結寨紮營。敵人的使者措辭謙卑卻又在加緊戰備的，這是想要進攻；敵人使者措辭強硬而軍隊又做出前進姿態的，這是準備撤退；敵人戰車先出動，部署在側翼的，這是在佈列陣勢；敵人尚未受挫而主動前來講和

的，必定是有陰謀；敵人急速奔跑並擺開兵車列陣的，是期待同我決戰；敵人半進半退的，是企圖引誘我軍。敵兵倚著兵器站立，這是饑餓的表現；敵兵打水的人自己先喝，這是乾渴缺水的表現；敵人明見有利而不進兵爭奪，這是疲勞的表現；敵軍營寨上方飛鳥集結，表明是座空營；敵人夜間驚慌叫喊，這是其恐懼的表現；敵營驚擾紛亂，這表明敵將沒有威嚴；敵陣旗幟搖動不整齊，這說明敵人隊伍已經混亂；敵人軍官易怒煩躁，表明全軍已經疲倦；用糧食餵馬，殺牲口吃肉，收拾起炊具，不返回營寨，這是打算拚死突圍的窮寇。敵將低聲下氣同部下講話，這表明敵將已失去人心；接連不斷地犒賞士卒，這表明敵人已無計可施；反反覆覆地處罰部屬，這表明敵軍處境困難；敵方將領先對部下兇暴，後又害怕部下的，是最不精明的將領；敵人派遣使者前來送禮言好，這是敵人希冀休兵息戰。敵人逞怒同我對陣，可是久不交鋒而又不撤退，這就必須審慎地觀察他的意圖。

兵力並不在於愈多愈好，只要不是輕敵冒進，而能夠做到集中兵力、判明敵情、取得部下的信任和支援，

也就足夠了；那種既無深謀遠慮而又自負輕敵的人，一定會被敵人所俘虜。

　　士卒還沒有親近依附就施行懲罰，那麼他們就會不服，不服就難以使用；士卒已經親附，而軍紀軍法仍得不到執行，那也無法用他們去作戰。所以，要用懷柔寬仁的手段去教育他們，用軍紀軍法去管束他們，這樣就必定會取得部下的敬畏和擁戴。平素能嚴格命令，管教士卒，士卒就會養成服從的習慣。平素不重視嚴格執行命令，管教士卒，士卒就會養成不服從的習慣。平時命令能夠得到貫徹執行，這表明將帥同士卒之間相處融洽。

例 解
關羽水淹七軍

　　三國名將關羽也是深諳孫子兵法的，他成功的戰例是水淹七軍。

　　三國時，曹操在漢中一帶與蜀軍交戰，大敗。蜀將關羽乘勝追擊，率兵攻打樊城。樊城守將曹仁急忙派人請求曹操援助自己，為解樊城之圍，曹操急令于禁、龐德率七路人馬火速趕往支援。蜀魏兩軍經過幾次交鋒，不分勝負。不料一次在與龐德對陣時，關羽左臂中了魏軍暗箭，兩軍於是形成對峙之勢，戰爭一再拖延。

　　那時正是秋季，連綿的陰雨淅淅瀝瀝下個不停。蜀軍遠道而來，長期相持下去，必然糧草不濟，難以為戰。為求破敵之策，關羽一邊養傷，一連苦苦尋求速戰速決之法。有一天，其子關平報知關羽，于禁和龐德的七路人馬移駐樊城以北，關羽聽後，急忙帶人上高處察看。看到襄江因暴雨連綿，水勢猛漲，河水湍急，而于禁、龐德的七支大軍沿城北的十里山谷駐紮。關羽觀察了半天，忽然興奮地喊了一聲：「這下我可生擒于禁了！」眾將一聽，都感到很疑惑，

沒有人相信他的話。

　　返回營寨之後，關羽急令手下兵將趕造大小船隻和木筏子，又派兵士到襄江上游的各谷口截流積水。于禁和龐德對蜀軍行動一無所知，於是按兵不動，靜觀其變。

　　某天夜裡，天下大雨，狂風驟起。蜀軍乘勢決口放水，一時間水流似山洪爆發，洶湧而下，直奔山谷而去。于禁、龐德見洪水鋪天蓋地而來，急忙組織士兵救急。魏軍哪能擋

得住這迅猛的洪峰，頓時亂作一團，四下逃命。于禁和龐德帶著殘存的魏兵躲在小丘上，總算熬到了天亮，這時四周已全部是水，連樊城也淹了大半。魏軍被洪水淹死大半。剩下的兵將正疲於奔命之時，忽聽戰鼓雷鳴，殺聲震天，關羽率軍乘著大船和木筏子殺奔而來。而魏軍此時已疲憊至極，無力再戰。

　　見大勢已去，于禁只得束手就擒，龐德雖奮勇抵抗，終究身單力

明‧商喜　關羽擒將圖
《關羽擒將圖》描述的是三國時「水淹七軍，活捉龐德」故事。畫中的龐德雖然被擒，但心中不服，怒睜雙目、咬緊鋼牙、咆哮掙扎，幾近全裸的身體正可表現龐德雄壯的體魄。二員裨將一按住龐德，一正加緊釘敲木樁以捆縛龐德，否則真難制服龐德。關平欲拔佩劍，周倉屬聲喝斥，兩人高度警惕，隨時准備應付突發事件。而關羽相對輕鬆，坐於山石之上，正雙手抱膝，身體略向前傾，美髯拂動，氣宇軒昂，正注視著龐德的一舉一動。

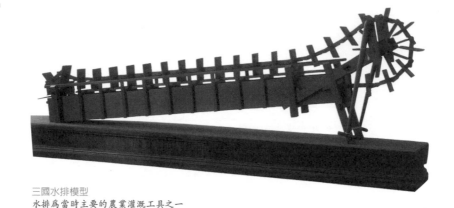

三國水排模型
水排爲當時主要的農業灌溉工具之一

孤，被蜀兵活捉。魏軍七路人馬除戰死的外，全部被蜀軍活捉，蜀軍大獲全勝，並乘機將樊城據爲己有。

關羽此戰例成功的要素，在於關羽將《孫子兵法‧行軍篇》的戰略靈活運用。《孫子兵法‧行軍篇》說「客絕水而來，勿迎之于水內，令半濟而擊之」，其意思是如果敵人渡水來戰，不要等到他們到岸上再迎擊，可以等他渡過一半再戰。

同時，《孫子兵法》也說「兵之利，地之助也」，「上雨、水沫至，欲涉者，待其定也」。而于禁、龐德恰在襄江連日陰雨、水勢暴漲時渡江，並且在「絕地」、「天井」等地駐紮，與兵法相背。而關羽卻駐紮高處，得天時地利之勢，然後決水，淹沒七軍。由此可見，關羽水淹七軍是運用《孫子兵法》的絕佳例證。

三國‧騎兵俑

東西魏沙苑、渭曲之戰

西元534年，統一了中國北方的北魏分裂為東魏和西魏兩個政權。西魏建都長安（今陝西西安），政權為丞相宇文泰所把持。東魏建都鄴（今河北臨漳南），政權為丞相高歡所把持。雙方政權為吞併對方，進行過多次的戰爭，發生於西元537年的沙苑、渭曲之戰只是其中的一次。在這次戰爭中，東魏出動二十萬大軍進攻西魏，西魏軍則以七千精騎迎戰。由

於西魏軍統帥宇文泰在兵法方面高出東魏高歡一籌，因而西魏軍能夠以弱勝強，贏得了這場戰爭的勝利。

西元534年，東魏倚仗地廣人多，軍事上佔有相對的優勢，便出動軍隊企圖佔領西魏重要關口潼關，但被西魏擊退。此後，東魏兩次出兵攻戰潼關未果。宇文泰對於高歡多次襲擊西魏要地憤憤不平，便於西元537年八月率軍東進，攻佔了東魏的軍事

南北朝・騎兵出行圖

要地恒農（今河南三門峽市西）。沒過多久，東魏高歡就命大將高敖曹領兵三萬，由洛陽向西反攻恒農，同時自率主力二十萬，由太原、臨汾南下，從蒲阪（今山西永濟西）西渡黃河，進襲關中，從而拉開了沙苑、渭曲之戰的序幕。

從高歡行動的趨向看，他是想分兩路向長安方向推進。一路由高敖曹領軍從洛陽出發打恒農，奪回恒農後

南北朝·鮮卑士兵俑

向潼關、渭南方向推進；另一路由高歡親自帶領，從蒲阪西渡黃河，佔領軍事要道華州，然後向前推進，爭取與高敖曹軍會合。

西魏宇文泰得知高歡西進的消息，決定盡全力阻止敵軍西進。他一面命大將王熊堅守華州（今陝西大荔），阻止魏軍西進；一面派人到各地徵調兵馬，並從恒農抽調出近萬人回救關中。東魏高敖曹趁勢包圍了恒農。高歡軍渡過黃河後，即攻華州城。然而華州城堅難攻，於是高歡命軍隊在距華州北三十餘里的許原屯駐。

宇文泰軍回到渭南後，便欲進擊高歡。部將們認為，各地徵調的兵馬還未趕到，敵我兵力懸殊較大，還是暫不迎戰為好。宇文泰堅持己見。他解釋說：現在東魏軍遠道而來，首攻華州不下，便屯兵許原觀望，說明他們軍隊人數雖多，但沒戰鬥力，也沒有苦戰克敵的精神，我們趁他立足未穩，地理不熟，趁機迎擊。如果讓其站穩腳跟，繼續西進，逼近長安，那就會動搖人心，形勢對西魏將更為不利。宇文泰的解釋打消了部將的疑慮，西魏軍抓緊做好北渡渭水的準備。

九月底，西魏軍在渭水上搭好浮橋。宇文泰親率輕騎七千，攜帶三天的糧秣，北渡渭水。十月一日，宇文泰軍進至距東魏軍六十里處的沙苑（今陝西大荔南）駐紮下來。

宇文泰率軍在沙苑紮營後，立即派人化裝成許原一帶的居民，潛入東魏兵營附近活動，偵察高歡軍隊的情況。經過偵察，宇文泰證實了自己的判斷。在人數對比上，宇文泰認識到敵軍確實強於自己，但東魏軍戰鬥力不強，而且驕傲輕敵。

這時，宇文泰部將李弼建議利用十里渭曲（渭河彎曲部分）沙丘起伏、沼澤縱橫、蘆葦叢生的有利地形，採取預先埋伏，佈設口袋，誘敵深入的伏擊之計，一舉消滅敵人。這個建議正符合宇文泰出奇制勝的想法，於是，宇文泰欣然採納此建議，決定利用渭曲複雜的地理環境打一場殲滅戰。

高歡聽說西魏軍已進至沙苑，便決定尋找宇文泰所率的西魏軍決戰。高歡取勝心切，在未作認真部署的情況下便從許原率兵前來交戰。西魏軍見敵軍出動，便依先前的謀劃在渭曲設了埋伏，並規定伏兵以擊鼓為號，突然襲擊，圍殲東魏軍於既設陣地。

南北朝·鮮卑武士陶俑群
這組俑群出土於河南洛陽北魏常山郡王邵墓，前為鎮墓獸，後為陶武士俑。陶俑形體修長，挺拔勁健，表現出特有的時代風貌。

高歡軍行進至渭曲附近，大將解律羌舉見到渭曲沼澤、沙丘起伏，茂密的蘆葦縱橫於沼澤地深處，覺得這種地形不利野戰，便向高歡建議留下部分兵力在沙苑與宇文泰軍相持，然後另以精騎西襲長安。高歡急於尋找宇文泰軍決戰，沒有同意他的意見。

高歡提出放火燒蘆葦，以火攻的辦法攻擊西魏軍，但是他的部將侯景提出異議說：「我們應當活捉宇文泰以示百姓，如果火燒蘆葦，把他一起燒死，屍體不好辨認，誰能相信呢？」高歡的另一部將彭樂也附和

說：「以我軍的兵力，幾乎是以一百個對他們一個，還怕打不贏嗎？」

在下屬的盲目樂觀與自信面前，高歡放棄了火燒蘆葦的主張，下令揮軍前進，進入沼澤沙丘搜索宇文泰軍。東魏軍自恃兵多勢眾，混亂地深入沼澤地，甚至毫無戰鬥隊形。宇文泰待東魏軍進入伏擊圈後，擂鼓出擊。西魏軍從左右兩翼猛烈衝擊東魏軍，將其截為數段。東魏軍遭到突然襲擊，本來亂糟糟的隊形更加混亂不堪，在陌生而又複雜的地形中無法展開，自相踐踏。西魏軍趁勢拚死奮戰，殺東魏軍六千餘人，俘敵八萬。東魏軍大敗潰散，高歡逃至蒲津，渡河東撤。沙苑、渭曲之戰以西魏的勝利與東魏的大敗宣告結束。

沙苑、渭曲之戰在東、西魏多次交戰中算不上是大的戰役，但我們仍可從這一次戰役中窺視出東、西魏軍在複雜地形條件下行軍作戰、處軍相敵方面的長短優劣。從戰爭的全過程中可以看出，西魏宇文泰在軍事部署及「處軍」、「相敵」方面，均深得兵法要領。

孫武在《孫子兵法·行軍篇》中提出，處軍的要領在於善於利用地形將軍隊佈置好，地形的選擇應於己有利而於敵不利；相敵的要領則在於正確地分析判斷敵情，善於透過敵軍的現象看到其本質。

沙苑、渭曲之戰決戰前夕，宇文泰不為東魏的兵勢所嚇倒，還從高歡攻華州不下而屯兵許原的現象中分析、判斷出東魏軍人多勢眾卻無戰鬥力的情況，制定了伏擊制敵的計劃。為了更準確地了解敵情，將敵軍引入伏擊圈，宇文泰將軍隊駐紮在許原敵營附近，並派人化裝偵察，摸清了敵軍的基本情況，最後殲敵人於事先佈置好的伏擊圈中，一舉擊敗敵軍。

東魏軍的失敗，一方面是由於驕傲輕敵，另一方面也在於他們的貿然輕進。臨戰前，高歡及部將明知地形不利，易遭伏擊，然主帥決策時聽不進正確意見，反依錯誤建議行事，違背孫子所說的處軍、相敵原則，最終導致了這次戰爭的失敗。

《孫子兵法·行軍篇》說：「兵非益多也，惟無武進……夫惟無慮而易敵者，必擒於人。」對照東魏軍的失敗，孫子處軍、相敵原則的重要價值，可見一斑。

薩爾滸之戰

萬曆四十七年（西元 1619 年），也就是後金天命四年，爆發了著名的薩爾滸之戰。其直接導火線是努爾哈赤在此前一年進攻撫順。後金大汗努爾哈赤於萬曆四十六年四月十三日宣佈與明朝大恨有七、小恨無數，因而大誓三軍，決定興師攻明。

努爾哈赤自起兵以來第一次與明朝公然決裂，並向明朝發起正面進攻的是撫順之戰。從此，他敲響了進攻明朝的戰鼓，宣告明與後金（清）長達二、三十年的戰爭的開始。

那麼，為何努爾哈赤選擇在萬曆四十六年向明朝公開挑戰呢？顯然，這不是他心血來潮的一時衝動，從表面上看，是因為他與明朝有「七大恨」，努爾哈赤才進攻撫順的。所謂七大恨，主要內容是：（一）明朝無故殺死努爾哈赤的父親、祖父；（二）明朝出兵保衛葉赫；

努爾哈赤曾用過的寶刀

（三）雙方曾有不許私越邊界的盟約，明朝軍民出境被努爾哈赤殺死，明朝指責他擅殺，並令他交出兇手；（四）明朝不許努爾哈赤等收取在柴河、撫安一帶所種的莊稼；（五）明扶持葉赫，使得葉赫將許給努爾哈赤的女子改嫁蒙古；（六）明朝偏聽葉赫一面之詞，遣使斥責努爾哈赤；

（七）努爾哈赤吞併了哈達，明朝令他恢復哈達原地，葉赫率先進攻努爾哈赤，明朝卻幫助葉赫，明朝是非不分，處處與建州為難，而偏袒葉赫、哈達。

自努爾哈赤出生以來，明朝與女真的關係在一定程度上由七大恨反映了出來（即女真接受明朝敕封，時叛時服，而明對女真則攻賞結合，分而治之），七大恨是對明廷的民族壓迫和邊吏無端欺侮的控拆。但努爾哈赤發佈七大恨，主要的還是一種政治策略。七大恨誓文

努爾哈赤像

姓愛新覺羅，女眞人。清王朝的奠基者，通漢語，二十五歲時，在祖居起兵統一女眞各部，平定東北部，並屢次打敗明朝軍隊。明神宗萬曆四十四年，建立後金，割據遼東，建元天命。薩爾滸之役後，遷都瀋陽。次年於寧遠城之役被明將袁崇煥砲石擊傷。憂憤而死。清朝建立後，尊其爲清太祖。

對內是發兵的動員令，號召女眞人同仇敵愾，對抗明朝；對外則是對明朝的宣戰書，打著報仇雪恨的旗號，表明後金師出有名。

事實上，努爾哈赤領兵侵犯撫順另有原因。

第一，努爾哈赤的羽毛業已豐滿，爲他進攻明朝提供了可能性。這時他已統一了海西女眞的三部，僅有葉赫在明的支援下苟延殘喘，但也是只有招架之功，並無還手之力，威脅不大。隨著實力的增長、政權的建立，努爾哈赤已無意像過去那樣與明朝周旋。業已基本統一的滿族的強大生氣和女眞貴族的貪欲爲他興兵攻明創造了條件。

第二，他目睹了明朝的政治腐敗和邊備廢弛，認爲攻明有極大的可能性。他曾多次同明朝打交道，對明朝大多數臣僚很無能的情況非常了解。自萬曆十八年以來，他曾多次入京朝貢，對明朝的政治腐敗了解更深。明王朝的邊備極爲廢弛，他滅了哈達，明廷出面制止，他第一次還是給了明朝面子，名義上恢復了哈達，可一年後又將哈達滅了，對此，明朝也沒有採取任何行動來制止。

第三，從萬曆四十四年起，遼東就發生了嚴重水災，後金地區受災更重，糧食不足，餓殍塞途，因此，在努爾哈赤看來，進攻明朝有很大的必要，以便奪取糧食、財物。

明朝廷進行了近十個月的戰前準備。首先是增調人馬。遼東兵力號稱八萬，但精壯能戰者只有一萬餘人，又分散於各地戍守，明廷無兵可用，乃徵調福建、浙江、四川、山東、山西、陝西、甘肅等軍隊赴遼。到萬曆四十七年二月，集結了主客官軍八萬

八千餘名，其中來自朝鮮的一萬三千人。其次進行了物質上的準備，加派遼餉，每畝三點五厘，共實派額銀二百餘萬兩。

明軍的戰略部署是分兵合進，後金的根據地赫圖阿拉是其目標。四路進兵，從四面包圍之，具體部署如下：東南路，總兵官劉率軍出寬奠，會合朝鮮軍一萬三千人，從東南向赫圖阿拉挺進；南路，遼東總兵李如柏率軍由清河出鴉鶻關，從南面進攻赫圖阿拉；北路，總兵馬林率軍由靖安堡趨開原、鐵嶺，從北面進攻赫圖阿拉；西路，山海關總兵杜松率軍由瀋陽出撫順關，沿渾河從西面向赫圖阿拉進發。經略楊鎬坐鎮瀋陽，為四路軍總指揮。

明·鋼輪發火模型
地雷的引爆裝置，也稱「自犯鋼輪」。

後金方面通過偵察，努爾哈赤盡悉明軍進攻方略，連明軍戰報也用重金雇人抄來。努爾哈赤知己知彼，確定作戰方略，「明使我先見南路有兵者，誘我兵而南也。其由撫順所西來者，必大兵也。急宜拒戰，破此，則他路兵不足患矣」（《清太祖高皇帝實錄》卷六），並概括為「憑爾幾路來，我只一路去」。

萬曆四十七年（西元1619年）正月，諸路軍既集，朝廷恐大軍屯集時間過長，耗費糧餉，要求速戰。決策人物大學士方從哲、兵部趙興邦皆不知邊防情況，發紅旗催戰，楊鎬不得已，於二月十一日誓師遼陽，約定四路大軍於二十一日進軍，二十一日趕上大雪迷路，推遲到二十五日。劉綎、杜松老將久歷戰陣，知敵未有可乘之機，勸楊鎬慎重行事，楊鎬不聽，懸一劍於軍門，威脅諸將再不聽令將以軍法從事，劉綎不敢再爭。在不明敵情、不諳地勢的情況下，大軍盲目出征。

努爾哈赤阻擊南路只率領了五百名守軍，他集中全部兵力，對杜松所率西路的三萬明軍進行迎擊。

明軍杜松一路出瀋陽，從撫順關出塞，道路平坦。三月初一出撫順，

沿渾河岸前進,第二天到達薩爾滸。得知後金爲阻擋明軍東進,正派兵構築界凡城,杜松乃留下二萬人駐守薩爾滸,自領一萬人攻打界凡。

這時,努爾哈赤率領的後金軍隊已到達界凡之東,把各個擊破的戰機抓住了,決定「先破薩爾滸所駐兵,此兵破,則界凡之衆,自喪膽矣」(《清太祖高皇帝實錄》卷六)。努爾哈赤派代善、皇太極帶領二旗截擊杜松,自己率六旗直攻薩爾滸,遭到數倍於自己的後金軍的突襲的明軍很快被全殲。努爾哈赤殲滅薩爾滸明軍後,迅速揮師界凡,與代善、皇太極軍會合。杜松萬人陷入後金軍六萬人

的重圍。明軍死者遍野、血流成河,杜松陣亡,西路軍全軍覆沒。在陝西久經戰陣的杜松,是一員勇將,此次先行,打算取頭功。他還隨身帶著鎖鏈,準備親縛努爾哈赤,說明他對敵情不明,輕敵妄動,終於導致覆亡的後果。

在西線全殲明軍主力以後,努爾哈赤隨即率師北上,迎擊馬林的北路軍。馬林雖爲總兵,但庸懦無能,並非將才,一路上他退縮不前,貽誤戰機。三月二日,北路軍得知杜松的西路軍慘敗的消息後,全軍頓時大嘩。馬林急忙轉攻爲守,但求自保,將北路軍分作三處紮營:馬林率兵萬人集

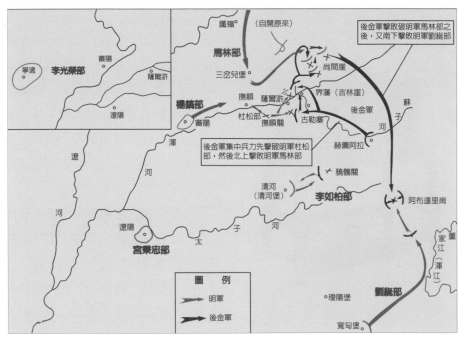

薩爾滸之戰作戰經過示意圖

明‧「壹千六百零二號」銃

結於尙間崖（今遼寧省撫順東北之白石山），北路監軍潘宗顏率幾千人紮營於斐芬山（在尙間崖東），遊擊龔念燧率少數兵力屯據斡輝鄂模（在尙間崖西），三營鼎足列陣，形成互爲犄角之勢。

後金軍儘管在兵力上佔絕對優勢，但針對明軍的部署，採取了分割包圍、一隅突破、各個殲滅的戰術，而並沒有採取全線出擊的打法。由於龔念燧營被最爲薄弱，所以首先成了被攻擊的物件，在八旗軍隊的衝擊下，龔念燧營全軍潰敗。

八旗軍隊在斡輝鄂模得手之後，馬林所在的尙間崖又成爲下一個目標，這裡是明北路軍的主力，馬林依山佈陣，環營挖了三道戰壕，外佈火器，內蓄精兵。兩軍相接以後展開了一場大戰，激戰方酣，前鋒稍一失利，馬林便率先逃跑，頓時營中大亂，副將麻岩等人率少數士兵經過艱苦抵抗，全部陣亡。

在拿下尙間崖大營以後，努爾哈赤又轉而進攻斐芬山的潘宗顏營。潘宗顏以開原兵備道僉事的身分作爲北路監軍，此人爲人耿直，頗具膽識。

他能在八旗軍隊的勇猛攻擊下，衝殺在前，視死如歸，所以軍士雖少，但鬥志旺盛，該部憑藉山勢施放火器，重創八旗軍，但寡不敵眾，在八旗軍的凌厲攻擊下終於全軍敗亡。北路的葉赫軍隊沒有和馬林等同行，他們來到開原中固城，聽到了明軍大敗的消息後，便馬上調轉馬頭，潛逃回營。

四路明軍已有兩路敗沒，東路的劉綎軍也難逃厄運。劉綎力大無比，號稱忠勇，是一員虎將，這時雖已年邁但餘威尙存。他善用大刀，人稱「劉大刀」。一百二十餘斤的鑌鐵大刀能揮舞自如，輪轉如飛。他在四川任事多年，手下有川、貴精兵數萬。劉奉旨入京後，想調川軍出關，但未及調動便被催上了征程。

所以，此路在四路軍中較弱，兩萬多名中朝聯合軍隊，多屬臨時調湊，準備很差，由寬奠到赫圖阿拉，沿途山高水深，道路險遠，劉綎指揮軍隊艱難前進，行速較慢，當三月初四來到距赫圖阿拉五十里遠的地方時，西北兩路已經敗沒，而劉綎卻全然不知。在結束了西、北戰事以後，

努爾哈赤便留四千人守衛都城，以得勝之兵全力迎擊劉綎的東路軍，對劉綎部的包圍之勢逐漸形成。

努爾哈赤派降順漢人扮成杜松軍卒，令其手持令箭，詐稱杜松已經旗開得勝，順利進抵赫圖阿拉，誘劉綎快速進軍。劉綎不知是計，怕杜松搶得頭功，竟然自率精銳為前鋒，催馬來到阿布達裏岡（在赫圖阿拉南，今遼寧省新賓榆樹鄉境內），完全走進了後金的埋伏圈。後金軍隊伏兵四出，向明軍發起了攻擊。老將劉綎陷入了重圍，他面頰被削去了一半，身上受傷十多處，但仍然奮力拚殺，並手刃數十敵，最後落馬身亡。

擊敗劉綎以後，代善等又移師南行，撲向朝鮮軍隊所在的桓察（今遼寧省富仁縣西北）。這裏還有明監軍康應乾統領的明軍餘部，該部明軍在八旗軍隊的攻擊下一觸即潰。助明作戰的朝鮮軍隊迫於兵威，走投無路，自都元帥姜弘立、副元帥金景瑞以下，不戰而降，歸順後金。明朝在朝軍中的監軍喬一琦情知無力回天，投崖而死，東路明軍至此完全失敗。

經略楊鎬在東路劉綎軍未敗之前，四路出師，兩路已敗，知道大事不妙，急發令箭通知南（李如柏）、東（劉綎）兩路回師，但東路劉綎部在令箭送到前業已敗亡。怯懦無能的李如柏，原本不願出師，上路以後他一直觀望不前，接到楊鎬令箭，正中下懷，慌忙率軍回師瀋陽。在四路明軍中，全師而返的僅有南路。

這場大戰，在三個戰場上進行了三次大戰，歷時五天，由於主戰場在薩爾滸，故稱薩爾滸之戰。薩爾滸之戰以後金的勝利、明朝的失敗而告終。

從表面上看，堂堂天朝大國以十萬之眾，竟敗在了僅據一隅的「彈丸」後金的手中，似乎有些不可思議，事實上這也是必然的。

《孫子兵法·行軍篇》說：「兵非益多也，惟無武進，足以並力、料敵、取人而已；夫惟無慮而易敵者，必擒於人。」意思是說，兵力並不是越多越好，只在於不是輕敵易進，而能夠集中兵力，判明敵情，取得部下

薩爾滸大戰的遺物—明代鐵砲

的信任和支援，也就足夠了。那種既無深謀遠慮而又自負輕敵的人，一定會遭致失敗。

明軍的行動首先就是違背了《孫子兵法》的精神，而後金努爾哈赤詳細掌握了明軍的一切情況，選擇了最好的時機展開攻勢。當時明王朝的政治腐敗、武備廢弛、危機四伏、日薄西山，正好和後金的勵精圖治、金戈鐵馬、眾志成城、方興未艾形成鮮明對照。

在這次戰爭中，調集了全國兵力物力的明朝，期望透過犁庭掃穴，摧毀後金，阻止其入犯內地。結果因為號令不一，兵力分散，上下相蒙，軍無鬥志，在不明敵情的情況下出征，再加上將領有勇無謀，行軍輕率，不熟悉《孫子兵法・行軍篇》所列的地勢，結果在薩爾滸遭後金軍突襲被殲。

薩爾滸之戰，歸根結底，金、明雙方統帥的素質是最主要的一點，努爾哈赤是女真各部經過大浪淘沙而湧現出來的英雄，是經過磨練的，而楊鎬是世襲制下無能的皇帝領導的平庸的將領，楊鎬根本不可能與努爾哈赤相比。在薩爾滸之戰中，努爾哈赤的軍事天才得到了充分體現。他的每道命令都非常英明而果斷，在他的領導下，後金軍隊上下一心，奮勇殺敵，每一步都贏得主動，終於取得了空前的大捷。孫子說，「令之以文，齊之以武，是謂必取」、「令素行者，與眾相得」，這也是軍隊作戰獲勝的基本條件。

明金雙方關係的轉折是薩爾滸之戰，這場大戰以明朝的失敗而告終。明朝在此戰中損失將領三百一十名，陣亡軍丁四萬五千餘名，戰後「人心不固，兵氣不揚」。同時，明朝兩百多年的基業也被這場大戰震憾了，雖然戰鬥是遠在後金的都城附近進行的，但明軍的三路敗沒，不僅一時間「京師震動」，而且也沉重打擊了明王朝，從此致命的後金問題一直困擾著明王朝，而且局勢日益嚴重。

這場大戰對於後金來講，與其說是保衛政權的防守戰，不如說是後金兵進攻遼瀋的軍事大演習，遼瀋地區於兩年之後便被努爾哈赤攻佔了。所以說，薩爾滸之戰是《孫子兵法・行軍篇》思想的又一佐證，它是中國歷史上較為著名的戰例之一。

地形篇

原文

孫子曰：地形有通者，有掛者，有支者，有隘者，有險者，有遠者。我可以往，彼可以來，曰通；通形者，先居高陽，利糧道，以戰則利。可以往，難以返，曰掛；掛形者，敵無備，出而勝之；敵若有備，出而不勝，難以返，不利❶。我出而不利，彼出而不利，曰支；支形者，敵雖利我，我無出也；引而去之，令敵半出而擊之❷，利。隘形者，我先居之，必盈之以待敵❸；若敵先居之，盈而勿從，不盈而從之❹。險形者，我先居之，必居高陽以待敵；若敵先居之，引而去之，勿從也。遠形者，勢均，難以挑戰，戰而不利。凡此六者，地之道也；將之至任❺，不可不察也。

故兵有走者❻，有馳者，有陷者，有崩者，有亂者，有北者。凡此六者，非天之災，將之過也。夫勢均，以一擊十，曰走❼。卒強吏弱，曰馳❽。吏強卒弱，曰陷❾。大吏怒而不服，遇敵懟而自戰，將不知其能，曰崩。將弱不嚴，教道不明，吏卒無常，陳兵縱橫，曰亂。將不能料敵，以少合眾，以弱擊強，兵無選鋒，曰北。凡此六者，敗之道也；將之至任，不可不察也。

夫地形者，兵之助也。料敵制勝，計險、遠近❿，上將之道也。知此而用戰者必勝，不知此而用戰者必敗。故戰道必勝，主曰無戰，必戰可也；戰道不勝，曰必戰，無戰可也⓫。故進不求名，退不避罪，唯人是保，而利合於主，國之寶也。

視卒如嬰兒，故可與之赴深；視卒如愛子，故可與之俱死。厚而不能使，愛而不能令⓬，亂而不能治，譬若驕子，不可用也。

知吾卒之可以擊，而不知敵之不可擊，勝之半也；知敵之可擊，而不知吾卒之不可以擊，勝之半也；知敵之可擊，知吾卒之可以擊，而不知地形之不可以戰，勝之半也。故知兵者，動而不迷，舉而不窮⓭。故曰：知彼知己，勝乃不殆；知天知地，勝乃不窮⓮。

譯文

孫子說地形有「通」、「掛」、「支」、「隘」、「險」、「遠」等六種。凡是我們可以去，敵人也可以來的地域，叫做「通」，在「通」形地域上，應搶先佔領開闊向陽的高地，保持糧草供應的暢通，這樣對敵作戰就有利。凡是可以前進、難以返回的地域，稱作「掛」，在「掛」形地域

BOX

上，假如敵人沒有防備，我們可以突然出擊戰勝他們，倘若敵人已有防備，我們出擊就不能取勝，而且難以回師，這就不利了。凡是我軍出擊不利，敵人出擊也不利的地域叫做「支」，在「支」形地域上，敵人雖然以利相誘，我們也不要出擊，而應該率軍假裝退卻，誘使敵人出擊一半時再回師反擊，這樣就有利。在「隘」形地域上，我們應該先敵佔領，並用重兵封鎖隘口，以等待敵人的進犯。如果敵人已先佔據了隘口，並用重兵把守，我們就不要去攻擊；如果敵人沒有用重兵據守隘口，那麼就可以進攻。在「險」形地域上，如果我軍先敵佔領，就必須控制開闊向陽的高地，以等待敵人來犯；如果敵人先我佔領，就應該率軍撤離，不要去攻打它。在「遠」形地域上，敵我雙方勢均力敵，就不宜去挑戰，勉強求戰，很是不利。以上六點，是利用地形的原則，這是將帥的重大責任所在，不可不認真考察研究。

軍隊打敗仗有「走」、「馳」、「陷」、「崩」、「亂」、「北」六種情況。這六種情況的發生，不是由於天然的災害，而是將帥自身的過錯造成的。在勢均力敵的情況下，以一擊十

而導致失敗的，叫做「走」。士卒強悍，將吏懦弱而造成敗北的，叫做「馳」。將帥強悍，士卒懦弱而潰敗的，叫做「陷」。偏將怨憤不服從指揮，遇到敵人憤然擅自出戰，主將又不了解他們的能力，因而失敗的，叫做「崩」。將帥懦弱缺乏威嚴，訓練教育沒有章法，官兵關係混亂緊張，列兵布陣雜亂無章，因此而致敗的，叫做「亂」。將帥不能正確判斷敵情，以少擊眾，以弱擊強，作戰又沒有精銳先鋒部隊，因而敗北的，叫做「北」。以上六種情況，均是導致失敗的原因，這是將帥的重大責任之所在，是不可不認真考察研究的。

地形是用兵打仗的輔助條件。正確判斷敵情，積極掌握主動，考察地形險惡，計算道路遠近，這些都是賢能的將領必須掌握的方法。懂得這些道理並去指揮作戰，必定能夠勝利，不了解這些道理去指揮作戰的，必定失敗。所以，根據戰爭規律進行分析，有著必勝把握的，即使國君主張不打，堅持去打也是可以的；根據戰爭規律進行分析，沒有必勝把握的，即使國君主張一定要打，不打也是可以的。進不謀求戰勝的名聲，退不回避違命的罪責，只求保全百姓，符合國君利益，這樣的將帥，是國家的寶貴財富。

對待士卒就像對待嬰兒一樣，那麼士卒就可以同他共赴患難；對待士卒就像對待愛子一樣，那麼士卒就可以跟他同生共死。如果對士卒厚待而不能使用，溺愛而不能教育，違法而不能懲治，那就如同嬌慣的子女一樣，是不可以用來與敵作戰的。

只了解自己的部隊可以打，而不了解該敵不能去打，取勝的可能只有一半；只了解該敵可以打，而不了解自己的部隊不宜去打，取勝的可能只有一半；既知道敵人可以打，也知道自己的部隊能夠打，但是不了解地形不利於作戰，取勝的可能性仍然只有一半。所以，懂得用兵的人，他行動起來不會迷惑，他的作戰措施變化無窮，而不致困窘。所以說，了解對方，了解自己，爭取勝利也就不會有危險。懂得天時，懂得地利，勝利也就可以永無窮盡了。

例 解
井陘之戰

項羽分封不久,齊地田榮叛亂,項羽於是率領大軍北上,準備攻打齊地。趁楚都彭城空虛之機,劉邦率軍攻擊彭城。項羽知道後,急帶兵回救,將劉邦打得大敗。劉邦西逃,忽聞魏王豹反叛,便令大將韓信擊魏。韓信採用佯攻蒲阪、暗渡夏陽的計謀,一舉平定了魏地。

定魏之後,韓信、張耳率幾萬軍隊進攻趙國。井陘關是由代入趙的必經之路。趙王歇和陳餘聞聽漢軍將要攻趙,把主力軍集中在井陘關。當時趙軍號稱有二十萬人,軍容甚壯。

廣武君李左車對成安君陳餘說:「聽說漢將韓信渡過黃河,俘虜魏王,活捉夏說。劉邦派張耳做韓信的幫手,正想辦法要攻下趙國。這支隊伍乘戰勝之威疾馳而來,其勢銳不可當。兵行千里,糧草便有供應不上的危險。一旦漢軍糧草供應困難,就只能靠撿些濕柴燒飯,士兵們就一定會受餓。井陘關形勢險惡,兩輛車不能並行,騎兵也不能排成一列。在這樣的隘道中,大軍綿延幾百里,魚貫而行,軍需糧草一定會走在後面。因此,我們可以利用井陘關的地利,擊敗漢軍。我請求撥給我三萬精兵,抄山間小路攔截漢軍的後勤補給。您留在這裡率領大軍深掘戰壕,高築營壘,堅守陣地,不要出兵同漢軍交戰。在這種戰局下,漢軍進退不得,我帶軍攔住他們的退路,他們沒有糧草軍需品,不用十天功夫,韓信和張耳的人頭便會懸在軍壘之前!希望您認真考慮我的策略,否則,我軍就會有莫大的危險。」

韓信像
韓信(?—西元前196年),淮陰(今江蘇淮安)人,是西漢開國名將,漢初三傑之一。韓信為漢朝立下汗馬功勞,卻也因此引起劉邦猜忌,項羽自殺後,其勢力被一再削弱,最後由於被控謀反被呂后及蕭何騙入宮內,處死於長樂宮鐘室。歷任齊王、楚王、淮陰侯等。

秦‧彩繪銅車

陳餘是一個不懂戰略戰術的儒生。他認為，正義的軍隊作戰時不必用奇謀詭計便能戰勝敵人，所以陳餘根本沒有把韓信放在眼裡，也不採納李左車的計策。

韓信深知井陘關險路的兵家大忌，在進山之前就派密探前去趙國竊取情報。當韓信得知陳拒絕了李左車的建議後，才放心大膽地帶著部隊向那狹長的險路進軍。離井陘口還有三十里時，韓信下令大軍停止前進，安營紮寨。一天深夜，韓信選出兩千輕騎兵，每人拿著一面漢軍小旗，從小路走，到了可以看見趙軍動靜的山坡上，隱蔽起來等候攻擊的命令。

韓信指示率兵的軍將說：「我軍主力同趙軍稍一交鋒就佯裝戰敗，趙軍一定會全力以赴來追趕我們。此時，你們快速衝入趙軍營壘，把趙軍旗幟拔掉，插上我漢軍的旗幟，奪取

營壘，堵死趙軍的後路！」

第二天清晨，大部隊還沒有出發，韓信命部下軍將給士兵發一點早餐慰勞大家。將領們都半信半疑。韓信又同身邊的將領們商議說：「目前，趙軍佔據有利地形，見不到我軍的主將和主力部隊，他們是不會輕易出來的。我們應該想辦法，誘敵出戰。」於是派一萬人作先頭部隊，開出營寨，面對趙軍，背靠河水，擺成了陣勢。趙軍一見漢軍擺成這種只能前進不得後退的陣容，紛紛嘲笑漢軍的愚昧無知。

天色已經大亮，韓信登上戰車，插上大將旗幟，擂響戰鼓，大軍浩浩蕩蕩開到井陘關前。趙軍將士對漢軍已心存輕視，求勝心切，立即衝出關門抗擊漢軍。兩軍相持一段時間，韓信、張耳假裝戰敗，拋棄主帥的旗鼓，迅速撤退到排在水邊的軍陣之

西漢・金鑲嵌短劍

中。趙軍見漢軍後退，於是全軍出動，爭先恐後地掠奪漢軍的旗鼓，向漢軍追了過去。

韓信和張耳帶領的先頭部隊退到水邊，與那裡的主力部隊會合，然後發起反攻。將士們奮勇當先，以一當十，擋住了趙軍的衝擊。雙方一時勝負難決，形成拉鋸戰。此時，隱蔽在趙營附近的漢軍二千輕騎兵見趙軍傾巢而出，便迅速衝入趙軍營壘。趙營

秦・鐵盾復原圖

中的士兵被韓信的這一招弄得人慌馬亂，被漢軍打得東奔西竄。漢兵撥掉趙軍的軍旗，換上了漢軍的軍旗，死死守住井陘關口。

關口外的趙軍軍心大亂，將士東竄西逃，趙將雖竭力制止奔逃，斬殺逃亡士兵，仍然起不了什麼作用。漢軍兩面夾攻，將士奮勇殺敵，趙軍死的死，降的降，成安君陳餘被殺，趙王歇被活捉。

韓信見勝局已定，於是傳令軍中：「活捉李左車，不許傷害。誰捉到李左車，獎賞千金！」命令傳下不久，就有人把李左車綁到韓信跟前。韓信立即下帥車，親自給李左車鬆綁，請他坐上自己的戰車，自己坐在下座，行弟子禮與李左車交談。

戰鬥結束後，將士把俘虜、斬殺的首級和繳獲的軍械物資交上，同向韓信祝賀。有人問韓信：「兵法講，列陣時要右邊背靠山，左邊靠水，然而我們此次作戰，將軍卻背水列陣，與兵書所講剛好相反。您事先告訴我

們說，破了趙軍再吃飯，當時我們以為是鼓勵之語而已，現在果真如此。不知你用的是什麼戰術？」韓信大笑，解釋道：「這在兵法上是有依據的，只是各位沒注意到而已！兵書中講，陷之死地而後生，置之亡地而後存。我指揮的這些士兵平時沒有受過我多少訓練，我並不了解他們的實際作戰能力。在這種情況下，惟有把軍隊放在只進不退的絕境，使每個人意識到，只有拚命才能活命，殊死作戰才能取生。相反，如果把軍隊安置在可進可退的有利地形，若遇上危險，士兵便想著逃跑，又怎麼能與如此強大的趙軍作戰呢？」諸將聽後驚嘆不已，說：「這是我們萬萬沒想到的。」

奪下井陘關，漢軍輕而易舉地平滅了趙國。戰後，韓信招降燕人，南與成皋（今河南滎陽汜水鎮）戰場漢軍互相呼應，對楚軍的側後方形成極大威脅。

這次戰役，韓信深入險地，背水

棧道遺址

設陣，一舉殲滅趙軍，成為中國古代戰爭史上靈活用兵、以少勝多的著名戰例。

關於地形，《孫子兵法》說：「有掛者，有支者，有隘者，有險者，有遠者。」從井陘之戰來說，陳餘明知道井陘關山谷在地形上屬於隘地，卻拒絕了李左車的建議，結果不設陣防，被韓信搶得了先機，招致慘敗。孫子說，「地形有交，將軍至任，不可不察」，自有一番道理。

孫子說：「知天知地，勝乃不窮。」這是兵法中相當具體的策略。我們可以從這個戰例上得到許多有益的啟示。

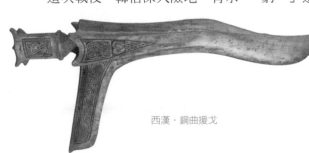
西漢·銅曲援戈

▼
地
形
篇

成皋之戰

井陘一戰後，韓信獲得全勝，李左車被他奉爲上賓，兩人一起商討軍事。李左車對韓信說：「陳餘雖然不是戰無不勝的將軍，但確實胸有韜略，只因一次差錯，身死水濱，遺恨終生。從目前局勢分析，將軍巧用木筏渡黃河，突襲魏國，俘虜魏王豹，又在閼與捉住夏說。接著一戰攻克井陘關，戰勝趙國，不到一個上午打敗二十萬趙軍。這幾次大戰役稱得上名震天下。聽說敵國的人們心懷恐懼，以爲自身生命朝不保夕，都放下鋤頭，只圖眼前吃些好的，顧不得日後，等待將軍的攻伐。這局勢確實對將軍特別有利。然而，漢軍將士長年在外征戰，奔波南北，十分疲乏。若用這支軍隊跋涉千里到燕國去作戰，燕國城防堅固，士卒眾多，恐怕一時難以攻下，或許會相持日久。到那個時候，漢軍的弱點會完全暴露給對方，時間越往後，弱點也就越明顯，容易陷入被動局面，且糧草供應愈困難。到那地步，較弱的燕國不能征服，強大的齊國也就更難對付了。東

方燕國和齊的問題不解決，楚漢戰爭的形勢也就難見分曉。我以爲，將軍想遠途伐燕的戰略不太妥當，是以己之短，攻彼之長，用漢軍的短處與燕軍的長處相較量。從眼下的形勢來判斷，不如命令將士解下盔甲，放下武器，留守趙國，安撫百姓。這樣一來，趙國百姓會感激漢軍的開明，因此，酒肉糧食的供應就會源源不斷地送來。漢軍休整後，大規模北進，開到通往燕國的大道上，整軍待發。然後，派一個能言善辯的使者帶上信箋

漢高祖劉邦像
劉邦（西元前256年—前195年），字季，漢朝開國皇帝，廟號爲太祖（但自司馬遷時就稱其爲高祖，後世多慣用之），諡號爲高皇帝，所以史稱太祖高皇帝、漢高祖或漢高帝。出身平民階級。成爲皇帝之前又稱沛公、漢中王。

送往燕國，把漢軍的神威講給燕國國君，燕君必會驚恐萬分，乖乖地歸順過來。等到收服燕國之後，再派使者到齊國去，將利害關係向他們說明。齊國即使有聰明人，在那樣的形勢下也不知如何才好，齊也只得順應時勢歸降漢王了。燕齊歸漢，天下大事也就豁然明朗了。用兵之道，注重聲東擊西，先聲奪人，刀兵相見乃是下策。」

韓信聽李左車說得頭頭是道，佩服地說：「妙極了！」於是便依照他的計策，將大軍休整後開到燕國邊界，讓一個使者到燕國去送信。燕受到威脅，立即表示願意歸順漢王。韓信派人報告劉邦，請求立張耳為趙王，鎮守趙國。劉邦一聽先後奪取趙、燕，大為高興，就封張耳為趙王。

在韓信征服趙、燕的同時，漢王劉邦率漢軍主力正與楚王項羽苦戰於滎陽和成皋一帶。漢軍駐守滎陽，築起甬道，同時利用河上交通運輸糧食等軍需品。為了切斷劉邦的糧草補給，項羽屢次出兵侵奪漢軍所運糧草。漢軍糧食匱乏，劉邦深以為患，要求與楚講和，中分天下，滎陽以西為漢王之地，以東為楚王之地。項羽也苦於連年征戰，準備答應劉邦的請求。

項羽的謀士范增勸阻道：「漢軍是可以打敗的。如果現在不抓住時機把劉邦除掉，恐怕會養癰成患，待他站穩腳跟，後悔就晚了！」項羽聽取了范增的建議，拒絕了劉邦的要求，率主力急圍滎陽。劉邦在滎陽城中被團團圍困，糧草斷絕，孤立無援。部下陳平建議劉邦設法離間項羽同范增的關係，除掉范增，項羽也就容易對付了。劉邦採納了陳平的計策。結果范增被項羽逼走。項羽加緊圍攻滎陽，情況十分緊急。漢將紀信獻計，讓自己穿王者袍服，乘皇輿，從東門出來，假裝漢軍出降。楚兵信以為

西漢・武士俑

眞，高呼萬歲，一些楚將趁機擄掠城中放出的美女。就在此慌亂時刻，漢王劉邦帶了數十快騎，由城的西門奪路而去，直奔成皋（今河南滎陽汜水）。

漢王劉邦逃出滎陽後，向南入宛、葉之間，得與九江王英布會合，集合散兵，再次入守成皋。成皋地形險要，春秋時稱「虎牢關」，是眾人覬覦的一個重要關口。漢王四年（西元前203年），項羽兵圍成皋，劉邦寡不敵眾，同夏侯嬰從成皋北門渡河逃往修武（今河南西北部）。到修武後，得到韓信、張耳的軍隊，其他各路戰將也漸漸匯聚過來，漢軍又振作起來。楚軍攻下成皋後，打算向西繼續進軍，遭漢兵阻拒，兩軍相持不下。

此時，彭越渡過黃河攻擊楚的東阿，殺死楚將薛公，進逼楚軍大本營。項羽聽說後方情況危急，立即回兵向東擊彭越。劉邦見項羽東歸，想率軍渡河南進，受鄭忠勸諫，便留軍於河內，派劉賈帶兵東去助彭越，燒掉楚軍的糧草。項羽先後擊破劉賈，殺敗彭越。

為爭中原之地，劉邦帶領軍隊向南渡過黃河，第三次入據成皋，佔領廣武，取得敖倉的軍糧。項羽平定東方的亂局，掉頭西來，在靠近廣武的地方安營紮寨。楚漢兩軍相持數月。

東方的彭越經過休整，再次由梁地起兵，向楚軍的後方發起進攻，攔截楚軍糧運，項羽深為不安。他想盡快結束與劉邦的爭鬥，可一時又難以取勝。項羽對劉邦說：「天下戰亂不寧，生靈塗炭，只因你我二人相爭。我願意同你單槍匹馬決戰，一人對一人，一決雌雄。不要因為你我二人禍害天下！」老奸巨滑的劉邦冷笑著說：「我劉邦寧肯鬥智，不願鬥力！」

無奈之下，項羽派勇士到漢軍陣前挑戰，劉邦高掛免戰牌，並安排部隊中擅長射箭的一位樓煩人將挑戰的楚兵射死。項羽再派，又被射死，連續三次。項羽大怒，親自披甲上陣，前去挑戰。樓煩人又要射箭，項羽怒目責叱，樓煩人聞聲喪膽，不敢放箭，返身回到營壘，不敢再出來。劉邦派人責問，方知因害怕項羽而致，劉邦也很吃驚。

項羽靠近漢軍陣前責罵劉邦，劉邦反指責項羽的不義行徑。項羽大怒，要與劉邦一戰，劉邦不理，並歷數項羽的罪狀。

受到劉邦一番臭罵，項羽惱羞成怒，讓暗中埋伏的弩手向劉邦疾射。劉邦毫無防備，胸部受傷。為穩定軍心，他卻握住了自己的腳說：「這混蛋射中了我的腳趾！」

為免使楚軍乘機攻漢，張良請漢王劉邦勉強起床，登上帥車，巡視三軍，慰勞將士，以安士卒，然後，退回成皋養傷。病情剛剛好轉，劉邦便西行入關到櫟陽，慰問父老鄉親。在櫟陽停留四天，又回到前線，統軍於廣武，拉開了與項羽再戰的序幕。

成皋之戰，劉邦及其謀臣武將注意政治、軍事多方面的配合，把翼側迂迴、正面相持和後方襲擾的戰術相結合，調動、疲憊、削弱直至戰勝強敵。它在中國古代戰爭史上佔有重要地位，為後世兵家提供了豐富的用兵韜略。

成皋可等同於《孫子兵法·地形篇》所說的「遠」地，這是對項羽而言的。「遠形者，勢均，難以挑戰，戰而不利。」孫子也說：「料敵制勝，計險、遠近，上將之道也，知此而用戰者必勝，不知此而用戰者必敗。故戰道必勝，主曰無戰，必戰可也；戰道不勝，主曰必戰，無戰可也。」其大意也就是要正確判斷敵情，積極爭取主動，要考察地形，計算道路遠近。同時要分析有沒有戰勝的可能性，然後決定打與不打。在這一點上，項羽求戰心切，而劉邦卻忍而避之，以靜制動，爭取主動性。結果項羽被劉邦牽制，陷入被動局面，疲於奔命，最終導致決定性的失敗。成皋之戰證明了孫子兵法的正確性。

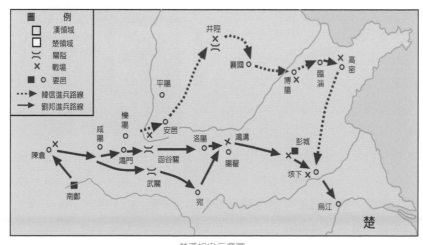

楚漢相爭示意圖

雍丘、睢陽之戰

　　唐朝名將張巡，生於鄧州南陽（一說蒲州河東），聰明穎慧，有才幹，博聞強識，讀書不過三遍，即終身不忘。他又熟悉兵法，擅長用兵。他進士出身，天寶年間任清河令，眾人重氣節，講義氣，常常傾財救濟危困。宰相楊國忠權勢顯赫，有人勸他追隨楊國忠以求飛黃騰達，被他斷然拒絕。他出任眞源令時，當地土豪華南金驕奢淫逸，不遵守法規，張巡依法將其鎮壓，被赦免的華南金餘黨沒有敢不棄惡從善的。而且張巡為政寬宏簡約，人民十分信賴他。

　　安史之亂爆發後，譙郡太守楊萬石投降安祿山，還逼迫張巡也向叛軍投降。張巡到達眞源後，挑選精兵千人，起兵討伐叛軍，西行至雍丘（今河南杞縣）與單父尉賈賁招募豪傑，同興義舉。

　　天寶十五年二月，雍丘令令狐潮投降叛軍，率兵攻打雍丘，賈賁率兵迎擊，英勇犧牲。張巡率兵苦戰，擊退叛兵。從此張巡統率賈賁餘部，自稱是靈昌太守、河南都知兵馬使吳王李祇的先鋒使，堅守雍丘城。

　　三月初二，令狐潮與叛將李懷仙、楊朝宗、謝無同率軍四萬撲向雍丘。雍丘軍民見敵人是自己的幾倍，非常害怕。張巡鼓勵士兵說：「賊兵仗著兵強馬壯，有輕敵之心，我們若出其不意偷襲他們，叛兵必定驚慌潰敗。他們的勢力一旦受挫，雍丘城自然可以保住了。」張巡命千餘人守城，自己率領千餘士兵，組成幾個分

張巡像

張巡，(西元709年—757年)，唐朝著名將領。鄧州南陽（今屬河南）人，天寶十五年（西元755年），安史之亂中，與太守許遠共同作戰，在內無糧草、外無援兵的情況下，城破被俘，英勇就義。他以區區兩縣幾千兵力，苦守雍丘、睢陽兩個孤城近二年，以弱勝強，以少勝多，顯示了傑出的軍事才能。

隊，打開城門直向叛兵衝去。敵營被衝潰，只好收兵。次日，叛軍又來攻城，擺上百餘門大砲轟城。城牆被毀壞，張巡於是在城上立木柵拒敵，密密麻麻的敵人開始登城，張巡命士兵點著浸過油的敵草向叛兵頭上扔去，迫使敵軍撤退。

張巡抓住戰機進擊，與敵人周旋六十餘日，大小三百餘戰。雍丘守城士兵食不解甲，受了傷包紮一下繼續戰鬥，徹底擊退了叛兵進犯，並俘獲二千人，一時聲勢大振。

雍丘城由於長期被圍，城中彈盡糧絕。張巡偵察到叛軍有幾百艘運糧鹽船往雍丘城開來，馬上在城南埋伏下人馬。趁令狐潮傾力攻城時，張巡悄悄派勇士渡過河搶回一千石鹽米，緩解了缺糧危機。

接著張巡又向敵人「借箭」：命令士兵紮了一千多個藁草人，給它們披上黑衣，遠遠望去，宛如真人。一天夜裡，把這一千多個草人用繩子縋到城下，叛兵哪知是假，對草人一陣猛射，箭如雨下。當搞清中計後，唐兵已得到數十萬矢。

過了些時候，張巡又夜縋士兵，叛軍以爲仍是草人，沒有防備心。只見下城的五百勇士們以破竹之勢攻到賊營。叛軍頓時大亂，慌忙逃竄，被唐兵追趕十餘里。令狐潮氣急敗壞，惱羞成怒，增派士兵圍城。張巡屢屢出奇制勝，以千餘名士兵制服數萬叛兵，迫使敵人退守陳留，不敢輕易圍城。

十二日，令狐潮見久圍雍丘城不下，於是在雍丘北築城紮寨，企圖長期圍困雍丘，斷絕雍丘的糧援。這時雍丘東北的魯郡、東平郡、濟陰相繼失陷，叛將楊朝宗率領兩萬步騎兵襲擊寧陵，切斷張巡的後路。張巡分析局勢，感到雍丘是小城，儲備又不足，一旦敵人大舉圍攻，必難堅守，決定放棄雍丘移兵退守寧陵。寧陵東與睢陽毗鄰，兩地相距僅四十五里。張巡於是率領三千名士兵與睢陽太守許遠、城父令姚誾會合。

張巡、許遠在寧陵城西北與楊朝宗激戰，晝夜交鋒數十次，大破叛兵，殺敵一萬多人。楊朝宗十分狼狽，連夜逃走了。

肅宗任命張巡爲河南節度副使。爲鼓勵士兵殺敵，張巡派人與河南節度使虢王李巨聯繫，申請一些空白委任狀與賜物，以酬勞立功將士。但是李巨僅給三十通折衝、果毅告身，賜物一點也不給。張巡寫信責問，李巨

竟不理會。

叛軍發生內訌，安祿山被謀士嚴莊和兒子安慶緒殺死。安慶緒自立為帝，任命叛將尹子奇為汴州刺史、河南節度使，與唐兵爭奪睢陽。睢陽位於汴河沿岸，是聯結關中與江淮的交通樞紐，有十分重要的戰略地位。叛兵為佔據江淮這塊富庶的地方，派重兵圍攻睢陽。至德二年正月二十五日，尹子奇率領嫣、檀及同羅、奚兵共三十萬人猛攻睢陽。張巡與許遠的部隊合計共六千八百人，迎戰叛兵。

張巡身先士卒，在前線督戰，不分晝夜，有時一天會打二十多次仗。唐兵經十六天艱苦鏖戰，共擒獲叛將六十多人，殺敵二萬餘，士氣大增。許遠佩服張巡指揮有方，誠懇地對他說：「我是一儒生，不懂兵法，您智勇雙全，就請您來主持軍務吧。」張巡爽快地答應了。從此，許遠負責調發糧餉、修理武器、加固城防諸事，張巡則帶兵打仗，統籌方略，二人配合默契，使叛軍不能得逞。

到三月，尹子奇又帶兵大舉攻城。張巡在陣前慷慨激昂地對將士們說：「我受國恩，已準備為國而死，所痛心的只是各位為國捐軀殺敵，卻得不到應有酬勳。」將士聽了此話無不感動激奮，紛紛請戰。張巡命令宰殺牛羊，犒勞士兵，然後率城內所有士兵迎戰。

叛軍正嘲笑唐軍兵少時，睢陽城士兵如閃電一般直向敵人衝來。只見張巡一馬當先，扛著旌旗跑在最前面。各位將領也不甘落後，率兵衝殺。唐兵一鼓作氣，斬殺叛將三十多人和三千士卒。叛軍大敗，逃到幾十里外。第二天，尹子奇重整隊伍又來攻城，張巡再次親自掛帥，與敵晝夜拚殺三十餘回合，屢次擊敗敵人。但是叛軍仗著兵多勢眾，仍舊不停地攻城。

五月，尹子奇加緊圍攻睢陽城。張巡避免與強敵正面交鋒，戰術靈活多變，以智取勝。他讓士兵在夜裡鳴鼓整隊，做出一副要出擊的樣子，叛兵只好通宵戒備。黎明時分，城中的鼓聲漸漸微弱，唐兵也都忽然不見了。防備一夜的叛兵早已

唐·舉旗騎兵俑

十分疲憊，看到城裡已偃旗息鼓，於是也解甲休息。就在這時，只見城門大開，張巡與將軍南霽雲、郎將雷萬春等十餘名大將各帶五十名騎兵衝到叛軍營前。敵營陣腳大亂，五十多名將領頃刻刀下斃命，五千多士卒喪生。張巡想臨陣斬尹子奇，只是大家都不認識他。張巡心生一計，以藁草為箭矢，射進叛軍營內，中箭的士兵誤以為唐兵已沒有箭矢了，連忙向尹子奇報告，尹子奇喜出望外，親自出馬督戰。張巡命南霽雲一箭射去，正中尹子奇左眼，他疼痛難忍，趕忙鳴金收兵，只好逃命。

七月初六，尹子奇再次徵兵數萬圍攻睢陽。當初，張巡儲蓄了六萬石糧食，城中軍民可以使用一年。虢王李巨命把一半糧食撥給濮陽、濟陰二郡，張巡據理力爭，卻沒有結果。濟陰得糧後投降了叛軍，睢陽城卻由於長期被圍而開始斷糧，每日只能供應將士一合米，只好以茶紙、樹皮充饑。由於缺糧，來不及補充陣亡將士，士兵減員，僅剩一千六百人。士兵由於饑餓傷病和戰鬥力大為

削弱。叛軍雖然屢戰屢敗，但是給養充足，又可隨時徵兵補員，得以不斷攻城。這次叛兵見守城力量有所削弱，開始架雲梯登城。

張巡一面加固城防工事，一面令士兵在城牆上鑿了三個洞，待雲梯接近城時，第一個洞中伸出一根頂端帶鐵鈎的大木，將雲梯鈎住，使之不能後撤；第二洞的木棍則將雲梯頂住，使其不能靠城；第三個洞伸出的木棍頂端掛著一個燃燒著大火的鐵籠，將雲梯從中燒斷，梯上士兵也全被燒死。叛軍又用鈎車鈎塌了城上棚閣，張巡於是在大木上安上連鎖和大鐵環，毀壞鈎車。叛軍造木驢攻城，張

唐鎧甲穿戴展示圖
本圖為鎧甲穿戴展示圖及兜鍪、靴子圖。這種類型的鎧甲，比初唐更加精緻，甲衣上的裝飾，也更加繁縟細緻，是中唐時的典型樣式。

巡命士兵將熔化的鐵汁澆到木轤上。叛軍又在城西北用土囊和木頭搭臺階攻城，張巡白天不理會，命令士兵每晚從城牆上往下扔松明、乾草等易燃物。這樣進行了十幾天，竟未被發覺。隨後，張巡派兵出擊，順手點燃了臺階，將臺階完全燒毀了。叛軍苦心經營的一個又一個計劃遭到失敗。最後，尹子奇也不得不佩服張巡用兵神奇，暫時停止攻城，在城外挖了三道深壕，並設立木柵，打算打持久戰。

城中唐兵只剩下六百人，張巡和許遠於是分兵而守，張巡守東北，許遠守西南，二位將領與士兵同甘共苦，同寢共食。

張巡對叛將展開攻心戰術。一次，張巡詰問李懷忠在叛軍中待了多長時間，父祖是否做官。李懷忠一一回答。張巡對他曉以大義說：「您家世代做官，食天子俸祿，為何要跟隨叛賊，背叛朝廷呢？」懷忠有些動搖，但說：「您所說不差，我從前做朝廷將領，曾多次奮力戰死，結果被俘虜，看來天意如此啊。」張巡說：「自古以來謀反叛逆的都沒有好下場的。一旦事平，您的父母妻兒難免被殺，難道您就忍心讓他們受戮嗎？」

李懷忠掩泣而去，不久就帶著數十人投降了唐兵。被張巡勸說投誠的前後有二百多人。

當時，譙郡許叔冀、彭城尚衡、臨淮賀蘭進明都擁兵自重，不去救援。睢陽城裡日益困難，張巡不得已派大將南霽雲率三十騎兵突圍向臨淮的賀蘭進明求援。南霽雲等人奮力衝破敵軍阻攔，有兩名騎兵陣亡。南霽雲飛馬狂奔到臨淮，賀蘭進明不打算出兵援救，說：「睢陽城失陷已是意料中的事了，現在去救還有什麼用。」南霽雲慷慨陳詞道：「假如睢陽城失陷，霽雲願意以死向您謝罪。退一步說，睢陽不保，也要殃及臨淮，兩地如皮毛相依。皮之不存，毛將焉附，怎能見死不救。」

原來，宰相房琯與賀蘭進明不和，讓賀蘭進明做河南節度使，又派許叔冀做賀蘭進明的都知兵馬使，兩人都兼任御史大夫。許叔冀自恃兵精糧足，官職又與賀蘭進明相同，不甘受其節制。賀蘭進明對許叔冀十分提防，怕分兵救援時遭到他的襲擊，再加上忌妒張巡、許遠，因此不願救援。但他十分欣賞南霽雲的勇敢，想留下他，於是備下豐盛的酒宴款待，引南霽雲入座。南霽雲痛不欲生，

唐‧騎兵交戰圖

說：「霽雲昨天離開睢陽的時候，睢陽城已經斷糧一個多月了，我雖然饑腸轆轆，但一想到忍餓守城的將士們，實在咽不下這美酒佳肴，您坐擁強兵，眼看著睢陽要陷沒，卻不出兵救援，這豈是忠義之士的作為？」

南霽雲越說越激動，伸手拔出身上利劍，切下自己的一個手指，「霽雲既然不能完成主將所交的使命，就留手指為證，也好回報主將。」在座的人都為南霽雲的行為所震懾，有的將領感動而泣。

南霽雲見賀蘭進明不肯出兵，便立即告辭，臨行時他張弓搭箭射中佛寺的磚牆，狠狠地說：「有朝一日我能破賊回來，一定要誅殺賀蘭進明，這箭就表示我的決心。」霽雲飛奔到寧陵，與城使廉坦同率領三千騎兵回救睢陽，一路邊戰邊行。至城下時，

被敵人發覺，一場激戰後只剩下千餘人。這一天晚上下了大霧，張巡從城外激戰聲中聽到南霽雲的聲音，於是開城門將其接入。城中守兵得知救援無望，皆痛哭失聲。叛兵見城援斷絕，攻得更加急迫。

到了十月，睢陽城彈盡糧絕，岌岌可危。有人建議棄城東走。張巡、許遠商議後認為睢陽是江淮的屏障，一旦失守，叛軍長驅直入，江淮必不能保。而且士兵疲憊不堪，撤退也十分困難。再者睢陽周圍還有唐軍，不如竭力保城等待援兵。當下張巡動員僅存的四百士兵，人人準備與城共存亡。城裡茶紙也吃完了，便開始吃馬。馬盡之後，又吃麻雀老鼠，最後連鼠雀都吃盡，於是張巡殺死愛妾，許遠殺死家奴，讓士兵食肉果腹。

初九，叛軍再次攻城。將士饑病難耐，已無縛雞之力。張巡見狀，知大勢已去，拱手向西而拜說：「臣已竭盡全力，不能保全此城，生既不能報答陛下，死後也要做屬鬼殺賊。」

睢陽城終於失陷，他和許遠等人被俘。尹子奇問他：「聽說您每次作戰，都把眼眶裂開，牙齒咬碎，這是什麼原因呢？」張巡迴答：「我志在吞掉你們這些叛賊，只可惜力不從心！」尹子奇用刀撬開他的嘴，果然只剩下三四顆牙齒。

張巡大罵道：「我為皇上而死，哪像你們這些依附叛賊、豬狗不如的人！」尹子奇雖然十分惱怒，但也佩服他的氣節，不想殺他。周圍人勸道：「張巡是個守節的人，一定不會向我們投降。況且他很得士心，留下終是後患。」尹子奇又勸降南霽雲。張巡大呼：「男子漢大丈夫死就死矣，不可因為不義而苟且偷生！」南霽雲微笑點頭。張巡、南霽雲、姚訚、雷萬春等三十六將同日被殺，許遠被押到偃師（今屬河南），也不屈而死。張巡死前鎮定自若，容貌不改，死時年僅四十九歲。

《孫子兵法‧地形篇》說地形有「通」、「掛」、「支」、「隘」、「險」、「遠」六種，張巡所堅守的雍丘城兼而有之，他善於利用孫子兵法中的戰術，靈活機動，屢屢挫敗叛軍的進攻。

張巡用兵不拘陣法，常常隨機應變，出奇制勝，以少勝多。張巡也是孫子所言的「進不求名，退不避罪，唯人是保，而利合于主的國之良將」，不愧為「國之寶也」。

他在力守睢陽城時，真的像孫子所說的「視卒如嬰兒，故可與之赴深溪；視卒如愛子，故可與之俱死」。每每臨戰，他身先士卒，一旦有士兵氣餒後退時，他總是說：「我不離開戰場，你也趕緊殺敵！」所以將士個個奮勇爭先。他以誠待人，體恤士兵，城中數萬兵民被他問過姓名的，都一一記在心裡。他又賞罰分明，號令嚴明，與將士同甘共苦，所以將士都願意和他一起拚死守城。

孫子云：「知吾卒之可以擊，而不知敵之不可擊，勝之半也；知敵之可擊，而不知吾卒之不可以擊，勝之半也；知敵之可擊，知吾卒之可以擊，而不知地形之不可以戰，勝之半也；故知兵者，動而不迷，舉而不窮。」張巡是明白這一點的，因此，他的行動十分鎮定、機智，所採取的方法也變化無窮，絲毫不感到困窘而自亂陣腳。

采石之戰

　　采石是古代長江下游江防要地，又名牛渚山，位於今安徽省馬鞍山市西南隅，長江東岸，北通南京，南達蕪湖。與采石渡口隔江相望的是和州（今和縣）橫江渡。牛渚山爲南京西南屏障，有「寧蕪要塞」之稱。東漢末年名將孫策襲奪牛渚營後，設重兵駐守，始爲戍兵要地。隋置牛赭圻鎮，唐設采石戍，到宋時叫作采石鎮。戍、鎮位於牛渚山上，居高臨下，俯視采石渡口。牛渚山三面環水，西南麓突入江中，名爲采石磯（又名牛渚磯），與岳陽城陵磯、南京燕子磯並稱爲「長江三磯」。采石磯附近江面水勢平緩，歷來爲大江南北重要津渡，「古來江南有事，從采石渡者十之九」。西元975年，宋朝軍隊在采石展開一場大戰，從而滅亡了南唐。

　　當時有一位江南書生叫樊若水，在南唐考進士，屢試不中，即謀歸宋，以圖富貴。平常無事之時，以釣

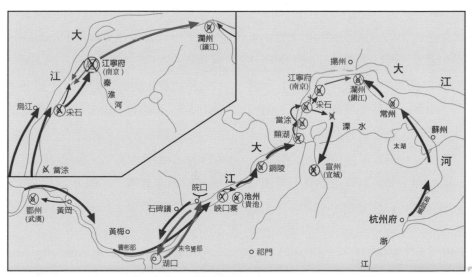

宋滅南唐之戰要圖

李煜像

李煜（西元937年—978年），為南唐的末代皇帝。李煜原名從嘉，字重光，號蓮峰居士。南唐中主李璟第六子。宋建隆二年（西元961年）在金陵即位，在位十五年，世稱李後主。他嗣位的時候，南唐已奉宋正朔，苟安於江南一隅。宋開寶七年（西元974年），宋太祖屢次遣人詔其北上，均辭不去。同年十月，宋兵南下攻金陵。隔年十一月城破，後主肉袒出降，被俘到汴京，封違命侯。太宗即位，進封隴西郡公。太平興國三年（西元978年）七夕是他四十二歲生日，宋太宗恨他有「故國不堪回首月明中」之詞，命人在宴會上將他毒死。追封吳王，葬洛陽邙山。

魚為名，乘了一隻小船，忽來忽往，或左或右，在江中遊行，把江南岸的寬窄和江水的深淺都測量得十分清楚。常把一根長繩從南岸繫定，用船引至北岸，如此地量過數十次，因此江南的尺寸不差累黍。

現在聽到宋廷要出師討平江南，便潛赴汴京，見過太祖，即取長江圖奉上。太祖接過細看，見長江的曲折險要，均詳細載明，至采石磯一帶，還注明江南的闊狹及水的深淺。太祖大喜，當即授樊若水為右參贊大夫，命赴軍前候用；又下諭令荊湖造黑黃龍船數千艘，遣使監督，限期造成；又以大舟裝載巨竹，自荊湖東下。

這時江南屯戍的邊將，見宋軍到來，還以為是來巡江，並不出兵攔阻。直待宋軍到了池州，方才大悟，原來宋軍是南侵。由於城中毫無防範，只得棄城遁去。曹彬兵不血刃得了池州，即進軍銅陵，才有江南兵到來廝殺，卻被宋軍乘銳而上，殺得四散奔逃。

曹彬統領人馬順利抵達石牌。樊若水已奉命趕到部隊前面，製造浮橋，先於江岸隱僻之處督工試辦，然後移至采石磯，三日就造完，不差尺寸。曹彬見浮橋已成，就命潘美帶著步兵，先行渡江。兵履其上，如同平地一般。

南唐後主得到稟報後，立即下令都虞侯杜真率步兵萬人，鎮海節度使同平章事鄭彥華督水軍萬人，共同抗擊宋軍，且面諭道：「我軍必須水陸相濟，方可獲勝，切勿互相推委！」杜、鄭二將領命而去。鄭彥華統領戰船，直趨浮梁，鳴鼓而進，意在截斷浮梁，使宋軍首尾不能相顧。潘美聞得有兵來攻打浮梁，即選五千弓弩

手，排列兩岸。待江南戰船駛來，一聲鼓響，箭如雨下，江南兵被射死無數，一時間難以抵擋，只得敗退。杜眞所領步兵已從岸上趕來，潘美不待他擺成陣勢，便揮兵衝殺過去，勢如狂風驟雨一般。杜眞的部下，方才跑得喘息未定，豈能抵敵？片刻間，就被殺得七零八落，落荒而逃。

宋軍已搗破白鷺洲，進逼新林港，又分兵攻下溧水等地。宋軍所至，勢如破竹，各郡縣紛紛投降。宋師曹彬直逼秦淮，夾河列陣。秦淮河在金陵城南，水道可達城中。江南兵水陸數萬，列陣城下，據河而守。潘美率兵臨河，由於船隻未到齊，部下有些顧慮。潘美大怒道：「我兵自汴至此，戰無不勝，攻無不克，任是什麼險阻，也不能阻撓我軍，奈何因這一衣帶水，便裹足不前呢？」說罷，縱馬直前，絕流而渡。見主將躍馬而渡，各軍也就跟著過去。

江南兵見宋師渡河，拚死抵擋，但終是招架不住，只得退入水寨，堅守不出。巧值宋都虞侯李漢瓊用巨艦滿載葦葭而來，就因風縱火，焚毀南城水寨，寨中守卒，不是葬身火海，

宋・海船復原模型

宋太祖像

宋太祖趙匡胤（西元927年─976年），中國北宋王
朝的建立者，廟號太祖，涿州（今河北涿州）人。
西元948年，投後漢樞密使郭威幕下，屢立戰功。西
元951年郭威稱帝建立後周，趙匡胤任禁軍軍官、殿
前都點檢。周世宗柴榮死後，恭帝即位，建隆元年
（西元960年），他以鎮、定二州的名義，詭報契丹聯
合北漢大舉南侵，領兵出征，發動「陳橋兵變」，黃
袍加身，代周稱帝，建立宋朝，定都開封。

就是餵了魚腹，水寨頃刻被破。後主
李煜不禁著急起來，親自上城巡視。
登城而望，但見宋師已在城外立下營
寨，鋪天蓋地，這時才知不妙，立即
下令急召都虞侯贇他接到後主的急
旨，便率領水師一萬，由湖口順流而
下，意欲斷絕宋軍的歸路，焚毀采石
磯的浮梁，令他軍心搖動，然後揮師
截擊。

　　曹彬探知消息，招戰棹都部署王
明，授了計謀，命往采石磯防堵來
軍。王明領了密計，飛速前去。那贇
帶著戰艦，連夜駛下，將近采石磯，

遙望前面，帆檣如雲，好似有數千艘
戰艦排列在那裡。贇一見，大吃一
驚，又值天色已晚，恐為敵人所伏
擊，便傳令將戰船在皖口停泊一夜，
待至天明，再行進兵。哪知到了半
夜，忽聞戰鼓如雷，水陸相應，許多
敵艦順江而來，火炬照得滿江通明，
岸上江中，兩下夾攻，喊聲不絕，也
辨不出有多少宋師。贇不知虛實，惟
恐中計，急命軍士縱火，將船堵住，
令其不能近前。不料北風大作，自己
的戰艦都在南面，那火勢隨風捲來，
沒有燒到敵船，自己的戰船反而著
火，全軍頓時驚潰。贇也慌了手腳，
急命各艦拔碇返奔，無奈艦身高大，
轉動不便，早被敵軍乘勢逼近，跳過
船來，刀槍齊施，亂砍亂戳，兵士的
頭顱紛紛滾下水去。贇束手就擒，原
來擒獲他的那位宋將就是王明。

　　他領了曹彬的密計，在浮梁上
下，豎著無數長木，懸掛旗幟，作為
疑兵，遠遠望去，好似帆檣。又預約
劉遇，帶了步兵，從岸上殺來，水陸
夾擊。果然贇中計，不戰自亂。宋師
不過五千步卒、五千水師，總共才一
萬人，擊敗了江南十萬水師。曹彬也
可算善於用兵了。

　　南宋抗金時的采石之戰，是歷史

上著名的戰例之一。南宋紹興二十一年（西元 1161 年），金帝完顏亮率師南侵，欲渡采石，進逼建康。南宋名臣虞允文，據牛渚，扼天塹，以少勝多，大敗金兵，它與北宋以一萬兵馬打敗南唐十萬兵馬的采石之戰非常相似，有異曲同工之妙。

正隆六年秋，金帝完顏亮調集三十二萬大軍，分路出兵，意在一舉滅宋。十月初，完顏亮親率主力十七萬進抵淮河北岸，欲從壽春（今安徽壽縣）渡淮。南宋擔任淮西防務的建康都統制王權，聞金軍來攻，不加抵禦，致使金軍順利渡淮。宋軍退至和州（今安徽和縣），將士紛紛請戰，王權畏懼，乘船先逃，部眾只得隨之敗退采石。進入和州後，完顏亮拆房造船，準備十一月初八渡江。

王權軍不戰自潰，使南宋憑藉的長江天險受到考驗。為挽救危局，宋廷解除了王權職務，命諸軍統制李顯忠負責江防，派督視江淮軍馬府參謀

宋・清白釉兵馬俑

北宋竹火鷂模型
火藥武器，用竹編成腹大口狹形狀修長的竹籠，用杆草三、五斤束在籠口為尾形，封住籠口，施放時點燃尾草放之。

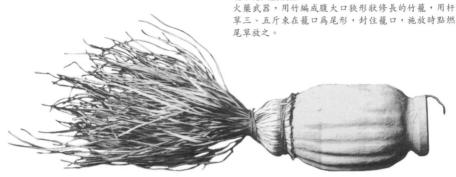

軍事虞允文催李顯忠赴任，並到采石犒師。

虞允文十一月初至采石，見形勢緊急，在金軍即將渡江、李顯忠未至的緊急情況下，集兵一萬八千人，主動指揮迎戰金軍。他將步騎軍隱蔽於高地後，嚴陣以待，並分水軍的海鰍船為五隊：一隊居中；兩隊載以精兵，為東西翼，由當涂（今屬安徽）民兵組成，踏車駛舟，軍民協力截擊金軍舟船；兩隊分別隱蔽在小港，作為後備力量。

金軍大批舟船由楊林河口駛出，部分船隻衝開宋軍戰船，強行登岸。虞允文往來指揮將士迎戰，部將時俊等見虞允文挺身在前，遂率領兵將奮勇拚殺，很快消滅了登岸金軍。海鰍船在江中來往衝擊，並施放霹靂砲，金軍紛紛落水，大多死於江中，餘船退出楊林河。虞允文判定金軍必再來攻，當晚命時俊率海鰍船控制楊林河口。在楊林渡口，再次擊敗金軍，並燒毀金軍船隻三百艘。

完顏亮從采石渡江的計劃最終落空，只得退回和州，轉往揚州，準備從瓜州渡江。虞允文識破金軍東去意圖，遂率軍星夜馳援鎮江（今屬江蘇），李寶率水軍從平江出發，沿海北上，於十月下旬抵達石臼山，得知金艦隊正停泊在唐島（又名陳家島，今山東靈山衛附近）。李寶出其不意，先發制人，用火攻衝入金船隊。金軍絕大部分船隻被燒毀，未著火的船隻企圖頑抗，宋軍將士跳上敵艦，奮勇拚殺。金艦隊全軍覆沒，僅蘇保衡一個人逃脫。

得知水軍已被宋軍全殲，利用水軍攻佔臨安的企圖已經破滅，完顏亮

不禁大怒。這時，完顏褒乘完顏亮南下之機，奪取了金政權，黃河以北已歸附新皇帝金世宗。完顏亮無奈，只得孤注一擲，妄圖渡江佔領江南地區，命令金軍三天內全部渡江，違令者處死，致使內部矛盾激化。完顏亮十一月二十七日被部下殺死。十二月初，東路金軍退出，宋軍乘機收復兩淮地區；中路金軍也於十二月退兵，宋軍收復洛陽及長水、嵩州、永寧等縣。完顏亮南侵之行以失敗告終。

縱觀宋朝兩次采石大戰，我們可以發現北宋將士能正確利用采石磯一帶的地形條件，以正確判斷敵情，掌握主動。而南唐李煜卻並不設防，當得知宋軍侵入後，才慌忙組織防禦，顯然被動。再加上宋軍有備而來，施以火攻，南唐軍敗亡無法避免。

所以孫子說：「地形者，兵之助也，料敵制勝，計險、遠近，上將之道也。」至於金兵入侵南宋在采石被殲，主要在於虞允文善於利用采石一帶有利地形，在「通形」之地「先居高陽」，趁敵不備，出而勝之，主動出擊，牽制敵人。我們也可以說采石亦為「支地」，「敵雖利我，我無出也，引而去之，令敵半出而擊之」。當金軍大批水軍衝開宋軍強行登岸時，宋軍以火砲轟擊，勝券在握，然後施與火攻之術，加上地形有利，宋軍獲勝是無疑的。

此戰，虞允文在緊急關頭挺身而出，組織與指揮采石軍民迎戰金軍。由於他兵力部署有序，指揮果斷，充分發揮宋軍的水上優勢，從而轉敗為勝，扭轉了戰局。

九地篇

原文

孫子曰：用兵之法，有散地，有輕地，有爭地，有交地，有衢地，有重地，有圮地，有圍地，有死地。諸侯自戰之地，為散地❶。入人之地而不深者，為輕地❷。我得則利，彼得亦利者，為爭地。我可以往，彼可以來者，為交地。諸侯之地三屬，先至而得天下之眾者，為衢地❸。入人之地深，背城邑多者，為重地❹。行山林、險阻、沮澤，凡難行之道者，為圮地❺。所由入者隘，所從歸者迂，彼寡可以擊吾之眾者，為圍地❻。疾戰則存，不疾戰則亡者，為死地❼。是故散地則無戰，輕地則無止，爭地則無攻，交地則無絕，衢地則合交，重地則掠，圮地則行，圍地則謀，死地則戰。

所謂古之善用兵者，能使敵人前後不相及，眾寡不相恃，貴賤不相救，上下不相收，卒離而不集，兵合而不齊。合於利而動，不合於利而止。敢問：「敵眾整而將來，待之若何？」曰：「先奪其所愛，則聽矣。」兵之情主速，乘人之不及，由不虞之道❽，攻其所不戒也。

凡為客之道❾，深入則專，主人不克；掠于饒野，三軍足食；謹養而勿勞，並氣積力❿，運兵計謀，為不可測。投之無所往，死且不北⓫。死焉不得⓬，士人盡力。兵士甚陷則不懼，無所往則固，深入則拘，不得已則鬥。是故其兵不修而戒，不求而得，不約而親，不令而信。禁祥去疑，至死無所之。吾士無餘財，非惡貨也；無餘命，非惡壽也。令發之日，士卒坐者涕沾襟，偃臥者涕交頤。投之無所往者，諸、劌之勇也⓭。

故善用兵者，譬如率然⓮；率然者，常山⓯之蛇也。擊其首則尾至，擊其尾則首至，擊其中則首尾俱至。敢問：「兵可使如率然乎？」曰：「可。」夫吳人與越人相惡也，當其同舟而濟，遇風，其相救也如左右手。是故方馬埋輪，未足恃也⓰；齊勇若一，政之道也；剛柔皆得，地之理也。故善用兵者，攜手若使一人，不得已也。

將軍之事，靜以幽，正以治。能愚士卒之耳目，使之無知；易其事，革其謀，使人無識；易其居，迂其途，使人不得慮。帥與之期，如登高而去其梯。帥與之深入諸侯之地，而發其機，焚舟破釜，若驅群羊，驅而往，驅而來，莫知所之。聚三軍之眾，投之於險，此謂將軍之事也。九地之變，屈伸之利，人情之理，不可不察也。

凡為客之道，深則專，淺則散。去國越境而師者，絕地也；四達者，衢地也；入深者，重地也；入淺者，輕地也；背固前隘者，圍地也；無所往者，死地也。是故，散地，吾將一其志；輕地，吾將使之屬●；爭地，吾將趨其後；交地，吾將謹其守；衢地，吾將固其結；重地，吾將繼其食；圮地，吾將進其涂●；圍地，吾將塞其闕；死地，吾將示之以不活。故兵之情，圍則禦，不得已則鬥，過則從。

是故不知諸侯之謀者，不能預交；不知山林、險阻、沮澤之形者，不能行軍；不用鄉導者，不能得地利。四五者，不知一，非霸王之兵也●。夫霸王之兵，伐大國，則其眾不得聚；威加於敵，則其交不得合。是故不爭天下之交，不養天下之權，信己之私，威加於敵，故其城可拔，其國可隳●。施無法之賞，懸無政之令，犯三軍之眾，若使一人。犯之以事，勿告以言；犯之以利，勿告以害。投之亡地然後存，陷之死地然後生。夫眾陷於害，然後能為勝敗。故為兵之事，在於順詳敵之意，並敵一向，千里殺將，此謂巧能成事者也。

是故政舉之日，夷關折符，無通其使●；厲於廊廟之上，以誅其事。敵人開闔，必亟入之。先其所愛，微與之期。踐墨隨敵，以決戰事。是故始如處女，敵人開戶；後如脫兔，敵不及拒●。

注釋

● 諸侯自戰之地，為散地：意思是諸侯在自己領土上同敵人作戰，遇上危急就容易逃散，這種地域叫做「散地」。
● 入人之地而不深者，為輕地：進入敵地不深，官兵易於輕返的地區叫做「輕地」。
● 先至而得天下之眾者，為衢地：誰先到達就可以得到四周諸侯的援助，這樣的地方叫做「衢地」。

注釋

❹ 入人之地深，背城邑多者，為重地：進入敵境已遠，隔著很多敵國城邑的地區，叫做「重地」。

❺ 行山林、險阻、沮澤，凡難行之道者，為圮地：凡是山林、險要隘路、水網湖沼這類難行的地區，叫做「圮地」。

❻ 圍地：意為道路狹隘，退路迂遠，敵人能以少擊眾的地區。

❼ 疾戰則存，不疾戰則亡者，為死地：地勢險惡，只有奮勇作戰才能生存，不迅速力戰就難免覆滅的地區，叫「死地」。

❽ 由不虞之道：由，經過、通過。不虞，不曾料想，不曾意料到。句意為要走敵人預料不到的路徑。

❾ 為客之道：客，客軍，指離開本國進入敵國的軍隊。這句的意思是指離開本國進入敵國作戰的規律。

❿ 並氣積力：並，合，引申為集中、保持。積，積蓄。意為保持士氣，積蓄戰鬥力。

⓫ 投之無所往，死且不北：將士兵置於無路可走的境地，雖死也不會敗退。投，投放。

⓬ 死焉不得：焉，疑問代詞，何、什麼的意思。此句意為士卒死且不懼，那還有什麼不能做到呢？

⓭ 諸、劌之勇也：像專諸、曹劌那樣英勇無畏。諸，專諸，春秋時吳國的勇士。西元前515年，專諸在吳公子光招待吳王僚的宴席上，用藏於魚腹的劍刺死吳王僚，自己也當場被殺。劌，曹劌，春秋時期魯國的武士。在齊魯柯地（今山東東阿）會盟上，他劫持齊桓公，迫使齊同魯訂立盟約，收回為齊所侵的魯國土地。

⓮ 率然：古代傳說中的一種蛇。

⓯ 常山：即恒山，五嶽中的北嶽，位於今山西渾源南。西漢時為避諱漢文帝劉恒的「恒」字，改稱「常山」。

⓰ 方馬埋輪，未足恃也：意為將馬並排地繫縛在一起，將車輪埋起來，想用此來穩定部隊，以示堅守的決心，是靠不住的。

⓱ 吾將使之屬：屬，連接。使之屬，使軍隊部署相連接。

⓲ 進其涂：要迅速通過。涂通「途」。

⓳ 四五者，不知一，非霸王之兵也：意為九地的利害關係，有一不知，就不能成為霸主的軍隊。四五者，泛指。

⓴ 隳：音灰，毀壞、摧毀之意。

㉑ 政舉之日，夷關折符，無通其使：政，指戰爭行動。舉，實施、決定。夷，封鎖。折，折斷，這裡可理解為廢除。符，通行證。使，使節。句意為決定戰爭行動之時，要封鎖關口，廢除通行憑證，不同敵國的使節相往來。

㉒ 始如處女，敵人開戶；後如脫兔，敵不及拒：開始如處女般柔弱沉靜，使敵人放鬆戒備，隨後如脫逃的兔子一樣迅速行動，使敵人來不及抗拒。

譯文

孫子說：按照用兵的原則，軍事地理上有散地、輕地、爭地、交地、衢地、重地、圮地、圍地、死地。諸侯在本國境內作戰的地區，叫做散地。進入敵國不遠而易返的地區，叫做輕地。我方得到有利，敵人得到也有利的地區，叫做爭地。我軍可以前往，敵軍也可以前來的地區，叫做交地。同幾個諸侯國相毗鄰，先到達就可以獲得諸侯列國援助的地區，叫做衢地。深入敵國腹地、背靠敵人眾多城邑的地區，叫做重地。山林險阻、水網沼澤這一類難於通行的地區，叫做圮地。進軍的道路狹窄，退兵的道路迂遠，敵人可以用少量兵力攻擊我方眾多兵力的地區，叫做圍地。迅速奮戰就能生存，不迅速奮戰就會全軍覆滅的地區，叫做死地。因此，處於散地就不宜作戰，處於輕地就不宜停留，遇上爭地就不宜強攻，遇上交地就不要斷絕聯絡，進入衢地就應該結交諸侯，深入重地就要掠取糧草，碰到圮地必須迅速通過，陷入圍地就要設謀脫險，處於死地就要力戰求生。

從前善於指揮作戰的人，能夠使敵人前後部隊不能相互策應，主力和小部隊無法相互依靠，官兵之間不能相互救援，上下之間無法聚集合攏，士卒離散難以集中，集合起來陣形也不整齊。至於我軍，則是見對我有利就打，對我無利就停止行動。試問：「敵人兵員眾多且又陣勢嚴整，將向我發起進攻，那該用什麼辦法對付他呢？」回答是：「先奪取敵人的要害之地，這樣他就不得不聽從我們的擺佈了。」用兵之理，貴在神速，乘敵人措手不及的時機，走敵人意料不到的道路，攻擊敵人沒有戒備的地方。

在敵國境內進行作戰的一般規律是：深入敵國的腹地，我軍的軍心就會堅固，敵人就不易戰勝我們。在敵國豐饒的田野上掠取糧草，全軍上下的給養就有了足夠的保障。要注意休整部隊，不要使其過於疲勞。保持士氣，積蓄力量，部署兵力，巧設計謀，使敵人無法判斷我軍的意圖。將部隊置於無路可走的絕境，士卒就會寧死不退。士卒既能寧死不退，那麼，他們怎麼會不殊死作戰呢？士卒深陷危險的境地，心裡就不再存有恐懼；無路可走，軍心自然就會穩固；深入敵境，軍隊就不會離散；遇到迫不得已的情況，軍隊就會殊死奮戰。因此，這樣的軍隊不須整飭就能注意

戒備，不用強求就能完成任務，無須約束就能親密團結，不待申令就會遵守紀律。禁止占卜迷信，消除士卒的疑慮，他們就至死也不會逃避。我軍士卒沒有多餘的錢財，這並不是他們厭惡錢財；我軍士卒置生死於度外，這也不是他們不願長壽。當作戰命令頒佈之時，坐著的士卒淚沾衣襟，躺著的士卒淚流滿面。把士卒投置到無路可走的絕境，他們就都會像專諸、曹劌一樣勇敢。

善於指揮作戰的人，能使部隊自我策應如同「率然」蛇一樣。「率然」，是常山地方的一種蛇，打它的頭部，尾巴就來救助；打它的尾巴，頭就來救助；打它的腰身，它的頭尾都來救助。試問：「可以使軍隊像『率然』一樣嗎？」回答是：「可以。」那吳國人和越國人是互相仇視的，但當他們同船渡河而遇上大風時，他們相互救援，配合默契就如同人的左右手一樣。所以，只是用把馬併縛在一起、深埋車輪這種顯示死戰決心的辦法來作戰，那是靠不住的。要使部隊能夠齊心協力奮勇作戰如同一人，關鍵在於管理教育有方；要使優劣條件不同的士卒都能夠發揮作用，根本在於恰當地利用地形。所以

善於用兵的人，能使全軍上下攜手團結，指揮起來如同一人，這是因為客觀形勢迫使部隊不得不這樣。

在指揮軍隊這件事情上，要做到考慮謀略沉著冷靜而幽邃莫測，管理部隊公正嚴明而有條不紊。要能矇蔽士卒的視聽，使他們對於軍事行動毫無所知；變更作戰部署，改變原定計劃，使人無法識破真相；不時變換駐地，故意迂迴前進，使人無從推測我方的意圖。將帥向軍隊賦予作戰任務，要像使其登高而去掉梯子一樣，使軍隊有進無退。將帥率領士卒深入諸侯國土，要像弩機發出的箭一樣一往無前。要燒掉舟船，打碎鍋，以示死戰的決心。對待士卒，要能如驅趕羊群一樣，趕過去又趕過來，使他們不知道要到哪裡去。集結全軍官兵，把他們投置於險惡的環境，這就是指揮軍隊作戰的要務。九種地形的應變處置，攻防進退的利害得失，全軍上下的心理狀態，這些都是作為將帥不能不認真研究和周密考察的。

在敵國境內作戰的規律通常是：進入敵國境內越深，軍心就越是穩定鞏固；進入敵國境內越淺，軍心就容易懈怠渙散。離開本土，進入敵境進行作戰的地區，叫做絕地；四通八達

的地區，叫做衢地；進入敵境縱深的地區，叫做重地；進入敵境淺的地區，叫做輕地；背有險阻、面對隘路的地區，叫做圍地；無路可走的地區，叫做死地。因此，處於散地，要統一軍隊的意志；處於輕地，要使營陣緊密相連；在爭地上，要迅速出兵抄到敵人的後面；在交地上，就要謹慎防守；在衢地上，就要鞏固與諸侯列國的結盟；遇上重地，就要保障軍糧的供應；遇上圮地，就必須迅速通過；陷入圍地，就要堵塞缺口；到了死地，就要顯示殊死奮戰的決心。所以，士卒的心理狀態是：陷入包圍就會竭力抵抗，形勢逼迫就會拚死戰鬥，身處絕境就會聽從指揮。

因而，不了解諸侯列國的戰略意圖，就不要預先與之結交；不熟悉山林、險阻、沼澤等地形情況，就不能行軍；不使用嚮導，就無法獲得有利的地形。這些情況，如有一樣不了解，都不能成為稱王爭霸的軍隊。凡是稱王爭霸的軍隊，進攻敵國，能使敵國的軍民來不及動員集中；兵威加在敵人頭上，能夠使敵方的盟國無法配合策應。因此，沒有必要去爭著同天下諸侯結交，也用不著在各諸侯國裡培植自己的勢力，只要施展自己的

戰略意圖，把兵威施加在敵人頭上，就可以拔取敵人的城邑，摧毀敵人的國都。施行超越慣例的獎賞，頒佈不拘常規的號令，指揮全軍就如同指揮一個人一樣。向部下佈置作戰任務，但不說明其中的意圖。動用士卒，只說明有利的條件，而不指出危險的因素。將士卒投置於危地，才能轉危為安；使士卒陷身於死地，才能起死回生；軍隊深陷絕境，然後才能贏得勝利。所以，指揮作戰這種事，在於謹慎地觀察敵人的戰略意圖，集中兵力攻擊敵人之一部，千里奔襲，擒殺敵將。這就是所謂巧妙用兵，實現克敵制勝的目標。

因此，在決定戰爭方略的時候，就要封鎖關口，廢除通行符證，不允許敵國使者往來，要在廟堂裡反覆秘密謀劃，作出戰略決策。敵人方面一旦出現間隙，就要迅速地乘機而入。首先奪取敵人的戰略要地，但不要輕易與敵約期決戰。要靈活機動、隨機應變，以決定自己的作戰行動。因此，戰鬥打響之前要像處女那樣顯得沉靜柔弱，誘使敵人放鬆戒備；戰鬥展開之後，則要像脫逃的兔子一樣行動迅速，使得敵人措手不及，無從抵抗。

例解
鉅鹿之戰

《孫子兵法‧九地篇》說：「帥與之深入諸侯之地，而發其機。焚舟破釜。」說明將帥要賦予軍隊作戰任務，如箭射出一樣，一往無前；要燒掉舟船，打碎飯鍋，以示死戰的決心。這一點，在項羽與秦軍的鉅鹿之戰中得到充分的運用。此戰中項羽獲得全勝，加速了秦朝的滅亡。

作為中國古代戰爭史上著名戰爭的鉅鹿之戰，是秦末抗秦戰爭中最激烈的一次戰役。這次具有決定性的戰役，不僅擊垮了秦王朝主力部隊，更重要的是奠定了反秦鬥爭勝利的基礎。

陳勝、吳廣犧牲後，全國各地起義軍隊伍紛紛打出原先六國的旗幟，繼續反秦。其中以楚國名將項燕的侄子項梁領導的楚軍勢力最為強大。秦朝將領章邯率秦軍兇猛反撲，項梁光榮犧牲。章邯又向張耳、陳餘率領的趙軍發起進攻。張耳和趙王退到鉅鹿，被秦軍的王離部隊圍困，又因寡不敵眾，形勢危急，只好向其他各路起義軍請求援助。

誰能擔負起救助趙軍這個艱巨的任務呢？就作戰勇武而言，公推項羽，可他的粗暴殘忍又令楚懷王和身邊的老臣對其頗不放心。正當此時，項梁謀士宋義在赴齊國途中遇到的齊國使者高陵君極力舉薦宋義，他向楚懷王進諫說：「宋義在秦軍進攻武信君之前就告訴我武信君必敗。兩軍尚未交戰，就看出敗亡的徵兆，這才稱得上真正懂得兵法。如果不是聽從宋義的勸告，我早就趕到楚營了，今天

項羽像
項羽（西元前232年—前202年），名籍，字羽，古代中國著名將領及政治人物，秦下相（今江蘇省宿遷市宿城區）人，秦末時被楚懷王芊心（又名熊心）封為魯公，在西元前207年的決定性戰役鉅鹿之戰中統率楚軍大破秦軍，秦亡後自封「西楚霸王」，統治黃河及長江下游的梁楚九郡，後在楚漢戰爭中為漢高祖劉邦所敗，在烏江（今安徽和縣）自刎而死。

恐怕也不會站在這個地方跟大王您說話了。」

楚懷王聽從高陵君的建議，請宋義來議事。一番談話後，楚懷王很高興，遂決定由宋義為上將軍、項羽為次將、范增為末將，一同率軍前去救趙，諸將都屬宋義率領。為此，宋義就有了「卿子冠軍」的雅號。

宋義率領救趙的大軍浩浩蕩蕩地到了安陽（在今山東省曹縣東），他知道秦軍勢力強大，不敢貿然前去交鋒，就在安陽駐紮下來。項羽見宋義屯兵不前，甚為著急，就建議宋義說：「我聽說秦軍包圍趙軍。裡外合擊，必能擊敗秦軍。」宋義說：「你說的辦法太魯莽了，我認為還是再觀望一下。現在，秦趙相鬥，秦若戰

勝，必然疲憊，我可乘其敝，以逸待勞，擊敗秦軍；如果趙勝，我則可率兵進而滅掉秦國。所以我們還是讓秦趙分出個勝負再說。論披甲作戰，我比不上將軍；可在謀劃方面，你就不如我了。」

為了防止項羽擅自行動，宋義向軍中下了一道命令：「猛如虎、狠如羊、貪如狼者，如有違反命令者，一律斬首。」

這個時候，宋義將兒子宋襄派到齊國去做相國，並親自將其送到無鹽（今山東鄆城縣東）。他還置辦酒席，大宴賓客，燈紅酒綠，熱鬧非凡。可此時，部隊已駐紮四十六天了，軍中糧米所剩不多，可偏偏屋漏又逢連綿雨，士卒又寒又饑。

秦·戈
秦軍使用的青銅武器大多鋼韌鋒利，到今天仍寒光閃爍，削髮即斷。早在兩千多年前的秦人掌握了在青銅武器表層鍍鉻的技術，使之有很強的抗腐蝕性，這不能不稱之為冶金史上的奇蹟。

秦·銅盾
盾是作戰中不可或缺的防禦武器。秦人的盾，邊緣成波浪形，盾表飾有雲紋，不僅實用，而且美觀。

秦‧銅弩機
銅弩機是一種強有力的遠射武器，出現於戰國早期。這件銅弩器由牙、弓和懸刀組成，無廓，用銅樞安在木臂杠槽中，屬於「臂張弩」。

項羽又向宋義進諫說：「我們奉懷王之命，應戮力攻秦，如今久駐此地，今年收成不好，百姓貧苦，軍中無糧，士卒靠莱豆度日，我們應該盡快渡河，在趙國得到補給，並加以休整，然後同其一道攻秦。可你卻飲酒作樂，大會賓客，說什麼要觀望秦趙相鬥，以乘其敝。秦兵這麼強大，攻新立之趙，好比以虎食羊，必然滅趙，趙滅則秦軍勢力更加強大，有何敝可乘！尤其需要指出的是，我國軍隊剛剛戰敗，懷王坐不安席，國內之兵全部都交給了將軍，國家安危，在此一舉。你不憐惜士兵而徇私，不是社稷之臣！」

宋義聽後暴跳如雷，大聲斥責項羽。項羽見宋義一意孤行，不聽勸告，且難以容人，一氣之下，抽出寶劍將宋義的人頭砍落在地。出帳後，他手提宋義頭，對士兵們說：「宋義與齊國密謀反楚，楚懷王密令我將其殺掉，請大家不要多心！」

諸將被這突來的變故震懾住了，大家都不敢多說一句話。本來，眾人對宋義讓大家不明不白地駐紮、忍受饑凍就很不滿，這會兒見宋義已死，心裡都很高興。於是諸將說：「首立楚國者是將軍，將軍如今殺掉宋義，是誅亂，我們都贊成！」宋義死後，軍中不能無統帥。諸將商議後，共立項羽為假上將軍。隨後，項羽派人將宋義的兒子宋襄殺掉，又派將軍桓楚向楚懷王報告。懷王只好立項羽為上將軍，當陽君英布、蒲將軍都屬項羽指揮。

就這樣，項羽威震楚國，名聞諸侯。他穩定軍心，率兵救趙。他先派當陽君英布、蒲將軍率兩萬士兵渡過潼河，救鉅鹿。兩將軍渡河後，佔據了有利地勢，把章邯向王離軍供應糧食的甬道斷絕了，於是王離軍也開始嘗到缺糧的苦頭。隨後，項羽率領全軍渡河。待全軍渡過河後，他吩咐士兵，每人帶上三天的乾糧，鑿沉船隻，砸破飯鍋，燒掉營舍，以示必死的決心，「破釜沉舟」的典故即出自這裡。

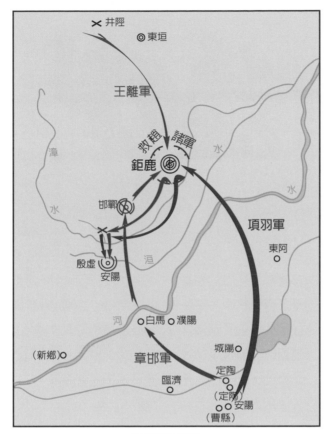

鉅鹿之戰示意圖

　　船隻全部被鑿沉以後，項羽率大軍包圍了秦將王離。兩軍相遇，互不相讓。秦軍氣焰囂張，他們出兵以來，所向無敵，根本不把楚軍放在眼裡。如今見楚軍破釜沉舟，認為他們背水設陣，不懂兵法，更加輕視他們。楚軍惟一的出路就是戰勝王離軍，所以楚軍士兵個個英勇頑強，義無反顧。雙方的將領也是各懷必勝之心。

　　王離是秦國的驍將，他出兵以來屢戰屢勝，從未失過手；項羽則發誓要替叔父報仇，戰勝秦軍。雙方武藝高強，各懷絕技，各顯鋒芒，槍來鞭往，互不相讓，僅在三天的時間裡就進行了九次較量。畢竟是項羽略勝一籌，他率軍徹底斷絕了王離運輸糧食的甬道。王離軍沒有糧草供應，體力不支，終於領教了楚軍的厲害。王離率軍倉皇逃竄，項羽乘勝追擊，一鞭

楚‧「王命＝傳憑」銅虎節
此節是調動軍隊、出入關驛即徵收的憑證，用時雙方
各持一節，合符驗證無誤才能生效。此節整體成虎
形，下面背上刻「王命＝傳憑」。

將其打於馬下，然後命士兵將其捆綁起來。秦將蘇角死於亂軍之中，秦將涉間見大勢已去，不願降楚，在軍營裡放了一把火，將自己活活地燒死在裡面。

楚軍在這一仗不但大敗秦軍，而且在攻秦的諸侯軍中也名聲大震。當時，前來救趙的諸侯軍有十幾隊兵馬。他們顧忌秦軍的威勢，都不敢與其作戰。楚軍攻擊秦軍時，諸侯都只是遠遠觀看。他們看到楚軍戰士每個都是以一當十，項羽作戰如入無人之境，又聽到楚兵進攻的呼聲震動天地，他們這才發現天下竟然還有如此勇猛善戰的軍隊，震驚得大氣不敢出，伸出的舌頭都忘了縮回去。

項羽擊破秦軍，把諸侯將軍召集起來。諸侯將軍入轅門，都不敢站立仰視，人人都是雙膝跪地，爬著進去，每個人都對項羽佩服得五體投地，同時內心又非常懼怕，因為他們從披甲作戰之日起，從來沒見過如此勇武之人。

項羽經過這一仗不僅在楚軍中成為堂堂的上將軍，在諸侯將軍的心目中，也成了公認的上將軍。大家公推項羽擔當此任，都願做他的屬下，共同滅秦。項羽恃才傲物，也不推辭。

緊接著，趙王歇和張耳出了鉅鹿城，他們先是向諸侯上將軍項羽拜謝，又去各營謝過救趙的諸侯將軍。張耳見了陳餘後，責斥陳餘不肯救趙，陳餘也抱怨張耳疑心太重，在爭吵中，陳餘解下印綬，推讓給張耳。張耳驚愕，但在別人的勸告下，他又收回。陳餘見狀，帶著幾百個親信離

開趙國,到大澤之中去漁獵。昔日的兩個好朋友反目成仇。

王離敗陣後,章邯軍駐紮在棘原(在鉅鹿南),項羽軍駐紮在漳南,兩軍展開了拉鋸戰。

這時候的章邯真是被逼到了絕境,國內是欲置他於死地的趙高,前面是項羽這員要替叔父報仇的猛將,真是進退兩難。他經過再三考慮,覺得在趙高手下,只能是自投羅網,況且就是自己不死,秦國形勢已是危在旦夕,與諸侯對抗到底,也沒有什麼好下場,是死路一條。與其為秦王朝殉葬,還不如投降楚軍,或許還有一條生路。就這樣,他悄悄地派軍侯始或去同項羽聯絡,欲訂立盟約。

項羽於秦二世三年(西元前207年)七月,同章邯、司馬欣、董翳在約定地點簽約。章邯總算有了一條生路。此時,他在趙高手下所受的委屈一起湧上心頭。他向項羽哭訴趙高的殘忍,項羽好言勸慰。隨後,項羽立章邯為雍王,把他留在楚營裡;立司馬欣為秦軍上將軍,帶著投降的一、二十萬秦軍走在隊伍的前面;項羽自己帶著章邯,率領諸侯的將士和楚軍,浩浩蕩蕩向秦國進攻。

可以說,鉅鹿也是《孫子兵法‧九地》中所說的「死地」。孫子要求「吾將示之以不活」,也就是要顯示殊死奮戰的決心。當時張耳和趙王被秦軍圍困日久。項羽也認識到,只要竭力抵抗,拚死戰鬥,即使身處絕境也會使自己殺出一條血路來。因此,當宋義按兵不動,採取觀望態度,導致楚軍糧草緊缺時,項羽建議應主動出擊,掠取糧草,這也合乎孫子兵法「凡為客之道,深入則專,主人不克,掠于饒野之軍足食」的道理。

當宋義執迷不悟時,項羽殺死了他,並背水一戰,破釜沉舟,同時鼓勵士兵,決然擊敵。《孫子兵法》說:「兵貴神速,乘人之不及,由不虞之道,攻其所不戒也。」項羽在秦軍王離氣焰囂張、自傲輕敵之時,發動猛烈攻勢,截斷秦軍糧道,保證了整個戰鬥的勝利。

在鉅鹿之戰中,項羽採取靈活機動的戰術,抱著與秦軍拚死而戰的決心,終於解了鉅鹿之圍,也成了諸侯伐秦的盟主,打出了威風,受到了諸軍的敬仰。由此可見,鉅鹿之戰也全面且具體地展現出《孫子兵法》中「九地」的戰略思想。

例 解
李愬奇襲蔡州

唐朝在安史之亂後，國家開始從鼎盛走向衰弱，各地出現了藩鎮割據的局面。各地節度使割據一方，獨攬軍政、財政大權，營造自己的獨立王國，並在實力雄厚之時抗拒朝廷。藩鎮割據勢力的發展，進一步削弱了唐王朝的統治。唐王朝為了維護統一的局面，恢復中央集權，便在國家財力比較豐厚和邊疆形勢逐漸緩和的情況下，開始致力於削平藩鎮割據之事。元和二年（西元807年），唐憲宗順

利地平定了西川、夏綏、鎮海三鎮的叛亂，開始向淮西、成德的割據勢力討伐。李愬奇襲蔡州就是唐軍平定淮西節度使吳元濟割據勢力的戰例。在這場奇襲戰中，李愬針對士兵因屢戰屢敗而產生的厭戰心理，制定了利用險峻的地形、惡劣的天氣襲擊敵人的策略，以此穩定士兵的情緒，堅定他們殊死作戰的決心。最後，他的軍隊在雪夜攻下了蔡州城，活捉了吳元濟。這場戰鬥的勝利，對平定淮西、

唐・甲騎具裝戰鬥圖

成德的藩鎮割據勢力起了決定性的作用。

元和九年（西元814年），淮西節度使吳少陽病死，其子吳元濟世襲吳少陽之職，拒納唐朝弔祭使者，並且發兵在今河南舞陽、葉縣、魯山一帶四處燒殺擄掠。唐憲宗決定對他用兵討伐，朝廷調集軍隊從四面進攻淮西。朝廷南、北方向的軍隊曾稍有進展，東、西路軍則被淮西軍擊敗。元和十年至元和十一年（西元815～816年），朝廷曾多次調整征伐淮西的東、西路軍的統帥。朝廷派唐鄧節度使高霞寓接任原西路軍將領嚴綬，而高霞寓在朗山的一次戰鬥中擊敗了淮西軍後，不久就在文城柵（今河南遂平西南）大敗。其後，再換袁滋接替高霞寓。在仍沒有什麼進展的情況下，李愬作為唐、鄧、隨節度使代替袁滋，繼續執行從西面進攻淮西的任務。可以說，李是在西路軍屢戰不利的情況下上任的。

元和十二年（西元817年）正月，李愬到達蔡州。當時，唐軍在連敗之後士氣低落，士兵都十分懼怕作戰。李愬上任後對士兵說：「天子知道我李愬柔懦，能忍受戰敗之恥，所以派我來安撫你們。至於攻城進取，

李愬像

李愬（西元773年—820年）。唐代大將。字元直，洮州臨潭（今屬甘肅）人，李晟子。有韜略，善騎射。初任坊、晉二州刺史。元和十一年（西元816年），率兵討伐吳元濟的叛亂。他善於觀察形勢，選擇戰機。次年冬，乘敵鬆懈，雪夜攻克蔡州，生擒吳元濟，進授山南東道節度使，封涼國公。十三年（西元818年），任武甯節度使，和宣武、魏博等軍共討淄青節度副大使李師道。後歷任昭義、魏博等節度使，進同中書門下平章事。

那不是我的事。」士卒們聽了李愬的這些話，才稍稍安下心來。

李愬針對官兵們的這種心理狀態，首先做了許多安定軍心的工作。他親自慰問士卒、撫恤傷病人員。當地由於戰亂頻繁，大批老百姓逃往他鄉。李愬派人安撫當地百姓，以他的軍隊保護他們。在軍中，李愬也不講究長官的威嚴，不強調軍政的嚴整。他的這些行動，一方面安撫了士兵，

▼
九地篇

另一方面也是向敵人佯示無所作爲。他的行動果然麻痺了吳元濟，吳元濟對這位上任前地位不高也沒有什麼名氣的唐軍將領放鬆了戒備。

在將士情緒稍稍穩定一些後，李愬開始著手修理器械，訓練軍隊，以提高軍隊的戰鬥力。他制定並實行了優待俘虜及降軍家屬的政策。在先後俘獲了吳元濟手下的官員、將領丁士良、陳光洽、吳秀琳、李祐等人後，對他們給予信任，並且委以官職，並透過他們逐漸摸清了淮西軍的虛實。

同年五月，李愬奪取了蔡州的一些周邊要點並佔領了蔡州以南的白狗、汶港、楚城等地，切斷了蔡州與附近申州、光州的聯繫。五月二十六日，李愬派兵攻打朗山。淮西軍隊前來救援，唐軍遭到內外夾擊而失利。他手下諸將都懊喪不已，但李愬並不氣餒，他說：「我如連戰皆勝，敵必戒備。此次敗北，正可麻痺敵軍，爲以後攻其不備奠定基礎。」他在戰後招募了敢死的勇士三千人，早晚親自訓練，以增加軍隊的突擊力，爲襲擊蔡州做準備。

九月二十八日，李愬經周密準備，率軍出其不意地攻佔了關房（今河南遂平）外城，淮西軍千餘人被殲，其餘人退到內城堅守。李愬命軍隊佯退誘敵，淮西軍以騎兵五百追擊，官兵受驚欲退。李愬下令道：「敢後退者斬。」於是官兵又回軍力戰，擊退敵軍。將士們要乘勝追擊，攻取其城，李愬不同意。他認爲，如不取此城，敵人必分兵守之，而敵人兵力分散，正好利於奪取蔡州，因此他下令還營。

這時，降將李祐向李愬建議：「蔡州的精兵都在洄曲及周圍據守，蔡州城內都是些老弱兵卒，可以乘虛直抵蔡州城。等外邊的叛軍聽到消息，吳元濟就已經被擒了。」李祐的意見，正好與李愬的想法不謀而合。

十月，李愬見襲擊蔡

唐·彩繪鎏金騎兵俑

州的條件已經成熟，便開始做戰鬥部署：李愬命隨州刺史鎮守文城柵；命降將李祐李忠義（即李憲）率三千士兵爲前驅，自己率三千人爲中軍，李進城率三千人爲後軍，奇襲蔡州。爲嚴守行動秘密，軍隊從文城柵出發時，李愬不告訴他們行動的目的地，只命令說往東前進。

這一天天氣陰晦，風雪交加，軍隊東行六十里後，到達張柴村。李愬率軍迅速拿下了這個村子，全殲淮西軍布置在這裡的守軍及通報緊急情況的烽火兵，搶佔了這一要地。李愬命令士兵稍事休息，吃點乾糧，並布置留下五百人截斷橋梁，以防洄曲方面的淮西軍回救蔡州，另留五百人以警戒朗山方向的救兵。

佈置完畢後，李愬親自帶領部隊乘夜冒雪繼續向東急進。將領們請示去哪裡，李愬告訴他們去蔡州城捉拿吳元濟，將士們聽了都大驚失色，

以爲此去必死無疑。這夜的天氣異常寒冷，大風夾送著大雪，旌旗也被風撕裂，沿路都可看見凍死的兵士和馬匹。軍隊所經的道路非常險峻，官軍從未走過。因爲李愬宣布了嚴格的軍紀，因而沒有人敢違抗。軍隊繼續行進了七十里，趕到蔡州時，天還沒亮。近城處有個鵝鴨池，李愬命令驚打鵝鴨以掩蓋軍隊行進的聲音，分散淮西軍的注意力。

自從吳少陽抗拒朝廷以來，官軍

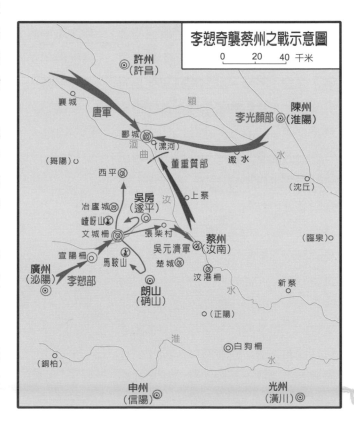

李愬奇襲蔡州之戰示意圖

不到蔡州城下已有三十多年了，因此，蔡州城的戒備鬆弛，淮西軍未作防備。李愬的軍隊很快進入了蔡州城並佔領了戰略要地。天明雪止之時，有人告訴吳元濟說唐軍已至並佔領了蔡州。這時，吳元濟根本不相信唐軍會來得如此迅速，後來聽到李愬的號令，才倉促率親兵登上牙城（內城）抗拒。蔡州民眾幫助唐軍火燒內城南門，唐軍破門擒獲吳元濟。

當時，吳元濟的部將董重質擁有精兵數萬據守洄曲。李愬派人厚撫董重質的家屬，叫董重質之子前往招降董軍，使這部分淮西軍歸降朝廷。申、光二州的守兵見蔡州已破，也先後投降。平定吳元濟之戰至此宣告結束。

淮西藩鎮平定後，成德方面的割據勢力懾於唐軍的壓力，也先後上表歸順朝廷。淮西、成德為唐代藩鎮割據勢力中的強鎮，這兩個方面割據勢力的削平與歸順，使唐王朝又獲得了暫時的統一。從李愬奇襲蔡州而取勝的過程可以看出，李愬不僅通曉孫子所說的一些重要的用兵原則如示弱惑敵、速戰速決、避實擊虛等等，而且他還善於根據士兵的心理狀態，利用地形、氣候等作戰條件對士兵心理的

影響，確保軍隊戰鬥力的充分發揮。

這就是《孫子兵法·九地篇》所說「投之亡地然後存，陷之死地然後生」。李愬很清楚他所率領的是一支多次戰敗、士氣受到影響的軍隊，要想讓這支軍隊有戰鬥力，就必須將士兵置於惡劣的環境中。那時，「兵士甚陷則不懼，無所往則固，深入則拘，不得已則鬥」。因此，他選擇了風雪嚴寒之夜，讓士兵「由不虞之道，攻其所不戒」，最後一舉成功。李愬的因勢利導、因情用兵以及他將兵法原則與地理條件相結合的出色作戰指揮才能，奠定了他在中國軍事史上的局面。

唐·持箭兵士俑

襄樊之戰

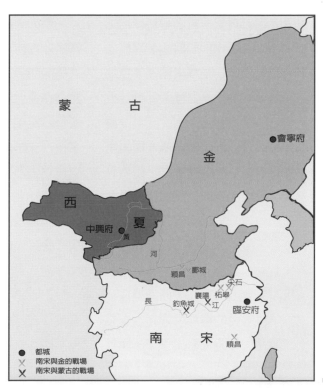

　　西元十三世紀宋元戰爭中的襄樊之戰是一次關鍵性戰役。

　　在十三世紀初，北方草原新興的蒙古族崛起。蒙古鐵騎在具有雄才大略又用兵如神的軍事天才成吉思汗的統率下，逐漸威脅到其他民族政權的生存。從西元 1205 年開始，蒙古幾次對西夏用兵，最後在西元 1227 年滅了西夏。與此同時，蒙古又開始進攻金朝。西元 1234 年，蒙古與南宋合力將金朝消滅。滅金之後的第二年即西元 1235 年，蒙古野心又一次膨脹，開始了征服南宋的戰爭。從此，蒙古與南宋之間進行了長達幾十年的

南宋拋石機模型

南宋、金、蒙古的主要戰場

都城 ●
南宋與金的戰場 ×
南宋與蒙古的戰場 ✕

戰爭。南宋軍民的頑強抵抗和蒙古接連發生的內亂，使蒙古征服南宋的野心遲遲未能實現。西元1552年，蒙古為達到迂迴進入南宋的戰略目的，開始將侵略矛頭對準雲南大理國。西元1253年，忽必烈率軍十萬，遠征雲南，滅了大理國。西元1271年，在平定內部叛亂後，忽必烈改蒙古國號為「大元」，正式建立元朝，並繼續向南宋大舉進兵。

元世祖忽必烈採用的戰略為先取襄陽和樊城，然後由漢水入長江，長驅東下，征服南宋。襄陽和樊城地處漢水中游，夾漢水而對峙，借浮橋而往來，相互聲援，上指秦隴，下控荊楚，在南宋抗元防線上有重要地位。

蒙古都元帥阿朮於至元四年（西元1267年）八月侵擾襄陽，進入南郡（湖北江陵），攻取仙人、鐵城等柵寨，俘虜居民五萬。還軍時，南宋

元·蒙古騎兵牽馬玉雕

軍隊在襄、樊之間邀擊。阿朮自安陽灘渡河，留五萬精兵在牛心嶺佈陣，等待攻擊宋軍。然後又立些虛寨，設置疑火迷惑宋軍。夜半時，宋軍至，蒙古伏兵起而攻之。宋軍大敗，死者萬餘人。十一月，蒙古南京宣慰使劉整對忽必烈說：「攻宋應該先攻下襄陽，然後由漢水進攻長江，可直抵臨安，削平南宋。」忽必烈採納了劉整的建議，下詔徵發諸路兵，命阿朮與劉整經略襄陽。十二月，宋改任呂文煥為知襄陽府兼京西安撫副使。

至元五年，蒙古阿朮領兵圍襄陽，在白河口及鹿門山修築柵欄，通往襄陽的道路全部被切斷。蒙古還任劉整為都元帥，與阿朮共同議事。在劉整的建議下，徵調漢軍對付山水、寨柵，並訓練水兵。十一月，宋襄陽軍向蒙古沿山諸寨發動進攻，被阿朮軍打敗。襄、樊長期受到圍困，外援斷絕，供餉困難，甚至不得不撤除木房當柴燒、縫起紙幣做衣穿。

至元六年正月，阿朮領兵侵複州（湖北天門）、德安府（湖北安陸）、京山等處，擄掠萬人而去。蒙古又徵調諸路兵馬增援襄陽，遣史天澤與樞密副使呼剌出前往襄陽。史天澤軍至襄陽後修築長圍，起自萬山，圍百丈

蒙古軍攻城圖
圖繪發生在西元十三世紀的一次戰鬥。畫面中蒙古部隊為了對南宋軍隊控制的一座城市進行包圍，正從一座用船巧妙架設起來的橋上進行強攻，以便跨越長江。

貴，至灌子灘，也被蒙古軍打敗。范文虎駕輕舟逃跑。

至元七年（西元1270年），宋又命李庭芝為京湖制置大使，督師援救襄、樊。范文虎倚恃其岳丈賈似道的勢力，為所欲為，不服李庭芝的管束。二月，襄陽出步騎兵萬餘人，兵船百餘艘，進攻萬山堡，敗於蒙古萬戶張弘范。蒙古派劉整在襄、樊前線造戰艦五千艘，訓練水兵七萬人。又採納張弘范的建議，加強襄、樊周邊的城柵堡壘，圍困宋

山，使襄陽、樊城南北交通阻隔、音訊不通，又築峴山、虎頭山成為一字城，連接各處城堡，打算長期圍困。三月，阿朮率軍自白河圍樊城。

宋沿江制置副使夏貴於春季河水上漲時曾率輕騎運糧至襄陽城下，因擔心蒙古軍襲擊，將糧食交付給呂文煥後立刻返回。七月，大雨頻繁，漢水暴漲，夏貴分遣舟師在東岸林谷之間出沒。一日，夏貴領兵赴新城（湖北保康、房縣一帶），至虎尾洲，被蒙古萬戶解汝楫等舟師所敗，士卒溺漢水而死者甚眾，戰艦五十多艘全部沉沒。范文虎率領舟師趕來援助夏

元世祖忽必烈像
忽必烈（西元1215年－1294年），元朝的創始皇帝，廟號世祖，他也是第五代的蒙古大汗。西元1271年，忽必烈改國號為大元，正式即位為皇帝，並開始南下攻打南宋的計畫。他的軍隊用了六年時間攻陷重鎮襄陽，但以後的進展則相當順利。西元1279年，在崖山海戰中，陸秀夫背著八歲的小皇帝宋帝昺跳海而死，南宋亡，忽必烈統治全中國。

元‧橫塘驛站

元代疆域廣闊,自成吉思汗始,蒙元就建立起一個十分發達的交通系統,這個系統的基本單位就是站。橫塘驛站位於江南聖地蘇洲,始建於元,處在水陸交通要衝,為蘇洲驛傳中樞。

軍,襄、樊與外地的水陸交通徹底中斷。

至元八年(西元1271年)四月,宋范文虎與蒙古阿朮在淵灘交戰。宋軍失敗,統制朱勝等百餘人被蒙古俘獲。宋軍進援襄陽的計劃失敗。五月,蒙古以東路兵圍襄、樊,其餘分路征討,以牽制宋軍。六月,范文虎又一次率領衛卒及兩淮舟師十萬人進至鹿門,救援襄、樊,又被蒙古軍打敗。范文虎連夜逃走。

十一月,忽必烈採用劉秉忠(即僧子聰)的建議,取《易經》「大哉乾元」之意,將國號改為大元,元朝統治正式建立。隨後元朝加緊對南宋的進攻。至元九年(西元1272年)三月,元阿朮、劉整等攻破樊城外廓,襄、樊兩城夾漢水而立,漢水上有浮橋,兩城可相互聲援。城中所儲備的糧餉都可支用數年,沿長江上游的商旅還可以取道襄陽之南,為襄、樊守軍提供一些必需的物資。兩城的守將利用這些條件長期固守。

蒙古軍隊斷絕襄、樊與外界的聯繫之後,宋朝援軍無法攻破敵軍的封鎖。襄陽守將呂文煥竭力據守,城中

元‧蒙古射獵圖
此圖反映元代蒙古人圍獵活動，也是蒙古人服裝的展示。

只剩下糧食還可以維持供應，而鹽、薪、布帛等卻嚴重缺乏。守樊城的張漢英同樣危機四伏、形勢緊急。他招募一名善於游水的兵士，將蠟書藏於頭髮裡，自己潛埋於積草下面，游水出城去求救援兵，並指引宋軍從荊、郢方面入援，結果在水中被元軍所俘。

襄、樊南路荊、郢以及北路鄧州都已與之斷絕聯繫。南宋下詔京湖制置大使李庭芝移屯郢州（湖北鍾祥），軍隊全部屯駐郢及均州、河口一帶，扼守要津。李庭芝在襄樊西北部的均州、房州督造輕舟百餘艘，並招募三千敢死隊，由民兵都轄張順、張貴統領，溯漢水入援襄陽。

宋軍突破了元軍的封鎖，張順戰死，張貴進入襄陽城。城中的百姓得知後，精神振奮，勇氣倍增。後來張貴在返回郢州迎接援軍的途中與元軍力戰後被俘，英勇獻身。

西元1273年，元軍採用水陸夾攻的辦法，燒斷襄樊浮橋，隔斷兩城之間的聯繫。以發射巨石的遠射程新武器「回回砲」集中轟擊樊城。在堅守六年之後，樊城終於被元軍攻破。南宋將領范天順力戰不屈，死不投降，最後自縊身亡。守將牛富率領一百多人的小分隊進行巷戰，最後身負重傷，投火而死，以身殉國。

元軍又攻襄陽，襄陽久處圍困之中，更加孤立無援，呂文煥每次巡視宋城將士時都痛哭而回。他屢次向朝

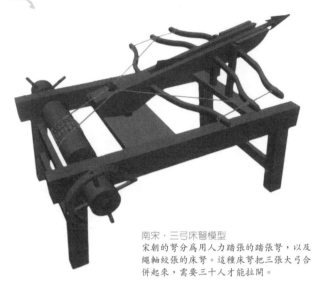

南宋‧三弓床弩模型
宋朝的弩分為用人力踏張的踏張弩,以及
繩軸絞張的床弩。這種床弩把三張大弓合
併起來,需要三十人才能拉開。

陷臨安,南宋皇帝和太后及宋皇室官員悉數被俘。臨安失陷後,不少軍民仍堅持抵抗。直到西元1279年崖山海戰,南宋流亡政權垮臺,南宋最後滅亡。

依照《孫子兵法‧九地篇》的分析,此時的襄、樊已經是屬於「死地」了,也就是疾戰則生,不疾戰則亡。在這裡守軍處處陷於消極防守地位,沒有得到主動權。蒙古兵除了行使兵法中的詭道用疑火迷惑守軍外,還發動速戰,進行突然襲擊,重創了宋軍。

襄、樊亦是「爭地」和「交地」,按照孫子的分析,必須要迅速抄到敵軍背後襲擊,或者謹慎防守。孫子兵法要求兵臨死地,必須齊心協力,奮勇作戰,要管理有方,讓每個士卒發揮作用。可范文虎借岳父賈似道之勢,不聽調度,結果襄、樊糧道被截,守軍被困,處處受制於蒙古軍隊。當襄、樊危急之時,賈似道拒絕出援,終於導致襄、樊失守。南宋政治腐敗,奸臣當道,更不知兵法的運籌,其滅亡就不足為怪了。

廷告急,權臣賈似道表面上奏請皇帝,要求去邊疆指揮軍事,而暗中卻指使臺諫上書挽留自己。樊城已破,襄陽危在旦夕,朝廷視而不見,依舊日日歌舞昇平。元軍開始用回回亦思馬因所造的巨砲攻城,呂文煥被迫出降。至此,經過了五年多的攻擊,元軍佔領了襄、樊二城。南宋門戶大開,形勢急轉而下。

襄、樊之戰的最後結局,決定了南宋滅亡的命運。

元軍攻下襄、樊後,兵分水陸兩路,大舉南進,勢如破竹,所向披靡。南宋守將或敗或降,沿江重鎮相繼陷落。西元1275年,元又兵分三路,進攻南宋首都臨安,於第二年攻

例解
明寧遠保衛戰

　　袁崇煥（西元 1584～1630 年），字元素，廣東東莞人，萬曆四十七年進士。廣寧之役，明軍潰敗，朝中諸臣都想退保山海關。袁崇煥當時任兵部主事，他單騎出關，察看敵情，還朝後說：「給我軍馬錢穀，我一人足守遼東。」朝中官僚已被後金嚇破了膽，聞其豪言，封他爲關外監軍，很高興地讓他出關迎敵。朝廷發餉二十萬兩，令其招募人馬。王在晉接替熊廷弼爲遼東經略，很倚重袁崇煥，令

其出關駐中前所，理前屯衛事，後來又讓他到前屯去安撫那些流民。袁崇煥受命，「即夜行荊棘虎豹中，以四鼓入城，將士莫不壯其膽」（《明史‧袁崇煥傳》）。

　　在遼東的防禦策略上，王在晉與袁崇煥截然不同。王在晉素無遠略，主張於山海關外八里鋪築城防守。袁崇煥反對這種消極的防禦之策。二人爭持不下，上報朝廷。首輔葉向高猶豫不決，但大學士孫承宗支援袁崇

寧遠城遺址

九地篇

235

煥，願親自出關考察敵情。朝廷於是任命孫承宗為遼東經略，王在晉被調任南京兵部尚書。

袁崇煥主張守寧遠，孫承宗遂命袁崇煥與總兵滿桂負責寧遠防禦。袁崇煥在寧遠用了兩年的時間，修築城牆，激勵士卒，寧遠從而成為關外重鎮，商業繁盛，居民安居樂業，被視為樂土。

天啓五年夏，孫承宗與袁崇煥決定遣將分據錦州、松山、杏山、在屯及大小凌河，修築城郭，收復失地二百里，寧遠城成為內地。孫承宗與袁崇煥在關外四年，修復大城九座、營堡四十五個，練兵十一萬，立水營五座、車營十二座、火營二座、前鋒後勁營八座，選甲冑、器械、砲石、弓矢數百萬，開屯五千頃，拓地四百里，歲入銀十五萬兩，可以說，他們對關外的經營是卓有成效的。

天啓五年十月，關外形勢陡轉直下。孫承宗辭職還鄉，高第代其為遼東經略，高第到任後，盡反孫承宗之所為。他認為關外不足守，盡撤錦州、右屯守備，移將士於關內。袁崇煥力爭，言兵法有進無退，既然這兩座城池已經收復，不可以輕易撤退。二城一失，寧遠、前屯震動，關門盡

努爾哈赤像

失保障。高第堅持己見，還想撤寧、前二城的防禦。袁崇煥憤然稱：「我寧前道也，官此，當死此，我必不去。」（《明史·袁崇煥傳》）高第便撤錦州、石屯、大小凌河及松山、塔山、杏山守備，盡驅兵入關，拋棄的糧食有十萬之數。士兵百姓的屍體堆棄於道路旁，哭聲震天。關外只剩下袁崇煥堅守寧遠孤城。

得知高第撤軍關內，努爾哈赤乘機出兵。天啓六年（西元1626年）正月，後金軍十三萬大舉西渡遼河，二十三日抵達寧遠，將寧遠城團團圍住。袁崇煥刺血為書，誓與將士堅守城池，將軍民遷入城內，堅壁清野，

以待來犯之敵。城內由同知程維模負責稽查奸細，傳檄前屯守將趙率教、山海關守將楊麒，要是哪裡有寧遠城的逃兵，可進行斬殺。士卒知逃無生路，守心益堅。

二十四日，後金大軍發起攻擊，袁崇煥在這場戰爭中首次使用西洋巨砲轟擊敵營，一砲殲敵數百，努爾哈赤指揮後金士兵苦戰，一定要攻下寧遠城，即使城上箭石如雨，也決不後退，戴盾牌攻六城，將寧遠城鑿開兩丈多的缺口三、四處。城上守軍以火毯、火把焚之，引燃其盾牌，挖城的兵士被燒死，才稍稍後退，努爾哈赤

認為寧遠城小勢孤，志在必得，但三天急攻，傷亡眾多，只得撤圍。途中盡焚寧遠東覺華島上積儲，退回瀋陽。

朝中聞寧遠被圍，兵部尚書王永光集為臣議戰守之策，雖然議論紛紛，但均一籌莫展。高第與總兵楊麒擁兵山海關，坐視不救。朝廷上下均以為寧遠必不保。袁崇煥的捷報入京，滿朝文武很是震動，立即命袁崇煥為僉都禦史。三月，復設遼東巡撫，以袁崇煥擔任。

寧遠之役，是明對後金作戰以來的第一次重大勝利。努爾哈赤自興兵

明·紅夷大砲
紅夷砲的口徑與砲身的比例很大，火藥燃燒時產生的力量，使彈丸發射得更遠、殺傷力更大。明末至清初的戰爭中使用非常普遍。

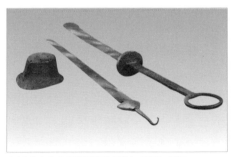

努爾哈赤的八旗軍用過的鐵劍、鐵刀、鐵盔

聚奎塔
位於今福建邵武和平鎮天符山上，當年袁崇煥曾在此聚會英傑，立志報效國家。

以來，所向披靡，惟寧遠一城，攻之未下，遂愧恨而歸，不久病死。亦有記載稱努爾哈赤被袁崇煥紅衣大砲擊中，身負重傷，回瀋陽後傷重而死。

袁崇煥在寧遠之役後，為爭取戰備時間，在山海關外四百里的錦州、中左、大凌河三城構築防線，同時派人向後金議和。

後金方面，努爾哈赤剛剛死去，皇子們發生皇位之爭。皇太極繼位，

他年輕氣盛，雄心勃勃，早欲問鼎中原。但當時後金新佔遼瀋地區，統治並未穩固，皇太極要進行政治改革，加強皇權，又要解決西部蒙古、東部朝鮮問題，以免三面受敵，遂與袁崇煥不斷書信往來。但雙方均無議和誠意，都是漫天要價，議和僅成了緩兵的幌子。

皇太極趁機解決朝鮮問題。袁煥則趁後金大軍出征之時，搶修錦州、中左、大凌河三城。

天啟七年（西元1627年），皇太極出兵征服了朝鮮，回師瀋陽後，得知袁崇煥正在關外修築城防，決定先發制人，率先向明軍發起進攻。皇太極親率八旗大軍，於五月六日從瀋陽出發，到廣寧後，分三路進軍，迅速攻佔了大小凌河和右屯衛等城堡。五月十一日，大軍包圍了錦州城。趙率教率三萬人守錦州，後金軍全力攻城西一隅。趙率教命全城兵士盡趨西城防禦。城上明軍火砲齊發，矢石如雨，頂住了後金軍連續十四天的進攻，後金軍損失慘重。

袁崇煥認為寧遠兵不可輕舉妄動，選精騎四千，命無進祿、祖大壽率領，增援錦州，另遣水軍牽制後金軍，尚未出發，後金軍已分兵於二十

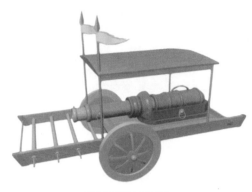

明代佛郎機大砲模型

八日來攻寧遠。

　　袁崇煥與中官應坤、副使畢自肅在城內堅守，列營壕內，用巨砲擊敵，令滿桂、無世祿、祖大壽到城外迎敵。激戰中，雙方各有傷亡，滿桂身負重傷，貝勒濟爾哈朗、薩哈廉、瓦克達都受傷。後金軍遂棄寧遠不攻，全力攻錦州，皇太極親自督戰，但錦州城守禦工事已竣工，城池固若金湯，將士為志成城，一時間難以攻下。後金兵不耐酷熱，士氣低落。六月五日，皇太極飲恨撤圍。這場戰役，被稱為寧錦大捷。事後，朝中專權者魏忠賢不喜歡袁崇煥，命其黨羽論袁崇煥不救錦州之罪。袁崇煥只得退休還鄉。

　　《孫子兵法》之《九地》談到軍事地理「散地」、「輕地」、「爭地」、「交地」、「死地」等。在袁崇煥固守寧遠之時，寧遠已經成為「死地」，當時高第撤錦州、石屯、大小凌河及松山、杏山諸軍民防衛，寧遠城已成為孤城。在這「死地」上，袁崇煥誓死作戰，堅壁清野，守志益堅。《孫子兵法》說：「謹養而勿勞，並氣積力，運兵計謀，為不可測，投之無所往，死且不北。死焉不得，士人盡力，兵甚陷則不懼。」它的意思是要注意休整部隊，不要使他們感到疲勞，保持士氣，積蓄力量，部署兵力，巧設計謀，使敵人無法了解。袁崇煥堅守寧遠，已經將部隊置於絕境，同時斷絕了退路，軍士的疑懼也就打消了，他們就會拚死一戰。正因為袁崇煥指揮有方，軍士齊心拚力，寧遠一戰取得大勝，實是袁崇煥運用《孫子兵法》戰術之功。

袁崇煥像

太平軍北伐之戰

從咸豐三年（西元1853年）四月初太平軍自浦口開始北伐，到咸豐五年（西元1855年）四月底北伐軍完全失敗為止，為了奪取京津，太平天國進行了為期兩年的北伐作戰，其過程大致分為三個階段：長驅北上，駐止待援，最後失敗。

天官副丞相林鳳祥和地官正丞相

天王洪秀全畫像
洪秀全（西元1814年—1864年），原名洪仁坤、洪火秀，清嘉慶十八年生於廣東花縣福源水村，後來移居到官祿土布村。洪秀全是太平天國農民起義領袖，建立太平天國，稱「天王」，西元1853年以南京作為首都，改名天京，西元1864年在天京病逝，太平天國在他死後不久滅亡。

李開芳率軍自揚州西進（揚州防務交由曾立昌負責），四月六日，會合自天京出發的春官副丞相吉文元、檢點朱錫琨部，由浦口北上，進軍清王朝的統治中心北京。北伐軍共有九個軍的番號，約二萬餘人。臨行前，洪秀全詔曰：「師行間道，疾趨燕都，無貪攻城奪地麋時日。」待北伐軍進抵天津後，再派兵增援，這也是洪秀全等所作的決定。

北伐軍經由皖北進軍，而沒有自揚州沿運河北上。清廷對太平軍的北進意圖一時判斷不清，不知北伐軍是牽制和吸引進攻揚州的清軍兵力，還是挺進黃河以北。咸豐帝只得調兵前堵後追，倉皇命清兵南下黃河一線堵截，並讓琦善統籌蘇皖地區的作戰行動。

北伐軍由林鳳祥親率，自浦口出發，在烏衣鎮一帶擊敗察哈爾都統西凌阿率領的黑龍江馬隊後，連下安徽滁州、臨淮關、鳳陽、懷遠、蒙城，到達亳州（今安徽省亳縣）時是五月四日。蒙亳一帶是撚黨活動的中心地

區，北伐軍路過時，吸收許多勞苦群眾參軍，擴大了自己的隊伍。

北伐軍五月六日放棄亳州，於次日攻克清軍兵力薄弱的河南歸德府城（今河南省商丘），繳獲火藥四萬餘斤以及大量鐵砲。之後，北伐軍便北上劉家口（歸德北），打算由這裡北渡黃河，取道山東北上。由於山東巡撫李德已在沿河佈防，並將大小船隻一律集中北岸，太平軍只得沿河向西，連下寧陵、睢州、杞縣、陳留，於五月十三日進逼開封。

因攻城未克，北伐軍便撤往中牟縣的朱仙鎮，林鳳祥在此發給北王韋昌輝一封信，告以歸德戰況及未能渡河的原因，以及北伐途中所遇到的情況諸如穀米甚缺、通信不便等。這時，北伐軍的聲勢由於沿途大量吸收撚黨和淮北各地群眾參軍而更大。

由於開始時清軍前線將領對於北伐軍的兵力和行動企圖判斷不清，以為不過二、三千人，意在牽制揚州周邊的清軍，就仍以重兵圍攻揚州，這就為北伐軍的長驅北進提供了有利條件。

及至北伐軍進抵蒙亳地區時，北伐軍將渡河北上的消息才為清廷所察知，但北伐軍已成蔓延之勢，清廷便陸續令各路清軍馳援河南：急調江寧將軍托明阿率兵二千餘人由江蘇清江浦北上，並由都統西凌阿率滁州的殘兵敗將尾追；令山東、直隸督撫查禁河防，防止太平軍北上；陸續從山西、陝甘等地調兵八千開赴河南協防；命江北大營幫辦軍務勝保帶兵一千九百名北上追擊。勝保遲至五月十二日才自揚州附近啓程，而北伐軍此時早已攻破歸德，正沿黃河向西進發。

北伐軍五月十七日撤離朱仙鎮，經中牟、鄭州、滎陽，十九日到汜水、鞏縣地區，這是洛陽歸黃沙入口處，停有不少民船。從二十二日起，北伐軍利用這批船隻，開始搶渡黃河。五月二十五日，托明阿率盛京、吉林馬隊數千趕到汜水。北伐軍一面繼續搶渡，一面阻止敵人。五月二十八日，北伐軍主力全部渡過黃河。擔任阻擊任務的數千人被清軍截斷，未及渡河，後轉戰於河南、湖北、安徽，損失大半。最後安徽太湖於七月中旬被攻下，向東與西征軍胡以晃會合。

五月二十六日北伐軍渡過黃河後攻破河南溫縣，六月二日進圍懷慶府。當時城內僅有清軍三百人，連同

太平天國令旗

太平軍「衝鋒伍卒」號衣

洪秀全塑像

太平天國天王玉璽

東王楊秀清令旗

太平天國士兵盔帽

團勇壯丁，總計不過萬人，由懷慶知府余炳燾等督率，他們死守著以待援軍。林鳳祥等人本以為懷慶清軍單薄，可以迅速攻克，補充糧食彈藥後繼續北上，不想屢攻不下，於是團團圍住懷慶城，在城外安營紮寨，加築木城，挖掘深壕，一面繼續攻城，一面阻援。

清廷對於太平軍北渡黃河極度震驚，於六月八日任命直隸總督訥爾經額為欽差大臣，以理藩院尚書恩華和江寧將軍托明阿幫辦軍務，所有黃河南北各路清軍統一歸他管理。六月中旬，托明阿率部六千人，勝保率部一千九百人，恩華率部五千餘人，先後趕到懷慶周邊。訥爾經額由彰德（今河南省安陽）移營懷慶東北的清華鎮。

北伐軍對懷慶久攻不下，消耗很大，而增援的清軍卻越來越多，為了擺脫被動局面，北伐軍不得不於七月二十八日主動撤圍西進。由於北伐軍在懷慶滯留了兩個月，使清廷得以在黃河以北糾集兵力，加緊布防，從而使北伐軍進軍京津地區的困難加大了。

撤離懷慶後，北伐軍便繞道濟源，翻山越嶺進入山西，連下垣曲、

太平天國子母槍

絳縣、曲沃,於八月中旬進至平陽(今山西省臨汾)、洪洞一帶,清軍迎頭堵截,命灠爾經額調兵對正定、井陘等要塞進行控制,妄圖把北伐軍消滅於山西南部地區。

但北伐軍自洪洞轉而向東,經屯留、潞城、黎城,復入河南,攻破涉縣、武安。北伐軍於八月二十七日由山間小路突襲河南、直隸交界的臨淮關,擊潰立足未穩的灠爾經額所部清軍(由懷慶回防直隸)萬餘人,接著連下直隸沙河、任縣、隆平(今隆堯)、柏鄉、趙州(今趙縣)、欒城、晉州(今晉縣)、深州(今深縣)。

清廷滿朝被北伐軍繞道山西插入直隸的行動所震動,北京城內的官僚豪紳紛紛逃散。咸豐帝立即將灠爾經額革職,以勝保為欽差大臣,隨後又任命科爾沁郡王僧格林沁為參贊大臣,惠親王綿愉為奉命大將軍,會同勝保進剿。僧格林沁於是率領京營禁兵、蒙古馬步軍共四千五百名屯駐涿州,屏蔽京師,並策應勝保軍,以達到在滹沱河南合擊和消滅北伐軍的企圖。

在深州一帶稍事休整後,林鳳祥、李開芳等於十月二十二日率軍東走,連破獻縣、滄州,於二十七日佔領天津西南的靜海縣城和獨流鎮,前鋒進至楊柳青,清王朝圍殲太平軍於滹沱河南的計劃也因此而落空。

為了方便進行休整和待援,北伐軍還想佔據天津。當時,天津清軍甚少,天津城內的官僚豪紳立即組織團練武裝,並破壞運河堤岸,引水環城,以使太平軍的行動受到阻礙,加之在北伐軍佔領靜海的當天,勝保即率軍趕到,僧格林沁也移營於天津西北之楊村(今武清),因此,北伐軍未能實現佔領天津的計劃。

靜海縣城和獨流鎮兩地相距十八里,均位於子牙河以東的運河線上。北伐軍既然無法佔領天津,便退出楊柳青,在靜海、獨流兩地駐紮下來,由林鳳祥、李開芳分別率部固守,同時報告天京,要求迅即派出援軍。他

們在這裡築木城、建望臺、挖塹壕、埋地雷、豎木樁，堅守以待援兵。

自咸豐三年四月初北伐軍從浦口出發，到十月二十七日佔領靜海、獨流的近半年中，北伐軍一直保持著進攻姿態，並掌握著作戰的主動權，隊伍也擴充至四、五萬人。但到達靜海獨流後，北伐軍在遠離後方接應的情況下駐紮下來，等待援兵，從而陷入重圍，被迫轉入防禦。這是北伐軍進軍中的一個明顯的轉折，至此，實際上已無法實現進攻北京的計劃了。

勝保有兩萬餘人圍攻靜海、獨流，勝保設大營於良王莊，以主力圍困獨流鎮，由西凌阿帶領少量部隊圍困靜海縣城，僧格林沁也自楊村移營獨流鎮以北三十餘里一帶以聲援，同時對太平軍進襲北京進行防堵。此外，尚有兩萬七千餘名團練武裝在天津及其附近各縣配合清軍作戰。

開始，憑藉優良的武器和充足的給養的勝保軍連日進行圍攻，企圖迅速消滅北伐軍，但北伐軍依託木城、塹壕頑強抵抗，使勝保軍屢攻屢挫，以致束手無策。北伐軍有時也抓住有利時機，反擊清軍，並擊斃率領火器

太平天國天王府石舫
位於今江蘇省南京市的太平天國天王洪秀全府邸遺址的西花園中。

清．《太平天國起義記》書影

石達開部留下的雙刀

營的副都統佟鑒和天津壯勇統領謝子澄等。由於久攻不下，勝保多次受到清廷指斥，最後不得不要求與僧格林沁移營前線的部隊合力圍攻。

在靜海、獨流一帶憑藉臨時構築的工事的北伐軍忍受著嚴寒和饑餓，抗擊著三、四萬清軍和團練的不斷圍攻，整整堅持了一百天，使其堅韌頑強的戰鬥精神得以充分展現，但終因被圍日久，糧食、彈藥均缺乏，援軍又無消息，於咸豐四年（西元1854年）正月八日不得不突圍南走。

自靜海、獨流突圍後的北伐軍，經大城縣，於正月九日到達沙漳府的束城鎮，並佔據附近的桃園、西成、辛莊等六、七個村莊。這一帶村落稠密，樹木叢雜，太平軍就地取材，迅速建造了一些防禦工事如土壘、木城等。

僧格林沁和勝保企圖在北伐軍撤退途中將其殲滅，率領馬隊緊追不捨，當天就追到束城。不久，大隊清軍趕到，對北伐軍繼續實行包圍。清軍在四周挖掘深壕，設置木柵、鹿砦，防止太平軍突圍，並不時發起進攻。太平軍憑壘固守，清軍一接近，便施放槍砲，投擲火罐、火球，殺傷大量的敵人。

束城是個糧彈給養難以補充的小鎮，因此，北伐軍在這裡駐守一個月後，又於二月九日趁著大霧再次突圍，途經獻縣，於十一日抵達阜城。

阜城也是一個積水很多、房屋甚少的小邑，太平軍除據有全城外，還佔領城北的連村、對村、杜家場和城西南的塔露頭村、紅葉屯等村落，周圍密布鹿砦、樹柵，有的地方多達五、六層，準備堅守。

到阜城後，北伐軍很快又被三萬多清軍包圍。不久，城北各村落入敵手。在二月二十七日的戰鬥中，吉文元受傷犧牲，北伐軍的處境更加困

清·御用鐵劍

難。幸運的是這時北伐援軍已渡過黃河北上，清廷為使春不與北伐軍會合，即命勝保帶領萬餘清軍（內有馬隊兩千），趕往山東防堵，這就使阜城的壓力減輕了，使北伐軍得以在此堅守兩個月的時間。

在預定計劃中，天京當局在得知北伐軍抵達天津後應立即派出後續部隊，北上增援，由於天京周邊及西征戰場的形勢均較緊張，援軍未能預先籌組和即時派出。在危急的情況下，天京當局臨時決定放棄揚州，以便騰出部隊北上增援。但清軍的江北大營已圍困揚州，守軍曾立昌部難以撤出，於是由天京派出夏官副丞相賴漢英率部前往揚州周邊接應。於十月十三日出發的賴漢英，十一月七日才接出曾立昌部，放棄揚州。之後，留兵一部退守瓜洲、儀征，主力前往安慶，準備北援。原擬由燕王秦日綱領北伐援軍，但秦日綱將這一艱鉅使命交給了曾立昌等人，自己仍留守安慶。

共有十五個軍、七千五百人的北伐援軍，由夏官副丞相曾立昌、冬官副丞相許宗楊、夏官副丞相陳仕保等率領，遲至咸豐四年正月七日才從安慶出發，經桐城、舒城、六安、正陽關、潁上，於二月三日到達蒙城。在

清軍在漫長戰線上轉運糧草的情景

咸豐皇帝朝服像

清文宗咸豐皇帝（西元1831年—1861年），道光帝
第四子。二十歲繼帝位，年號咸豐，在位十一年。
得年三十一歲，廟號文宗，咸豐帝早期勤政，朝政
漸有生氣，但無奈清朝已病入膏肓，無可救藥。在
位十年「飛蝗七載」，天災人禍不斷，先後爆發了太
平天國運動及第二次鴉片戰爭，對外簽定了一系列
不平等條約。

這一帶，援軍吸收了大批捻黨和遊民
等入伍。二月上旬，北伐援軍入河南
永城、夏邑，中旬轉至江蘇蕭縣西北
的蔡家莊、包家樓一帶，就地取材，
紮木筏渡過黃河，並佔領豐縣，二月
二十一日入山東境。但擔任掩護任務
的二三千人未能渡河，退回河南永
城，爾後活動於安徽六安一帶。由於

山東清軍正集結於北部地區，防堵北
伐軍南下，魯西地區兵力空虛，故北
伐援軍進入山東後，如入無人之境，
連下金鄉、鉅野、鄆城、莘縣、陽
穀、冠縣，於三月三日直逼距阜城僅
二百餘里的漕運咽喉要地臨清城下，
這時，援軍已有三四萬人的兵力。

自阜城出發的奉命阻擊北伐援軍
的勝保部隊，經故城入山東，於三月
七日到達臨清周邊。北伐援軍一面阻
擊南下的勝保軍，一面猛攻臨清城，
三月十五日，西南城牆兩處被其用地
雷轟塌，隨後北伐援軍攻入城內，但
城內糧草彈藥已被清軍全部焚毀，僅
得一座空城。在援軍攻臨清期間，調
兵遣將的清廷很快集結兵力一萬六七
千人（內有馬隊四千餘名），加上團
練等約有二、三萬人。援軍入城後，
清軍隨即對臨清形成合圍，對援軍營
壘及城垣不斷用重砲猛轟。援軍屢戰
不利，不得不於三月二十六日放棄臨
清，南退至李官莊、清水鎮一帶，部
隊有萬餘人的傷亡逃散者。

如果北伐援軍堅持北上，很快便
能與北伐軍會師。當時，清廷甚為恐
慌，咸豐帝驚呼「將斃，又添雙
翼」。但援軍在臨清作戰失利後，對
下一步的行動在領導層中發生了激烈

爭論，曾立昌認為清軍已經疲乏，又屢勝而驕，主張乘勢趨阜城，但許宗楊和陳仁保等不顧北伐軍數萬將士的安危，說什麼為心欲南趨，北行恐多逃亡，不如南行。雙方爭執不決，最後南返的主張佔了上風。援軍於四月一日南退冠縣，在清軍的追擊和地主武裝的襲擊下，被殺二、三千人，新附之眾紛紛潰散。曾立昌渡黃河時淹死（一說被殺），陳仁保渡河後在安徽鳳台縣境內陣亡，楊秀清將隻身逃回天京的許宗楊關入大牢。

天京方面於咸豐四年三月又決定派燕王秦日綱再次組織增援，但秦藉口北路官軍甚多，兵單難往，不願北行。天京當局終因金陵、廬州（今安徽省合肥市）以及湖南方面戰事十分緊張，無力抽兵而作罷。此後，北伐軍作最後的奮戰只有依靠自己的力量了。

北伐軍於咸豐四年四月九日由阜城突圍東走，佔領東光縣的連鎮。連鎮橫跨運河，分東西兩鎮，分別由林鳳祥、李開芳率部據守。當天，僧格林沁即率馬隊追來，不久步兵也趕到，北伐軍又被緊緊包圍起來。北伐軍為了另擇一處牽制清軍，便商定由李開芳率領經過挑選的健卒六百餘人

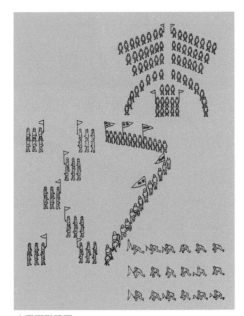

太平軍戰陣圖
其中包含四種戰陣，分別為：螃蟹陣、牽線陣、百鳥陣、臥虎陣。

騎馬突圍南下。李開芳於五月二日率隊自東連鎮突圍成功，過吳橋，入山東東部，於五月三日襲佔高唐。勝保在殲滅北伐援軍後，於四月二十三日返抵連鎮周邊，得知北伐軍突圍南下，便立即率馬隊跟蹤追擊。

此時，太平軍僅有六、七千人留守連鎮，而僧格林沁則擁兵二、三萬人。清軍在連鎮四周挖掘深壕，構築土城，壕深寬各二丈餘，土城厚八、九尺，高一丈五、六尺，上安為槍、火砲，每隔一丈支帳蓬一座，設兵十名，嚴密圍堵，企圖困死太平軍。可

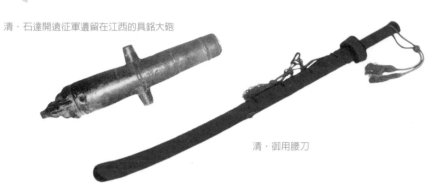
清・石達開遠征軍遺留在江西的具銘大砲

清・御用腰刀

是圍攻數月，清軍不但未能取勝，反而損兵折將，士氣越來越低，以致清廷不斷指斥僧格林沁。太平軍方面，由於久據連鎮，糧食匱乏，僅以黑豆充饑，及至年底，糧食幾盡。於是，在加緊軍事進攻的同時，僧格林沁乘機開展誘降活動，北伐軍前後出降者達三千餘人。

咸豐五年正月初一，太平軍放棄西連鎮，集中力量防守東連鎮。利用僧格林沁的誘降陰謀，林鳳祥於正月初二派蕭鳳山（原系清朝縣丞）等九十餘人詐降清軍，以便聯絡群眾內應，配合守軍出擊，把清軍的圍困打破。但這項計畫被清軍識破，詐降的九十餘人全部被害。清軍於正月十九日對東連鎮發起總攻，集中砲火轟擊木城，北伐軍將士拚死抵抗。林鳳祥在督戰時身受重傷，士氣大受影響。不久，清軍在木城被攻破的情況下紛紛攻入。太平軍將士與敵人展開白刃戰，殺傷大量清軍，最後太平軍大部陣亡，其餘或被俘，或從運河潛逃。受傷後藏於地道深處的林鳳祥被清軍捕獲，解送北京，後被清軍所害。

勝保在李開芳率領的六百餘人（突圍途中擴充近千人）佔據高唐的當天，便率馬隊三百名趕到，不久大隊清軍聚集高唐城外，使這支太平軍又陷入重圍。得知援軍潰敗的李開芳，早已退出臨清，而高唐城高池深，糧草尚多，遂組織居民在城外立柵築壘，開掘壕溝，並在城內挖掘了許多地道直通城外，準備依城固守。這時，勝保擁兵萬餘，先後用雲梯、呂公車攻城，均未得逞，便改用臨時鑄造的重砲轟擊。

太平軍利用壕溝地道作掩護保存自己，並於黑夜搶修被敵人轟塌的城牆。以後，清軍又採取挖地道、埋地

雷的辦法，也未能破城。憑藉堅固的防禦工事，太平軍利用夜晚襲擊敵營前後三十餘次，使清軍傷亡不少。

勝保由於高唐久攻不下便先後受到拔去花翎和革職留任的處分。留守連鎮的北伐軍被殲後，清廷便把勝保解京問罪，而命僧格林沁移師進攻高唐。

一月二十三日，僧格林沁選精兵八千餘名，抵達高唐周邊，使圍城清軍增至三萬餘人。此時，李開芳得知林鳳祥部已覆沒，決意突圍南返。從俘獲的太平軍人員中得到李開芳等急欲突圍的情報後，僧格林沁便於一月二十九日夜密令南面清軍分開隊伍，故作疏防之勢，誘使太平軍由此突圍。這一詭計沒有被李開芳識破，於是，他便於當日午夜率部突擊，向南疾走。僧格林沁以馬隊五百餘名銜尾緊追，李開芳部遂入據離高唐約五十里的茌平縣馮官屯。

太平軍佔據有三村相連外有高牆的馮官屯後，又掘壕立柵，嚴密防守。二月一日，僧格林沁率馬隊趕到，首先佔據西邊二村，然後在四面安放大砲，向馮官屯轟擊，將房屋盡行轟塌。在屯內，太平軍挖掘了縱橫交錯的壕溝、地道和地窖，待敵人進至槍械射程以內時，通過工事射孔開槍射擊，清軍始終無法攻入屯內。最後，僧格林沁決定採用惡毒的水灌法，強迫大批民工挖了一條全長一百二十餘里的水渠（歷時月餘），引運河水至馮官屯。三月五日，開始放水浸灌，屯內平地水深數尺，壕溝地洞與糧草火藥均被水淹沒。

這時，僧格林沁一面用大砲轟擊，一面對太平軍展開誘降活動。四

太平軍作戰圖

太平軍「典金靴衙聽使」號衣

清‧將軍盔

月十六日，清軍圍攻甚急，太平軍糧彈告罄，陷入絕境。率八十餘人突圍的李開芳被清軍俘獲（一說降於清軍），後解送北京，於四月二十七日慷慨就義。

至此，經過兩年多艱苦卓絕的奮戰，這支由數萬精銳組成的北伐軍，終於全軍覆沒。

分析太平軍北伐路線，孫子兵法所說「九地」幾乎全部包括在內。當時洪秀全命北伐軍「師行問道，疾趨燕都，無貪攻城殺地糜時日」，這種決策是明智的。孫子兵法說，處於散地不宜作戰，處於輕地不可停留，遇上爭地不宜強攻，碰到圮地必須迅速通過，陷入圍地就要設謀脫險，處於死地要力戰求生。

太平軍北伐失敗的第一個原因就是盲目地攻城，懷慶城是太平軍得利、清軍也有利的地方，是孫子所說「爭地」，孫子兵法說爭地不宜強攻，而太平軍明知此城難以強攻，卻竭盡全力猛攻，不但消耗了物力和兵力，而且喪失了北伐速戰速決的戰機，結果引來了清廷的援軍，不得不放棄攻城計劃，而清廷因此也加緊了佈防，增大了太平軍北伐的困難。

而太平軍死守的束城和阜城，可以說是孫子所說的圮地，屬於水網沼澤難以通行的地帶。孫子兵法說，圮地不宜堅守，應當迅速通過，但太平軍卻死守此地，結果攻防十分殘酷，幸而北伐援軍趕來，阜城之圍漸解。

但太平軍攻佔的臨清卻是一座空城，糧草難以供給，可以力戰突圍，但是北伐軍突圍後不但沒有決一死戰繼續北上，而且選擇南退，完全沒有考慮到孫子兵法所說的用兵之道貴在神速，乘敵人措手不及的時機，走敵人意料不到的道路，攻擊敵人沒有戒備的地方這一出奇制勝的方略，從主動出擊轉入被動防禦，從而使北伐軍戰鬥力大大削弱。

《孫子兵法》說：「爲兵之事，並敵一向，千里殺將，此謂巧能成事者。」從另一個角度來說，也就是指導戰爭決策，必須謹慎地觀察敵人的戰略意圖，集中兵力攻擊敵人之一部，千里奔襲，擒殺敵將，實現克敵制勝的目標。洪秀全下令北伐的初衷是符合孫子兵法的，可惜在太平軍北伐途中，沒有進行整體的系統調度，各部自行其是，號令不一，沒有根據「九地」之別實行靈活機動的戰術，導致太平軍不能首尾相顧，互相聯動，最後才造成北伐的失敗。

廣西富川風雨橋

▼
九
地
篇

火攻篇

原文

孫子曰：凡火攻有五：一曰火人，二曰火積，三曰火輜，四曰火庫，五曰火隊。行火必有因，煙火必素具。發火有時，起火有日。時者，天之燥也；日者，月在箕、壁、翼、軫 ❶ 也，凡此四宿者，風起之日也 ❷ 。

凡火攻，必因五火之變而應之。火發於內，則早應之於外。火發兵靜者，待而勿攻，極其火力，可從而從之，不可從而止。火可發於外，無待於內，以時發之 ❸ 。火發上風，無攻下風。晝風久，夜風止。凡軍必知有五火之變，以數守之 ❹ 。

故以火佐攻者明，以水佐攻者強。水可以絕，不可以奪。

夫戰勝攻取，而不修其功者凶 ❺ ，命曰費留 ❻ 。故曰：明主慮之，良將修之。非利不動，非得不用，非危不戰。主不可以怒而興師，將不可以慍而致戰。合於利而動，不合於利而止。怒可以復喜，慍可以復悅；亡

注釋

❶ 箕、壁、翼、軫：中國古代星宿之名稱，是二十八宿中的四個。

❷ 凡此四宿者，風起之日也：四宿，指箕、壁、翼、軫四個星宿。古人認為月球行經這四個星宿之時，是起風的日子。

❸ 以時發之：根據氣候、月象的情況實施火攻。以，根據、依據。

❹ 以數守之：數，星宿運行度數，此指氣象變化的時機，即前所述「發火有時，起火有日」等條件。句意為等候火攻的條件。

❺ 不修其功者凶：意思是不能及時論功行賞以鞏固勝利成果，則有禍患。

❻ 命曰費留：意為賞不及時。指若不及時賞賜，軍費將如流水般逝去。命曰，名為。費留，吝財，不及時論功行賞。

❼ 故明君慎之，良將警之：所以明智的國君要慎重，賢良的將帥要警惕。慎，慎重。警，警惕、警戒。

❽ 此安國全軍之道也：這是安定國家保全軍隊的根本道理。安國，安邦定國。全，保全。

國不可以復存，死者不可以復生。故明君慎之，良將警之❼，此安國全軍之道也❽。

譯文

孫子說，火攻的形式共有五種：一是焚燒敵軍人馬，二是焚燒敵軍糧草，三是焚燒敵軍輜重，四是焚燒敵軍倉庫，五是焚燒敵軍糧道。實施火攻必須具備條件，火攻器材必須平時即有準備。放火要看準天時，起火要選好日子。所謂天時，是指氣候乾燥；所謂日子，是指月亮行經箕、壁、翼、軫四個星宿位置的時候，凡是月亮經過這四個星宿時，就是起風的日子。

凡用火攻，必須根據五種火攻所引起的不同變化，靈活機動部署兵力策應。在敵營內部放火，就要及時派兵從外面策應。火已燒起而敵軍依然保持鎮靜，就應慎重，不可立即發起進攻，等待火勢旺盛後，再根據情況做出決定，可以進攻就進攻，不可進攻就停止。火可以從外面燃放，這時就不必等待內應，只要適時放火就行。從上風放火時，不可從下風進

攻。白天風刮久了，夜晚風就容易停止。軍隊必須掌握這五種火攻方法，靈活運用，等待放火的時日條件具備時再進行火攻。

用火來輔助軍隊進攻，效果殊為顯著，用水來輔助軍隊進攻，攻勢必能加強。水可以把敵軍分割隔絕，但卻不能焚毀敵人的軍需物資。

凡打了勝仗，攻取了土地城邑，而不能及時論功行賞的，就必定會有禍患。這種情況叫做「費留」。所以說明智的國君要慎重地考慮這個問題，賢良的將帥要嚴肅地對待這個問題。沒有好處不要行動，沒有取勝的把握不要用兵，不到危急關頭不要開戰。國君不可因一時的憤怒而發動戰爭，將帥不可因一時的怨憤而出陣求戰。符合國家利益才用兵，不符合國家利益就停止。憤怒還可以重新變為歡喜，怨憤也可以重新轉為高興，但是國家滅亡了就不能復存，人死了也不能再生。所以，對待戰爭，明智的國君應該慎重，賢良的將帥應該警惕，這是安定國家保全軍隊的根本道理。

火燒博望、新野

中國古典小說《三國演義》可以說是《孫子兵法》又一形象的詮釋。諸葛亮躬耕南陽，劉備三顧茅廬，以誠相邀，諸葛亮輔佐漢室，妙計高招迭出，成為人們的美談，其成功戰例皆合乎《孫子兵法》。除舉世聞名的赤壁之戰外，諸葛亮成功的火攻戰例還有博望、新野之戰。

《三國演義》是這樣記述火燒博望和新野的：

建安十三年六月，夏侯惇打算領兵南征。荀彧諫說：「不可輕視劉備，他有諸葛亮為軍師，將軍此去，必然有失。」夏侯惇說：「我看劉備像鼠輩一樣，我一定會把他抓住。」徐庶說：「將軍不可輕視劉玄德，他現在又得到諸葛亮的輔佐，如虎添翼。」曹操問：「諸葛亮是什麼樣的人？」徐庶回答說：「此人複姓諸葛，名亮，字孔明，道號『臥龍先生』。他上通天文，下曉地理；熟讀兵書，機智深不可測，不是等閒之輩。」曹操說：「與你相比怎樣？」徐庶回答：「我是螢火之光，他卻像

明亮的皓月，徐庶怎敢和諸葛亮相比！」夏侯惇叱罵他說：「元直此言差矣。我看諸葛如草芥，沒什麼可怕

劉備像

漢昭烈帝劉備（西元161年—223年），字玄德，涿郡（今河北涿州）人，三國時期蜀漢的建國者。自稱東漢遠支皇族，即中山靖王劉勝的後人。建安十二年，劉備在隆中三顧茅廬，登門求教。使諸葛亮大為感動，同意輔佐他。劉備採納了諸葛亮占據荊、益二州，聯結孫權，對抗曹操，統一全國的建議。次年與孫權合軍在赤壁，大敗曹操，占領荊州，力量逐漸壯大，旋又奪取益州和漢中，自立成為漢中王。西元221年正式稱帝，國號漢，建都成都，年號章武，與魏、吳鼎足而立。在位期間，積極推行諸葛亮制定的國策，實行法治，整頓內政。以替關羽報仇為名，親自率領大軍進攻吳國，被吳將陸遜打敗，退至白帝城（今四川奉節東北），不久病死。

的！我若不生擒劉備，活捉諸葛，我願把自己的頭顱獻給丞相！」曹操說：「軍無戲言。」夏侯惇回答：「願立軍令狀。」曹操說：「你早日勝利，以慰我心。」夏侯惇於是辭別曹操，帶兵啟程。

新野劉備得到了孔明的輔佐，對孔明以師禮相待，關羽、張飛心中不悅，說：「孔明年幼，有什麼才學？兄長太尊敬他了！」玄德說：「我得孔明，猶魚得水也。你弟兄不可再多說了。」關、張見此，不言而退。玄德得空便親自結帽。孔明看到了，正色道：「明公不是有遠志嗎，為什麼做這種事？」玄德於是扔到地上說：「這是什麼話！我暫且忘憂罷了。」孔明問：「明公自認為比劉荊州怎樣？」玄德說：「比不上。」孔明又說：「明公自認為比曹操怎樣？」玄德說：「實在不如他。」孔明說：「都比不上，而明公的軍隊不過數千人，以此待敵，萬一曹兵來了，用什麼來迎接他們？」玄德說：「我正愁這件事沒有好辦法。」孔明說：「可招募民兵，由我教導他們，等候敵人。」玄德於是招募新野民眾三千餘人，早晚演練陣法，一進一退，不失其節。忽然接到報告說曹操命夏侯惇

諸葛亮像

諸葛亮（西元181年─234年），字孔明，琅琊郡陽都（今山東省沂南縣）人，三國時期蜀漢重要大臣，名士司馬徽稱其為伏龍（臥龍），與鳳雛龐統齊名。劉備屯兵於新野時，曾三顧茅廬請諸葛亮當軍師，其時諸葛亮二十七歲。諸葛亮輔佐劉備，助成三國鼎立局面，在劉備逝世後繼續輔佐劉禪，西元227年向劉禪提出「出師表」出兵北伐，共四次。於西元234年病逝。

領兵十萬，殺奔新野，關羽、張飛先得到消息，張飛說：「可令孔明前去迎敵了。」

二人說話間，玄德請二人商議軍機。關羽進諫，玄德說：「夏侯惇領兵十萬，火急到來，如何迎敵？」雲長躊躇未決。張飛說：「哥哥使『水』去便可以了。」玄德說：「計謀依照孔明，勇力仍需二弟，這哪用說？」關、張出來後，玄德請孔明議事。玄

德說：「現在夏侯惇領十萬兵到來，怎麼迎接他們？」孔明說：「只怕二弟不肯服從。如讓亮帶兵，須借劍、印。」玄德當即給了他。

孔明聚集眾將聽令。張飛與雲長說：「聽令去，別理會他。」孔明說：「博望離這裡九十里，左有山，名爲豫山，右有林，名爲安林，可以埋伏軍馬。雲長可帶領一千五百人去安林背後山峪中埋伏，看到南面火起，便可出來，到博望坡以前屯糧草處縱火燒掉他們。關平、劉封可帶領五百人，預備引火的東西，在博望坡後兩邊等候，至初更兵到，便可放火了。去樊城讓子龍回來，任命他爲前部，不要贏，只要輸，人馬退後。主公帶領一支軍馬，

作爲救援。依計而行，不得有失。」

關、張問孔明說：「我等皆離縣百里埋伏，你在哪裡？」孔明說：「我獨自守縣。」張飛大笑曰：「看看他的計謀！我們都去廝殺，你在家

明·佚名 孔明出山圖

258

裡坐著，是何道理？」孔明說：「劍、印在此，違令者必斬！」玄德說：「豈不聞『運籌帷幄之中，決勝千里之外』？兄弟不可違令。」

張飛對關雲長說：「我們且看他的計策靈不靈，那時再來問他不遲。」二人便依令去了。大家都不知孔明的韜略，不肯服從。子龍領軍來後，孔明告知計策後讓子龍去準備，劉玄德問道：「我怎麼辦？」孔明回答說：「今日可引兵在博望山下屯駐。來日黃昏，敵軍必到坡下，主公便逃走，放火為號，主公可回頭掩殺，天明罷兵。亮與糜竺、糜芳領五百人守縣。孫乾、簡雍準備慶喜筵席，安排功勞簿。」派兵完後，劉備也有點懷疑。

卻說夏侯惇和于禁、李典兵至博望，選一半精兵作前鋒，其餘跟隨糧草車行。巳牌時候，夏侯惇在前，望見塵頭飛起，便將人馬擺成陣勢。夏侯惇問道：「這是什麼地方？」嚮導官答道：「前面便是博望坡，後面是羅川口。」夏侯惇傳令，讓于禁、李典穩住陣腳，自己親自出馬到陣前，副將同宗夏侯蘭、護軍韓浩及數十騎將陣勢擺開。看到敵軍所在，夏侯惇大笑。眾將問道：「將軍為什麼笑

呢？」他回答道：「我笑徐庶在丞相面前誇諸葛亮村夫為冠絕天下之人，現在看他用兵便可看出來，以此等軍馬為前部與我對陣，正如犬羊與虎豹鬥一樣。我在丞相面前一時誇口，要活捉劉備、諸葛亮，現在必應前言。你與我弟弟催促軍馬，星夜踏平新野，我的心願就算完成了。」說完後便縱馬向前答話。

新野之兵擺成陣勢，子龍出馬。夏侯蘭罵道：「劉備是忘恩負義之徒！你們這些軍馬正如孤魂隨鬼！」子龍大罵：「你們追隨曹操這個鼠賊！」夏侯惇大怒，拍馬向前，來戰

曹仁像
曹仁（西元168年—223年），字子孝，三國時期曹魏重要將領，曹操家族軍其中一員。從曹操東征西討，立下無數戰功。後關羽襲樊城，于禁兵敗投降。曹仁死守樊城。後得徐晃相救，終得以突圍。黃初四年，曹仁病逝。官至大司馬。

火攻篇

子龍。兩馬交戰，沒有幾個回合，子龍押後陣抵擋。約走十餘里，子龍回馬又戰，幾回合後又敗走。韓浩拍馬向前提醒道：「趙雲誘敵，恐有埋伏。」夏侯惇說：「敵軍這樣，即使十面埋伏，我又有什麼怕的呢？」夏侯惇趕到博望坡後，突然一聲砲響，玄德領一支軍隊衝出來，接應交戰。夏侯惇回頭對韓浩說：「這就是埋伏之兵！我今晚不到新野，誓不退兵！」於是催軍前進掩殺。玄德、子龍抵擋不住，退後便走。

這時天色已晚，濃雲密布，又無月色，晝風不起，夜風不作，晝風既起，夜風必大。夏侯惇只顧催軍趕殺，前面敗軍退卻。夏侯惇傳令緊追後軍掩殺。于禁、李典趕到窄狹處，兩邊都是蘆葦。李典對于禁說：「欺敵者一定會失敗。」于禁說：「敵軍甚猥，不用害怕！」李典說：「南路狹窄，山川相逼，樹木叢雜，恐怕敵人會使火攻。」于禁說：「曼成的話很正確。我馬上追上都督，你止住後軍。」李典勒回馬，大叫：「後軍慢行！」但人馬走動，哪裡攔得住。于禁停馬大叫：「前軍都督停住！」夏侯惇正走著，見于禁從後軍趕來，便問爲什麼。于禁便回答道：「我們想

南道路狹，山川相逼，樹木叢雜，恐怕敵人會使火攻。」夏侯惇猛然醒悟，說道：「文則的話對極了。」正想回馬，卻聽背後喊聲如雷響起，遠遠看見一片火光，隨後兩邊蘆葦也燒著了。四面八方都是火，狂風大作，人馬相互踐踏，死者不計其數。夏侯惇冒煙突圍而逃，背後子龍趕來，軍馬堵在一起。

且說李典急奔回博望坡時，在火光中被攔住，當先一將領正是關雲長。李典縱馬，奪路而逃。夏侯惇、于禁見糧草車輛著火，便從小路逃走。夏侯惇、韓浩來救糧草，恰好遇到張飛。交戰數回合，張飛一槍刺死夏侯蘭，韓浩逃走了。這樣殺到天明才收軍，殺得屍橫遍野，血流成河。孔明叫人將船筏放火燒毀，軍馬盡投奔樊城去了。

曹仁領著敗殘軍馬在新野屯住，派曹洪去見曹操，訴說失利之事。曹操大怒道：「諸葛村夫居然敢這樣！」於是指揮三軍到新野，曹操讓軍士一面搜山，一面填塞白河，緊接著又兵分八路，一齊去取樊城。數次飛報曹操兵馬已到博望後，玄德慌忙叫伊籍回江夏整理軍馬，一面求計於孔明。

孔明說：「主公且放心。上次一

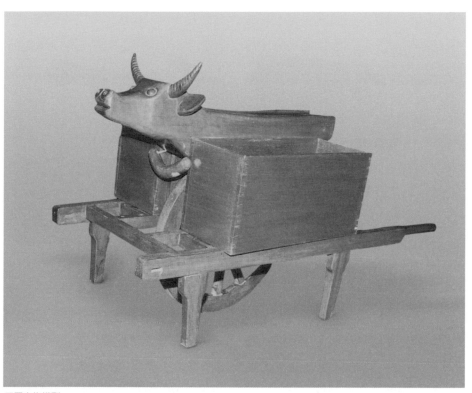

三國木牛模型
木牛相傳由諸葛亮發明，蜀軍常用來運送軍用物資，非常適於山地使用。

把火，燒了夏侯惇大半人馬，這一次曹軍又來，必讓他中這條計。我們在此屯紮不住了。」便差人四門掛榜，曉諭居民：「不管老小男女，限今日皆跟我們往樊城暫避，不可自誤。曹軍若到，必行不仁，傷害百姓。」然後便差糜竺送各官老小到樊城。

百姓即將起身，諸葛亮又喚諸將聽令，先對關雲長說：「帶領一千人各帶布袋，放水淹，然後順水下來接應。」關雲長受計去。孔明叫來翼德：「領一千軍在白河渡口埋伏。曹軍被淹，這裡水勢最慢，人馬必從此逃難，可乘勢殺死他們來接應雲長。」翼德領計去了。孔明又對子龍說：「引三千軍先帶著蘆荻乾柴，放在新野縣近城人家屋上，暗藏硫磺焰硝引火之物。明天是昂日雞直日，黃昏後必有大風，大風一起，曹軍必入城安歇。你將三千兵人分為四隊，自

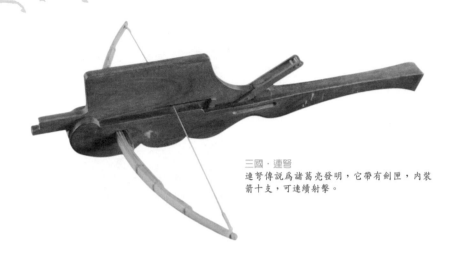

三國‧連弩
連弩傳說為諸葛亮發明，它帶有劍匣，內裝
箭十支，可連續射擊。

領一半軍隊，另一半分爲三隊：縣南、北、西三門，各五百軍人。先將火槍、火砲、火箭射入城去，看火勢大作，城外就只管吶喊，只留東門讓敵人逃生。你在東門外埋伏好了，假如看到敗軍亂竄，不可截殺，只在背後攻打他們，敗軍無心戀戰，必然奔走。這就是以寡敵眾，一定會成功。天明會合收兵，便回樊城，不可延誤。」趙雲聽令後也離去。

孔明再叫來糜芳、劉封二人：「可帶二千軍人，一半紅旗，一半青旗，去新野縣外三十里鵲尾坡（地名）前擺開，青紅旗號混雜。如曹軍一到，你們二人便將人馬分開：糜芳引紅旗軍走在左，劉封引青旗軍走在右。敵軍疑心，必不追趕。你們就分開去縣東、西、南、北角上埋伏，只

要看到城中火起，便可追殺敗兵，然後到白河上流接應主公。不可耽誤。」二人受計去了。孔明調撥已定，與玄德登高觀察。

曹仁、曹洪爲前部先鋒，領大軍十萬、戰將數員，前面有許褚領三千鐵甲軍，朝新野進發。到上午時，來到鵲尾坡。許褚問鄉導官：「此處至新野縣有多少路？」鄉野官答道：「只有三十里。」許褚差數十騎先行探聽，望見坡前人馬擺開，撥馬回報，說前面依山傍嶺一隊人馬，盡打青紅旗號，不知有多少人。許褚叫人執一面皀旗，領著三千軍人一齊向前。劉封、糜芳分爲四隊，青紅旗號各歸左右，旗色不雜、隊伍不亂，許褚勒馬停止追趕。左右說：「爲什麼不追殺呢？」許褚說：「前面必有埋

262

伏。你們就在這裡駐紮，我去稟告先鋒。」許褚騎馬來見曹仁，曹仁說：「難道沒聽說兵法有虛實？此是疑兵，一定沒有埋伏，可速進兵，我會追上來。」許褚回到坡前，提兵器殺入，到林下追尋，沒看到一個人。此時太陽快要落山了。許褚正想進縣，只聽得山上大吹大擂，忙領軍觀察，只見山嶺上一簇旌旗叢中有兩把傘蓋，左玄德，右孔明，二人對坐飲酒。

許褚見了大怒，尋找道路上山，狹路上擂木砲石打下來，許褚不能前進。只聽得山後喊聲大震，許褚想找路廝殺，天色已晚。曹仁說：「先去搶城，安歇軍士。」他們從四門突破進城，並無阻擋之兵，城中又不見一人。曹洪說：「這是計窮勢孤，所以盡帶百姓連夜逃跑。眾人暫且安身，來日天亮再進軍。」此時各軍饑餓疲乏，都去奪房造飯。曹仁、曹洪就在衙內安歇。初更後，狂風大起，守門軍士飛報起火了。

曹仁說：「這火是軍士造飯不小心遺漏之火，不可自驚。」話還沒說完，數次飛報南、北、西三門等處都起火。曹仁急忙叫為將上馬，滿縣火起，上下通紅。當夜之火，又勝博望燒屯之火。曹仁帶領眾將尋路逃跑。忽然一人報告說東門無火，曹仁等急衝出東門，軍士逃出，相互踐踏，死傷無數。

曹仁等剛脫離火海，背後一聲喊起，趙雲帶領一隊人馬趕來。混殺一陣，曹仁敗軍各逃性命，誰肯回身廝殺？正奔逃時，糜芳又帶領一支部隊衝殺一陣。曹仁大敗，奪路而走，忽然喊聲再次大起，又遇劉封帶領一隊人馬追殺一陣。敗軍奔到四更時分，人困馬乏，大半焦頭爛額，退到河邊，人馬都下河喝水。士兵爭相取水，互相喧嚷，馬見河水，亂行嘶吼。接著關羽引水淹曹兵，取得大勝。

孫子兵法說，用火來輔助軍隊進攻，效果非常好。如果用水再輔助進攻，攻勢必能加強，儘管水能把敵軍分割隔絕，不能焚毀敵人的軍需物資，但在新野一戰中，水火襲擊互用取得了成功。曹軍慘敗，全靠諸葛亮熟讀孫子兵法並加以運用。孫子所說的火攻五法，諸葛亮就用了兩種即焚燒糧草、焚燒兵馬，諸葛亮看準天時嚴密部署，「火攻」戰略用得恰到好處。

例 解

赤壁之戰

曹操在西元200年的官渡之戰中擊敗袁紹後，分別於西元204年、207年取得了攻取鄴城、北征烏桓的勝利，一舉消滅了袁紹集團的殘餘勢力，佔領了司隸、兗、豫、綠、青、冀、幽、並等州，統一了北方。接連而來的勝利堅定了曹操早日統一天下的雄心，他開始積極準備南下消滅南方的割據勢力，統一全國。

曹操咄咄逼人的攻勢，促成了南方兩個主要割據勢力──東吳孫權與荊州劉備的聯合。孫、劉聯軍精確地分析了曹軍的兵力、作戰特點及長處短處、戰場條件等客觀情況，找出了曹軍不善水戰的致命弱點，決定採取以長擊短、以火助攻的作戰方針，出其不意地以火攻擊敗曹軍，促成了三國鼎立局勢的形成，同時也製造了一個以火攻戰勝強敵的典型戰例。

西元208年春，曹操在鄴城修建玄武池訓練水軍，準備向南方進軍，同時派人到涼州拉攏馬騰及其子馬超，分別授予他們衛尉和偏將軍之職，以避免南下進軍時他們父子作亂，使其側後受到威脅。

曹操南下進攻的目標是荊州的劉表和東吳的孫權。荊州牧劉表年老多病，無所作為，只求偏安一方，其子劉琦、劉琮為爭奪繼承權而相互爭鬥，內部不穩。在官渡之戰時投奔袁紹的劉備這時投奔了劉表，劉表讓他

孫權像

吳大帝孫權（西元182年—252年），字仲謀。父孫堅，兄孫策。孫權文武雙全，年少時經已有將帥之才，統率大軍之能力，故與之為敵的曹操也誇讚「生子當如孫仲謀」。西元222年在金陵稱王，229年稱帝，建立吳國，即東吳，史稱孫吳。

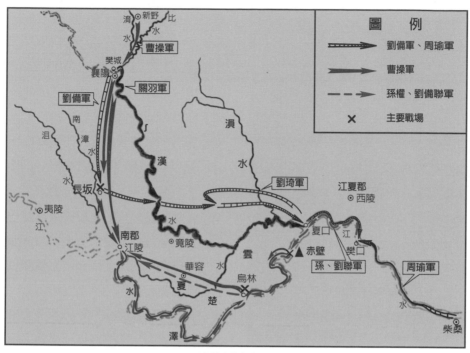

赤壁之戰示意圖

屯兵新野、樊城，爲自己據守阻止曹
軍南下的門戶。這時的劉備雖寄人籬
下，但仍是雄心勃勃。他乘此機會積
極擴充軍隊，訪求人才，爭取荊州地
主集團的支援。當時他已經擁有了諸
葛亮、關羽、張飛、趙雲等謀士猛
將，想在時機成熟時取代劉表，佔據
荊州，奪取天下。

曹操南下進攻的另一重要目標是
東吳的孫權，孫權當時佔有揚州的吳
郡、會稽、丹陽、廬江、豫章、九江
等六郡，國力較強。孫權擁有精兵十
萬，在周瑜、魯肅、張昭、程普、黃

蓋等人的支援輔助下，其統治基礎牢
固，內部也比較團結，加上他們擁有
長江天險，因此成爲曹操統一天下的
主要障礙。

當曹操還在忙於消滅袁氏殘餘勢
力時，孫權的手下魯肅便提出應乘曹
操忙於北方戰爭的時機去消滅江夏
（今湖北新洲）太守黃祖，佔領荊
州，以控制長江流域。西元203年，
孫權按照魯肅的建議，開始討伐黃
祖。黃祖退守夏口（今湖北武漢），
孫權圍攻不克。至西元208年，孫權
突破黃祖軍防線，打敗了黃祖，佔領

諸葛亮塑像

繼位。當曹軍逼近時，劉琮不戰而降。

這時，劉備正在與襄陽僅一水之隔的樊城訓練軍隊，準備應戰。他聽到劉琮投降的消息時，曹操的軍隊已到達宛城，離樊城很近了。劉備自知自己的力量抵擋不了聲勢浩大的曹軍，便率領隨行人員向江陵退卻。曹操怕江陵被劉備佔領，便親率輕騎五千，日夜兼程猛追，一晝夜行三百餘里，在當陽長坂坡追上劉備。劉備猝不及防，被曹操打敗，僅同諸葛亮、張飛、趙雲等幾十人向夏口方向退卻，與劉表長子劉琦會合。這時，他們總共僅有一萬水兵，一萬步兵，退守在長江南岸的樊口（今湖北鄂城西北）。

了江夏。這時，曹操怕荊州被孫權搶先佔領，遂出兵荊州。這年陰曆七月，曹操率步騎十萬大舉南下。曹軍一部分兵力向宛、葉（今河南葉縣西南）進行佯動，吸引劉表軍隊，另一部向新野方向出其不意直下荊、襄。八月，劉表病死，其子劉琮

赤壁之戰舊址
今為湖北蒲圻赤壁

當陽長坂坡 年畫

曹操順利地佔領了江陵，除獲得劉表的降兵八萬外，還獲得了大量的軍事物資。曹操意欲順流而下，佔領整個長江以東地區。這時他的謀士賈詡建議利用荊州的豐富資源，休養軍民，鞏固新佔地區，然後再以強大優勢迫降孫權。曹操由於一路進展順利，滋長了輕敵情緒，沒有聽取賈詡的意見，堅持繼續向江東進軍。

曹操佔領江陵後，不僅劉備感到了即將被吞沒的危險，東吳的孫權也感到了戰火即將燒到他的身邊。局勢的發展迫使劉備、孫權都產生了聯合抗曹的意向。這時，東吳派魯肅以爲劉表弔喪爲名，急切地前往荊州探聽虛實。魯肅到達夏口時，聽到劉琮投降、劉備南撤的消息。魯肅在當陽遇見劉備，建議劉備與孫權聯合抗擊曹操，劉備欣然同意，並派諸葛亮同魯肅一起去拜見孫權。

諸葛亮見到孫權後，看出孫權對劉備的實力有所懷疑，便說服孫權說劉備雖然在長坂坡戰敗，但是還有關羽、劉琦率領的水陸精銳二萬多人。曹軍遠道而來，經過長途跋涉，已經很疲乏了，幾戰之後，其勢成強弩之末，沒有多大勁頭了，而且北方人不習慣水上作戰，荊州民眾也不是眞心歸附曹操。如果孫、劉兩家能同心協力，聯合抗曹，一定能擊敗曹軍，造就三足鼎立的形勢。

孫權聽了諸葛亮的分析，增強了

▼
火
攻
篇

267

東漢鬥艦模型
赤壁之戰中，「孫劉聯軍」曾用「蒙衝鬥艦」同曹
操作戰。

聯合抗曹的信心，決定與劉備合作，攜手抗曹。

但是東吳內部在如何對付曹操的問題上，存在著兩種不同的態度。以張昭為代表的東吳官員主張不抵抗曹軍，而魯肅等人則堅決反對投降。魯肅勸孫權將周瑜從鄱陽召回商討對策。周瑜趕回來後，和魯肅一起力勸孫權堅定抗曹決心。

周瑜認為，曹操雖然統一了北方，但是他的後方局勢並不穩定。現在曹操捨棄北方軍隊善於騎戰的長處，登上戰船與我們作水上爭鬥，是以其短擊我之長，況且現在適值隆冬，曹軍必然會給養不足，北方士兵長途跋涉，水土不服，必生疾病。這些都是用兵的大忌。曹操不顧忌這些不利因素，必然會導致失敗。

針對曹操的兵力情況，周瑜也做了分析。周瑜說曹操號稱擁有水軍陸軍八十萬，據他分析，曹操能從北方帶來的軍隊不過十五、六萬，而且已經疲憊不堪；所得劉表的軍隊，最多七、八萬，況且他們又心存疑懼，沒有鬥志。這樣的軍隊，人數雖多但並不可怕。

周瑜請求孫權給他精兵五萬，便足以打敗曹操。孫權聽完周瑜對曹軍兵力、作戰特點、戰場條件的分析，決定與劉備聯合抗擊曹操。孫權撥精兵三萬，任命周瑜、程普為左右都督，魯肅為贊軍校尉，率領軍隊逆江而上，和劉備軍隊會合，共同抗擊曹操。

這時在夏口的劉備面對日益逼近的曹軍，心中非常焦急，每天派人探聽孫權軍隊的消息。西元208年陰曆十月的一天，他得到了孫權水軍到來的報告，就急忙派人慰勞，並且親自乘船迎接周瑜。劉孫聯軍會合後，繼續沿長江西上，到赤壁（今湖北嘉魚東北）與曹軍的先頭部隊相遇。聯軍擊敗了曹軍的先頭部隊，曹軍退回江北的烏林與主力會合，雙方在赤壁一帶隔江對峙。

周瑜像

周瑜（西元175年—210年），字公瑾，廬江舒（今安徽省廬江縣東南）人，東漢末年群雄孫策、孫權的重要將領。美姿容，精音律，多謀善斷，人稱周郎。西元208年赤壁之戰中大敗曹軍，奠定三分天下基礎。後圖進中原，不幸早逝。

曹軍的情況正如周瑜、諸葛亮所預料的那樣，軍中正流行疾病，同時曹軍多半不習水性，受不了江上風浪的顛簸。曹操針對這一情況，命令手下將戰船用鐵索連結在一起，在船上鋪上木板，以減少船身的搖晃。這樣做船上確實平穩多了，但卻彼此牽制，行動不便。

曹軍鐵索連船的弱點，被周瑜部將黃蓋發現了，他向周瑜建議說聯軍兵力少，不宜與曹軍長期相持，必須設法破敵，現在曹軍把戰船首尾相接，我們可以採用火攻的方法將他們

擊敗。黃蓋的建議使周瑜受到啓發，他制定了以黃蓋詐降接近曹營，然後放火奇襲曹軍戰船以亂曹軍的作戰計劃。他要黃蓋寫了封降書，派人送到江北曹營。曹操接到降書後深信不疑，還與送信人約定了投降的時間與信號。

西元208年十一月的一天，黃蓋帶領十艘大船，向北岸急駛而去，船上裝滿幹柴草，裡面浸上油液，外面用布裹上僞裝，插上約定的旗號，同時預備好快船繫在大船之後，以便放火後換乘。快接近曹軍水寨時，黃蓋命士兵舉火，並齊聲呼喊：「黃蓋來投降了！」曹軍以爲眞的是黃蓋來投降了，紛紛走出船艙觀望。這時，黃蓋的船隻已經靠近了水寨，十艘大船的士兵同時放火，衝向曹軍水寨，然後跳上小艇退去，這時的天空正刮著猛烈的東南風，頃刻間，曹軍的戰船都燃燒起來。火勢一直蔓延到了岸上，曹營的官兵被這突如其來的大火燒得驚慌失措，在一片慌亂中，曹軍士兵被燒死、溺死、互相踩死的不計其數。孫劉聯軍乘勢猛殺過來，將曹軍殺得人仰船翻。

曹操被迫率領殘兵敗將從陸路經華容向江陵方向撤退。在泥濘的道路

荊州古城

上，曹軍戰馬陷入泥潭之中，曹操派人到處尋找枯枝雜草墊路，才使騎兵勉強通過。孫劉聯軍水陸並進實行追擊，一直追到南郡（今湖北江陵境內）。曹操留曹仁、徐晃駐守江陵，樂進駐守襄陽，自己率殘餘部隊退回北方。赤壁之戰以孫權、劉備聯軍的勝利和曹操的失敗而告終。

　　縱觀赤壁之戰全過程，可見曹操的失敗絕非偶然。曹操依仗其優勢兵力，在一路進展順利的情況下難以保持清醒的頭腦，產生了驕傲輕敵的情緒，以己之短擊敵之長，使自己的優勢喪失；在受降的過程中又疏於戒備，面對奇襲驚慌失措，最終導致了失敗。而孫劉聯軍則善於利用自己的有利條件，在發現敵軍的弱點時，果斷實施火攻，一舉戰勝強敵。

　　在實施火攻過程中，周瑜、劉備完全遵循了《孫子兵法・火攻篇》中提出的實施原則、步驟與方法，即事先準備好火具，選擇乾燥而有風的天氣。放火之後，乘敵混亂之時以主力配合進攻敵軍，做到了「火發於內，則早應之於外」。赤壁之戰的以弱勝強，成為《孫子兵法・火攻篇》的成功例證。

火燒連營

章武二年（西元223年），蜀漢劉備率軍在猇亭展開大戰，兵分八路戰吳。猇亭大戰，蜀軍大勝。在此之前，蜀漢五虎上將已損卻黃忠、關羽、張飛三人，猇亭一戰，吳軍折馬忠、潘璋二將。戰後，吳超用陸遜。陸遜本名陸議，字伯言，漢校尉陸紆之孫，九江都尉陸駿之子。陸遜奉命受拜爲大都督，調集諸路軍馬，水陸並進，命令部屬陣兵於各個隘口。

劉備滅吳心切，於猇亭盡驅水軍順流而下，在江邊一字排開駐紮水寨，深入吳境。黃權進諫說：「水軍沿江而下，進則容易，退則難。臣願爲前驅，以當其寇。陛下宜在後陣，這樣才萬無一失。」劉備回答道：「既吳賊害怕，朕親率大軍長驅直入，有何阻礙？現在耽誤時間，何日才能成功？」眾官苦諫，劉備不從，遂分兵兩路，命黃權督江北之兵，以防魏寇，劉備自督江南諸軍，夾江結營，以圖進取。

探子打聽到消息，連夜報入許都。近臣入內奏知魏文帝曹丕說：「今蜀兵樹柵連營，縱橫七百餘里，分四十餘屯，都依靠山林紮寨。今黃權督兵在江北岸，每日出哨百餘里，不知何意？」曹丕聽到後，仰面大笑，說：「劉備死限到了！」群臣問曹丕狂笑的原因，曹丕說：「劉玄德不曉兵法！豈有七百里營寨可拒敵的？這是兵法之大忌也。玄德必遭東

劉備像

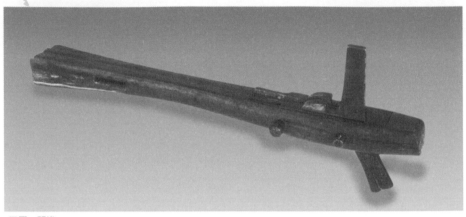

三國・弩機
弩是弓箭的發射裝置，可使箭的射程更遠，速度更快，從而加強殺傷力。這件吳國弩機由槐木做成，歷千年而不朽，實在讓人驚奇。

吳陸遜之手，朕所以知其死限將至。幾日之內，有消息。」眾大臣都半信半疑，皆請撥兵準備。曹丕說：「陸遜若勝，必盡舉吳兵去取西川。吳兵遠去，國中空虛，朕虛托以兵助戰，令三路一起進兵，東吳唾手可得。」眾大臣祝賀說：「神妙之算！」曹丕下旨命魯仁出濡須，曹休帶領一隊人馬取洞口，曹眞帶領一隊人馬出南郡：「三路軍馬會合日期，暗襲東吳。朕自來接應。」

馬良到東川去參見孔明，呈上圖本說：「現在移營夾江，橫佔七百里，下四十餘屯，皆依溪傍澗，樹林茂盛之處。陛下令將手圖拿來給丞相看。」孔明看完，拍案叫苦：「是什麼人叫主上如此下寨？此人應斬！」馬良回答：「都是主上自己做的，不是他人的計謀。」孔明歎道：「漢朝氣數不長了！」馬良問其原因，孔明說：「包原隰險阻而結營，此兵家之大忌。又豈有連營七百里而可拒敵的？災難快到了！陸遜據守不出，正是爲此。你應當趕快去勸說天子改屯諸營，不可如此。若相距遙遠，則難以救應。」

馬良說：「倘吳兵取勝，那麼我該怎麼辦呢？」孔明說：「陸遜不敢來追，成都無虞。」馬良說：「陸遜爲何不追？」孔明回答：「怕魏兵襲擊。主上若有失，當到白帝城躲避。我入川時，已伏下十萬兵在魚腹浦。

四川成都劉備墓
劉備墓也叫劉備惠陵，在四川成都南郊武侯祠的正殿西側。據史載，章武三年四月，劉備病死永安宮，五月梓宮還成都，八月葬惠陵。後主從諸葛亮之意，先後將甘、吳兩位夫人合葬於此，墓地呈圓錐形，樹木參差。綠草如茵，古柏森然。

陸遜若來，我必擒之。」馬良大驚失色道：「前於魚腹浦來往數次，丞相為什麼用詐？」孔明說：「後來必見，不必多問。」馬良求了表章，火速到御營。孔明回到成都，令軍救應。

陸遜見蜀兵懈怠，軍心渙散，喪失了警戒，開帳對大小將士說：「我自受命以來，未嘗出戰，今觀蜀兵，足知動靜。今欲先取江南岸一營，誰敢去取？」話還沒說完，韓當、周泰、凌統等應聲而答：「我們願前

往。」陸遜卻對階前末將淳于丹說：「我和你帶五千軍，去取江南等四營，蜀江傅彤所守。今晚就要成功。」淳于丹帶領軍隊前去準備了。陸遜又喚來徐盛、丁奉，說：「你們各領兵三千，屯於寨外五里。若淳于丹敗回，有兵趕來，應當救援，卻不可趕去。」二將受令，帶領軍隊前去。

淳于丹在黃昏時候帶兵出發，到蜀寨前，已三更之後。淳于丹讓鼓噪而入。蜀營內一隊人馬出來，為首的

陸遜像
陸遜（西元183年—245年），本名陸議，字伯言，吳郡吳縣人，是三國時代吳國的大臣和主力軍師。後任吳國的丞相。陸遜最著名的戰役則是防禦劉備來襲的「夷陵之戰」（西元222年）。

是蜀將傅彤，挺槍出馬，直取淳于丹，淳于丹敵不住，撥馬而走。忽然喊聲大振，一隊人馬攔住去路，以大將趙融為首。淳于丹奪路而走，折軍大半。正走著，山後一隊人馬出來攔住，為首的是番王沙摩柯。淳于丹死戰得脫，他讓剩下的百餘騎殘兵先逃，背後三路軍趕來。到離營五里的地方，吳將徐盛、丁奉二人殺來，蜀兵退去，把淳于丹救了回來。

淳于丹帶箭入見陸遜請罪。陸遜說：「不是你的過錯，我欲試敵之虛實。破蜀之法，我明白了。」徐盛、

丁奉說：「蜀兵勢大，難以破之。」陸遜大笑道：「我這計策只瞞不過諸葛亮。天幸此人不在，使我成大功！」遂集大小將士聽令，讓朱然於水路進兵，來日午後南風大作，用船裝載茅草，依計而行；韓當帶領一隊人馬襲擊江北岸，周泰帶領一隊人馬攻江南岸，每人手持茅草一束，內藏硫磺焰硝，各帶火種、槍刀，到蜀營順風舉火，蜀兵四十屯，只燒二十屯，每間一屯而燒一屯。各軍欲帶乾糧，不能後退，連夜追趕，到擒劉備為止。眾將聽了軍令，各受計而去。

初更時分，忽然刮起了東南風，只見御營左屯起火，正打算救火，又見御營右屯起火。風緊火急，樹林皆著，喊聲大震。兩屯軍馬齊出，奔向御營，御林軍自相踐踏，死者無數。後面吳兵殺到，又不知敵人的虛實。劉備急上馬去，奔先鋒馮習營時，馮習營中火光連天而起。江南、江北照耀如同白日。馮習慌忙上馬，帶領數十騎逃跑，正逢吳將徐盛軍到，圍住馮習，將他亂箭射死。徐盛帶領軍隊去追劉備。

劉備看見了整個營寨陷於火海中，便往西奔走，被吳將丁奉攔住，打算回返時，後面徐盛追至，兩下夾

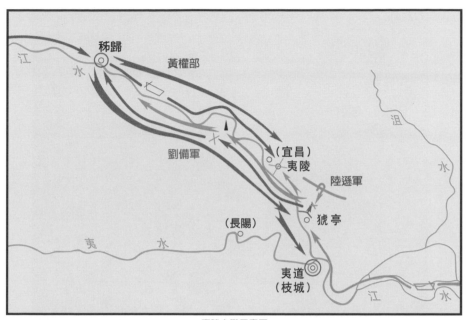
夷陵之戰示意圖

攻。劉備大驚，四面無路。忽然喊聲大震，一隊人馬殺入重圍，原來是張苞，救了劉備，帶著御林軍逃竄，前面一隊人馬又到，張苞出迎，原來是蜀將傅彤，兩隊人馬合兵一處前行。背後吳兵追至，劉備前到一山，名為馬鞍山。張苞、傅彤請劉備上山，山下喊聲又起，原來是陸遜大隊人馬，馬鞍山早已被團團圍住了。劉備在山上令張苞、傅彤死據山口。

劉備遙望遍野火光不絕，死屍重疊，塞江而下。次日，吳兵愈多，四下放火燒山，軍士亂竄，劉備驚慌。忽然火光中一人帶領數人殺上山來，

劉備一看是關興。關興伏地請求說：「四下火光逼近，不可久停。陛下速奔白帝城，再收軍馬。」劉備說：「誰敢斷後？」傅彤奏道：「臣願以死當之！」

當日黃昏，關興在前，張苞在後，留傅彤斷後，保著劉備殺下山來。吳軍將領看到劉備想逃跑，皆要爭功，各自帶領大軍遮天蓋地往西追趕。劉備令軍士脫下袍鎧並燒掉，以斷後軍。正行進著，喊聲大震，吳將朱然帶領一隊人馬從江岸上殺來，截住去路。劉備叫道：「朕死於此處矣！」關興、張苞，想要突圍，被亂

火攻篇

四川奉節白帝城
三國時期，劉備在湖北夷陵大敗於吳國陸遜之手，狼狽逃回白帝城，憂憤交加，一病不起，一
世英雄就此謝世。

箭射回，各帶重傷，不能殺出。背後喊聲又起，陸遜帶領大軍從山谷中殺來。劉備正慌急之間，只見前面喊聲大震，朱然軍隊人馬紛紛落澗，一支軍隊突然衝殺進來，前來救駕。劉備聽知，大喜道：「朕復生矣！」救駕者是常山眞定人，姓趙，名雲，字子龍，官授虎威將軍。

此時趙雲在川中江州，聽到吳、蜀交兵，遂帶領軍隊到來。忽見東南一帶火光沖天，趙雲心驚，遠遠探視，想不到竟是劉備被困其中，趙雲奮勇衝殺而來。陸遜聽說是子龍，命令軍隊退去。趙雲衝殺時，偶遇朱然，一槍將朱然刺於馬下，殺散吳兵，救出先主，向著白帝城的方向奔去。劉備說：「朕逃脫，手下將士怎麼辦？」趙雲回答：「敵軍在後，不

可久待。陛下先入白帝城歇息，臣再帶兵來營救。」到白帝城時，劉備只剩下一百多人了。

孫子兵法說：「主不可以怒而興師，將不可慍而致戰。」也就是說，國君不應當因爲憤怒而起兵，將領不應當因憤怒而出戰。而劉備發兵亭，眾官苦諫，他拒而不聽，從而導致蜀國的敗亡。

孫子兵法《火攻篇》中說：「亡國不可以復存，死者不可以復生，故明君愼之，良將警之。此安國全軍之道。」由於劉備急躁攻心，妄自連營八百里，終於給陸遜提供了可乘之機。陸遜舉火燒毀連營，劉備的敗相便更明顯了。結果，劉備敗走白帝城，不久身死托孤，實屬其違背孫子兵法所造成的遺憾。

用間篇

原文

孫子曰：凡興師十萬，出征千里，百姓之費，公家之奉，日費千金；內外騷動，怠於道路，不得操事❶者，七十萬家。相守數年，以爭一日之勝。而愛爵祿百金❷，不知敵之情者，不仁之至也，非人之將❸也，非主之佐也，非勝之主也。故明君賢將，所以動而勝人，成功出於眾者，先知也。先知者，不可取於鬼神，不可象於事❹，不可驗於度❺，必取於人，知敵之情者也。

故用間有五：有因間❻，有內間，有反間，有死間，有生間。五間俱起，莫知其道，是謂神紀，人君之寶也。因間者，因其鄉人而用之。內間者，因其官人而用之。反間者，因其敵間而用之。死間者，為誑事於外❼，令吾間知之，而傳於敵間也❽。生間者，反報也❾。

故三軍之事，莫親於間，賞莫厚於間，事莫密於間。非聖智不能用間，非仁義不能使間，非微妙不能得間之實❿。微哉微哉，無所不用間也！間事未發，而先聞者，間與所告者皆死。

凡軍之所欲擊，城之所欲攻，人之所欲殺，必先知其守將、左右、謁者、門者、舍人⓫之姓名，令吾間必索知之。

必索敵人之間來間我者，因而利之⓬，導而舍之，故反間可得而用也。因是而知之，故鄉間、內間可得而使也。因是而知之，故死間為誑事，可使告敵。因是而知之，故生間可使如期。五間之事，主必知之，知之必在於反間，故反間不可不厚也。

昔殷之興也，伊摯在夏⓭；周之興也，呂牙在殷。故惟明君賢將，能以上智為間者，必成大功。此兵之要，三軍之所恃而動向也⓮。

譯文

孫子說，凡興兵十萬，征戰千里，百姓的耗費和軍費開支每天都要花費千金，前方、後方動亂不安，民夫疲憊地在路上奔波，不能從事正常耕作生產的多達七十萬家。這樣相持數年，就是為了決勝於一旦。如果吝

惜爵祿和金錢，不肯重用間諜，以致因為不能掌握敵情而導致失敗，那就是不仁慈到極點了。這種人不配作軍隊的統帥，稱不得是國家的輔佐，也不是勝利的主宰者。所以，英明的君主和賢良的將帥之所以一出兵就能戰勝敵人，功業超越普通人，就在於能夠預先掌握敵情。要事先了解敵情，不可用求神問鬼的方式來獲取，不可

BOX

注釋

❶ 操事：指操作農事。

❷ 而愛爵祿百金：而，如果。愛，吝惜、吝嗇。意指吝嗇爵位、俸祿和金錢而不肯重用間諜。

❸ 非人之將：不懂用間諜執行特殊任務的將領，不是領導部隊的好將領。非人，不懂得用人（間諜）。

❹ 不可象於事：象，類比、比擬。事，事情。意為不可用與其他事情類比的方法去求知敵情。

❺ 不可驗於度：指不能用徵驗日月星辰運行位置的辦法去求知敵情。驗，應驗、驗證。度，度數，指日月星辰運行的度數（位置）。

❻ 因間：間諜的一種，即本篇下文所說的「鄉間」，意為依賴與敵人的鄉親關係，獲取情報，或利用與敵軍官兵的同鄉關係，打入敵營從事間諜活動，獲取情報。

❼ 為誑事於外：誑，欺騙、瞞惑。此句意為故意向外散佈虛假情況，用以欺騙、迷惑敵人。

❽ 令吾間知之，而傳於敵間也：意思是讓我方間諜了解自己故意散佈的假情報並傳給敵方間諜，誘使敵人上當受騙。在這種情況下，事發之後，我方間諜往往難免一死，所以稱之為「死間」。

❾ 生間者，反報也：反，同「返」。意思是那些到敵方了解情況後能夠活者的間諜是回來報告敵情的人。

❿ 非微妙不能得間之實：微妙，精細奧妙，這裡指用心精細、手段巧妙。實，指實情。意為不是精心設計、手段巧妙的將領，不能取得間諜的真實情報。

⓫ 守將、左右、謁者、門者、舍人：守將，主將。左右，守將的親信。謁者，指負責傳達通報的官員。門者，負責守門的官吏。舍人，門客，指謀士幕僚。

⓬ 因而利之：趁機收買、利用敵間。因，由，這裡有趁機、順勢之意。

⓭ 伊摰在夏：伊摰，即伊尹，原為夏桀之臣，後歸附商湯，商湯任用他為相，在滅夏過程中，伊尹發揮了很大的作用。夏，夏朝，大禹之子夏為所建立的中國歷史上第一個奴隸制王朝，共傳十七世，至夏桀時為商湯所滅。

⓮ 三軍之所恃而動向也：軍隊要依靠間諜所提供的情報而行動。

拿相似的事情做類比推測得出，不可用日月星辰運行的位置去做驗證。一定要取之於人，從那些熟悉敵情的人口中去獲取。

間諜的運用方式有五種：即因間、內間、反間、死間、生間。這五種間諜同時使用起來，使敵人無從捉摸我方用間的規律，這就是使用間諜的神秘莫測的方法，也正是國君克敵制勝的法寶。所謂因間，是指利用敵人的同鄉做間諜。所謂內間，就是利用敵方的官吏做間諜。所謂反間，即是利用敵方間諜為我所用。所謂死間，是指故意製造、散佈假情報，通過我方間諜將假情報傳給敵間，誘使敵人上當受騙，一旦真情敗露，我間則難免一死。所謂生間，就是偵察後能活著回來報告敵情的人。

所以在軍隊中，沒有比間諜更為親近的人，給予獎賞，沒有比間諜更為優厚的，沒有什麼事情比間諜更為秘密的了。不是才智超群的人不能使用間諜，不是仁慈慷慨的人不能指使間諜，不是謀慮精細的人不能分辨間諜提供的情報。微妙啊微妙，沒有什麼時候不能使用間諜！間諜的工作還未開展，而秘密卻已洩露出去的，那麼間諜和了解內情的人都要處死。

凡是要準備攻打的敵方軍隊，要準備攻佔的敵方城池，要準備刺殺的敵方人員，都須預先了解其主管將領、左右親信、負責傳達的官員、守門官吏和門客幕僚的姓名，指令我方間諜一定要將這些情況偵察清楚。

一定要搜查出敵方派來偵察我方軍情的間諜，從而用重金收買他，引誘開導他，然後再放他回去。這樣，反間就可以為我所用了。通過反間了解敵情，鄉間、內間也就可以利用起來了。透過反間了解敵情，這樣就可以使死間傳播假情報給敵人了。通過反間了解敵情，這樣就能使生間按預定時間返回報告敵情了。五種間諜的使用，國君都必須了解掌握。了解情況的關鍵在於使用反間，所以對於反間不可不給予優厚的待遇。

從前殷商的興起，在於重用了在夏朝眾臣的伊尹，他熟悉並了解夏朝的情況；周朝的興起，是由於周武王重用了了解商朝情況的姜子牙。所以，明智的國君，賢能的將帥，能夠任用智慧高超的人充當間諜，就一定能建立大功。這是用兵中的關鍵步驟，整個軍隊都要依靠間諜所提供的敵情來決定軍事行動。

例 解
陳平用間除范增

　　西元前203年，劉邦被項羽圍困在滎陽城內，形勢十分危急，劉邦向項羽求和，但項羽卻不答應。陳平對劉邦說：「項王對人，恭敬愛人，那些廉節好禮的人都願意投奔他。但在論功行賞時，項王卻不願對有功之人重賞，所以，也有些人離心離德。我看楚軍內部也有願意背離他的人。眞

西漢・彩繪指揮俑
此俑頭戴紫冠，身著直擺長袍，外有鎧甲，腳蹬花靴，從衣飾看當爲步兵中最高級別的指揮者，指揮者動態鮮明，使人宛若置身於當年的千軍萬馬之中。

正忠實於項王的骨鯁之臣只有范增、鍾離眛、龍且、周殷等人。大王如果能用巨財去離間項王與這幾個人的關係，項王眾人好猜忌，信讒言，必定眾叛親離。大王在那時再趁機攻打他，楚軍必敗。」

劉邦覺得十分有道理，從倉庫中撥出四萬斤黃金，供陳平任意調度。陳平便用這些黃金買通楚軍的一些將領，讓這些人散佈謠言說：項王部下的鍾離眛等人勞苦功高，但卻不能裂土稱王。他們已經和漢王約定好了，共同消滅項羽，分佔項羽的國土。

項羽聽到這些謠言後，果然對鍾離眛等人產生了懷疑。一天，項羽派使者到劉邦營中，陳平讓侍者準備好十分精緻的食具，端進使者所在的房間。侍者剛一進屋，便故做吃驚地說：「原來是項王的使者呀，我們還以為是亞父（范增）派來的呢。」接著把這些食具端了出去，然後，又送上了十分粗劣的食具和飲食。使者回

到楚營，把這件事告訴了項羽，項羽於是也開始懷疑范增了。

這時，范增向項羽建議應該急攻滎陽，項羽拒不聽從。過了幾天，范增得知項羽懷疑自己，便找到項羽，十分惱怒地說：「天下大事已經定了，君王好自為之，請放我這具枯骨回家去吧！」范增告別項羽後，在回家的路上染疾死去。

項羽失掉了范增，又不信任鍾離眛等人，真正成了孤家寡人。過了幾天，又被紀信、陳平等人用詐降計，使劉邦從城中逃了出去。隨後不到一年的時間，項羽失去了左膀右臂，逐漸處於劣勢。最後，垓下一戰，自刎於烏江。

用孫子兵法的用間篇分析，陳平用的是內間，即用楚軍的一些將領散佈不利於范增的謠言，致使范增被項羽所猜忌。通過「內間」，陳平如願以償地清除了項羽身旁的輔佐人物，致使項羽成了名副其實的孤家寡人。

皇太極用間殺袁崇煥

　　孫子兵法的「用間」與「三十六計」中的「借刀殺人」一計是相通的。在後金入侵時期，皇太極就利用孫子兵法中的「死間」，借明朝崇禎之手清除了袁崇煥這個「眼中釘」和「攔路虎」。皇太極後金天聰三年（西元1629年，明崇禎二年）十月親統大軍進攻明朝，從此揭開了五次入關之役的序幕。由於天聰三年是農曆己巳年，所以第一次入關之役又稱「己巳之役」，「巳虜變」即是由此而來。

　　大軍於十月二日從瀋陽出發，由喀喇沁部布林噶都台吉爲嚮導，取道已經降明的內蒙科爾沁、喀喇沁部，一路西行，直指明邊。十月二十日，當大軍行至喀喇沁的青城時，大貝勒代善、三貝勒莽古爾泰面見皇太極，力主回師。皇太極起初很爲難，後借助於岳托、阿濟格等一批年輕貝勒的支援，終於說服了代善和莽古爾泰，進兵才得以繼續進行。

　　皇太極於十月底指揮軍隊分三路從薊鎮突入明邊，連降漢兒莊、馬蘭營等邊城，明朝巡撫王元雅上吊自殺。金軍一路疾進，經薊州、三河、順義、通州等地，北京已岌岌可危。

　　薊遼督師袁崇煥，一聞敵警便親率大軍入關勤王。十一月十六日，他和祖大壽率精騎馳至北京城下。十七日，後金軍隊到達距北京二十里的牧馬廠。二十日以後，後金軍隊多次發起攻擊，均被袁崇煥率軍擊退，皇太

清・馬鞍

極下令還營。在這個極度危險的時候，袁崇煥千里赴援，率兵勤王，護衛京師，忠心可鑑，但京師驟然被圍，人心慌亂，謠言四起。因爲袁崇煥早年曾與皇太極假意言和，又由於這次入關又急於趨護京師，一路上尾隨金兵未曾尋機搏戰，所以有人說袁試圖勾結後金，有謀反之心。崇禎帝聽後頗爲心動，當袁以士馬疲憊爲由請求大軍入城休息的時候，他拒絕了袁崇煥的請求。

假如說京城的謠言只是讓崇禎帝產生了猜疑的話，那麼皇太極的反間計則使崇禎帝對謠言堅信不移。

事情是這樣的，後金軍在初抵京郊時曾俘獲了明朝的兩個太監楊春和王德成。皇太極知道崇禎帝寵信宦官，便決定借助楊、王二宦官除掉

袁崇煥。從袁軍陣前還營之後，皇太極便找來副將高鴻中和參將鮑承先，對他們交待事項，二人接受了命令。他們回到營中，坐在楊、王二太監睡覺的地方故作耳語，故弄玄虛地說：「今天撤兵是大汗的計策，在撤兵之前曾見大汗單騎前行，敵營中有兩人前來面見大汗，商量了許久才離開，看來袁巡撫與大汗有密約，事情馬上就要大功告成了。」太監楊春本來就沒有睏意，高、鮑二人的談話他都聽到了，並且還自以爲是得到了重要情報。天聰三年十一月二十九日，高、鮑二人又把楊春故意放走。楊回到京城後，便將「偷聽」到的話密告崇禎帝。同年十二日一日，崇禎帝以

清太宗皇太極像

袁崇煥墓

明末袁崇煥之死是繼南宋將領岳飛含冤受害之後的又一樁著名冤案。袁崇煥殉難後,京城百姓廣受蒙蔽,指忠
為奸,惟有袁崇煥的部下余義士冒死偷出其頭顱,掩埋在自家後院,自此余家世代為袁崇煥守墓,這塊墓地位
於北京廣渠門內,人稱廣東義園。南明永歷年間,朝廷為袁崇煥昭雪,清乾隆年間修《明史》,袁崇煥被誣的冤
情真相大白於天下。袁崇煥墓得以修飾,余家人義舉受到世人敬重。

「議餉」的名義召袁崇煥、祖大壽等入見,當面指責袁崇煥擅殺毛文龍和進京逗留不戰兩大「罪過」,不由分說,便將他打入監獄,後來袁崇煥被處以磔刑,冤死於西市。祖大壽在袁被捕以後異常害怕,忙率領大軍撤回去了。

可以說,清兵的勝利入關和明朝的覆滅,除了明代朝政的腐敗和奸佞當道、政治失察外,皇太極活用《孫子兵法》,機動靈活地作為,全方位地展開攻勢,也是極其重要的一個原因。所以說,《孫子兵法》是中國人智慧的結晶,是古代軍事戰爭的經驗總結,它被不斷地應用於實踐中,成為放之四海而皆準的真理,則是人們有目共睹的。

▼
用
間
篇

國家圖書館出版品預行編目資料

圖解孫子兵法／孫子作；馬俊英主編．
── 二版 ． ── 臺中市：好讀，2012.10
面： 公分，──（圖說歷史；14）

ISBN 978-986-178-253-9（平裝）

1.孫子兵法　2.注釋　3.謀略

592.092　　　　　　　　　　　　　101016778

好讀出版

圖說歷史 14

圖解孫子兵法

作　　　者／孫　子
主　　　編／馬俊英
總 編 輯／鄧茵茵
文字編輯／莊銘桓
美術編輯／賴怡君
行銷企劃／劉恩綺
發 行 所／好讀出版有限公司
　　　　　　台中市 407 西屯區工業 30 路 1 號
　　　　　　台中市 407 西屯區大有街 13 號（編輯部）
TEL:04-23157795 FAX:04-23144188 http://howdo.morningstar.com.tw
(如對本書編輯或內容有意見，請來電或上網告訴我們)
法律顧問／陳思成律師

總 經 銷 ／知己圖書股份有限公司
（台北）台北市 106 大安區辛亥路一段 30 號 9 樓
TEL:02-23672044/23672047 FAX:02-23635741
（台中）台中市 407 西屯區工業 30 路 1 號
TEL:04-23595819 FAX:04-23595493
E-mail:service@morningstar.com.tw
網路書店 http://www.morningstar.com.tw
郵政劃撥：15060393
戶　　　名／知己圖書股份有限公司

印　　　刷／上好印刷股份有限公司 TEL:04-23150280
初　　　版／ 2007 年 10 月 15 日
二版四刷／ 2018 年 4 月 30 日
定　　　價／ 300 元
如有破損或裝訂錯誤，請寄回台中市 407 工業區 30 路 1 號更換（好讀倉儲部收）

Published by HowDo Publishing Co., Ltd.
2018 Printed in Taiwan
ISBN 978-986-178-253-9
All rights reserved.

讀者回函

只要寄回本回函，就能不定時收到晨星出版集團最新電子報及相關優惠活動訊息，並有機會參加抽獎，獲得贈書。因此有電子信箱的讀者，千萬別吝於寫上你的信箱地址

書名：**圖解孫子兵法**

姓名：＿＿＿＿＿＿＿＿　性別：□男□女　生日：＿＿＿年＿＿＿月＿＿＿日

教育程度：＿＿＿＿＿＿＿＿＿＿＿＿＿＿＿

職業：□學生 □教師 □一般職員 □企業主管

　　　□家庭主婦 □自由業 □醫護 □軍警 □其他＿＿＿＿＿＿＿＿＿＿＿＿

電子郵件信箱（e-mail）：＿＿＿＿＿＿＿＿＿＿＿＿　電話：＿＿＿＿＿＿＿＿

聯絡地址：□□□＿＿＿＿＿＿＿＿＿＿＿＿＿＿＿＿＿＿＿＿＿＿＿＿＿

你怎麼發現這本書的？

□書店 □網路書店（哪一個？）＿＿＿＿＿＿＿＿＿□朋友推薦 □學校選書

□報章雜誌報導 □其他＿＿＿＿＿＿＿＿＿＿＿＿＿＿＿＿＿＿＿＿＿＿＿

買這本書的原因是：＿＿＿＿＿＿＿＿＿＿＿＿＿＿＿＿＿＿＿＿＿

□內容題材深得我心 □價格便宜 □封面與內頁設計很優 □其他＿＿＿＿＿

你對這本書還有其他意見嗎？請通通告訴我們：

＿＿＿＿＿＿＿＿＿＿＿＿＿＿＿＿＿＿＿＿＿＿＿＿＿＿＿＿＿＿＿＿＿

你買過幾本好讀的書？（不包括現在這一本）

□沒買過 □1～5本 □6～10本 □11～20本 □太多了

你希望能如何得到更多好讀的出版訊息？

□常寄電子報 □網站常常更新 □常在報章雜誌上看到好讀新書消息

□我有更棒的想法＿＿＿＿＿＿＿＿＿＿＿＿＿＿＿＿＿＿＿＿＿＿＿＿＿

最後請推薦五個閱讀同好的姓名與E-mail，讓他們也能收到好讀的近期書訊：

1.＿＿＿＿＿＿＿＿＿＿＿＿＿＿＿＿＿＿＿＿＿＿＿＿＿＿＿＿＿＿＿＿

2.＿＿＿＿＿＿＿＿＿＿＿＿＿＿＿＿＿＿＿＿＿＿＿＿＿＿＿＿＿＿＿＿

3.＿＿＿＿＿＿＿＿＿＿＿＿＿＿＿＿＿＿＿＿＿＿＿＿＿＿＿＿＿＿＿＿

4.＿＿＿＿＿＿＿＿＿＿＿＿＿＿＿＿＿＿＿＿＿＿＿＿＿＿＿＿＿＿＿＿

5.＿＿＿＿＿＿＿＿＿＿＿＿＿＿＿＿＿＿＿＿＿＿＿＿＿＿＿＿＿＿＿＿

我們確實接收到你對好讀的心意了，再次感謝你抽空填寫這份回函

請有空時上網或來信與我們交換意見，好讀出版有限公司編輯部同仁感謝你！

好讀的部落格：http://howdo.morningstar.com.tw/

請填妥後對折黏貼，直接投郵即可，無須貼郵票。

好讀出版有限公司　編輯部收

407 台中市西屯區何厝里大有街 13 號

電話：04-23157795-6　傳眞：04-23144188

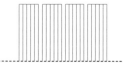

------------------------------- 沿虛線對折 -------------------------------

購買好讀出版書籍的方法：

一、先請你上晨星網路書店 http://www.morningstar.com.tw 檢索書目
　　或直接在網上購買

二、以郵政劃撥購書：帳號 15060393　戶名：知己圖書股份有限公司
　　並在通信欄中註明你想買的書名與數量

三、大量訂購者可直接以客服專線洽詢，有專人爲您服務：
　　客服專線：04-23595819 轉 230　傳眞：04-23597123

四、客服信箱：service@morningstar.com.tw